北窓時男

海民の社会生態誌

Journal de l'Ecologie sociale des Peuples de la Mer

西アフリカの海に生きる人びとの生活戦略

コモンズ

西アフリカと本書で取り上げた地域

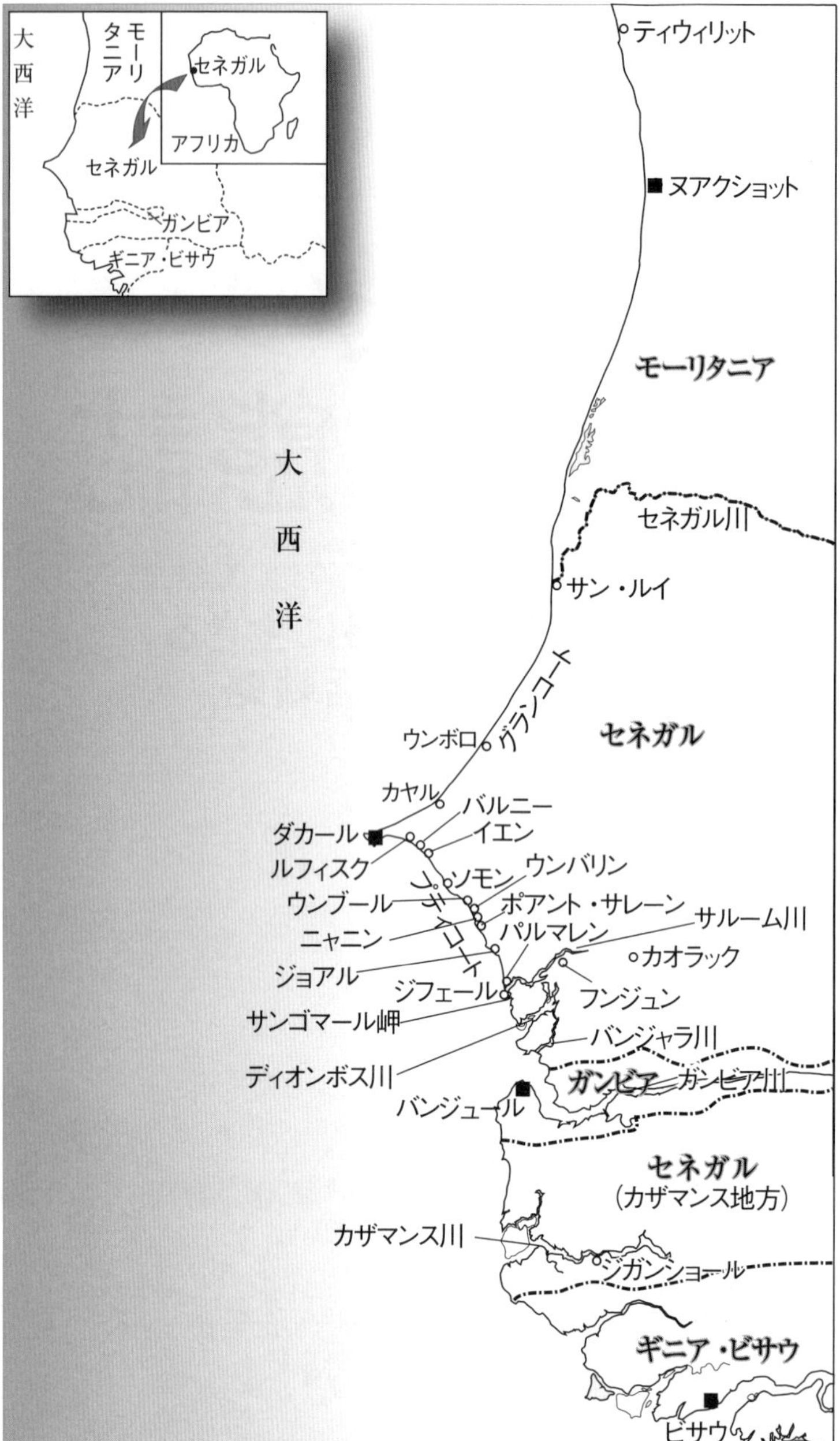

もくじ●海民の社会生態誌

第3章 漁家を営む

プロローグ　西アフリカ海民世界への誘い

なぜ西アフリカの海民世界か

西アフリカの海に関わって生きる、ふつうの人びとの生活とその世界を描きたい。

ここに登場するのは、魚やエビを獲って生活の糧を得る漁民であり、そうした水産物を加工する人びとであり、鮮魚として水産物輸出会社へ販売する魚商人である。貝類を採取し加工し販売する女性たちや、そのまわりで遊ぶ子どもたち、その背後で静かにたたずむ老人など、海に関わる生業で成り立つ町や村に暮らすこうした人びとも、また含まれる。これらの人びとをここでは海民と呼ぶことにしたい。対象となるのは、サハラ砂漠が海岸までせり出す乾燥地の沿岸集落から、疎林と灌木からなるサバンナの漁師町を経て、マングローブデルタに点在する集落まで、アフリカ大陸西岸の北から南へと連なる沿岸地域だ。現在の国名で言えば、モーリタニア・イスラム共和国とセネガル共和国に含まれる。

一九七九年から始まったダカール・ラリー(通称パリ・ダカ)は、パリをスタートして、アフリカ大陸に渡り、セネガルの首都ダカール(Dakar)までの一万二〇〇〇㎞を走破する世界一過酷なレースだ。二〇〇九年以降は南米にコースを移したものの、パリ・ダカのレース名はいまも残っている。二〇〇二年に日韓共催で開催されたサッカーのワールドカップで、旧宗主国のフランスを破り、その後ベスト八に躍進したセネガルチームを覚えている人も多いのではないか。アフリカ西岸で漁獲されるタコの多くは、日本向けに輸出されている。たこ焼き用のタコには水分の少ない西アフリカ産が向いていて、西アフリカ産のタコが不漁になると、大阪のたこ焼き屋さんが困るという話を聞く。

こんな風に西アフリカに関係するいくつかのことを数え上げたとしても、ふつうの日本人にとって、西アフリカはかなり遠い存在だろう。

日本の社会はいま閉塞感でいっぱいだ。膨張する一方の政府債務、長期化するデフレ、製造業の空洞化、改善の見通しが立たない年金制度や消費税の引き上げなど、その原因を数え上げればきりがない。ヒトやモノやカネや情報が国境を越えて世界中を自由に移動するようになったグローバリゼーションの時代、欧州で起こった債務危機の影響は、瞬く間に世界中を席巻した。現代に暮らす私たちは、あまりにもひとり歩きする市場経済に振り回されすぎているのではないか(1)。そうであれば、欧米や日本を中心とする現代の市場経済システムから遠く離れた周縁の社会で営まれる人びとの生活のありように目を向けることも、無意味ではあるまい。

「アフリカの毒」という言葉がある。それは、「アフリカの人たちのなかに入れてもらって生活をともにしたときに全身で感じる、あの『生きることへの果てしないくつろぎ』の感覚」だという(2)。

私もその毒にあたった者のひとりである。このアフリカの毒をもって、現代のひとり歩きする市場経済という毒を制する処方箋とすることはできないだろうか。

近代の市場経済の社会が、歴史的にいかに特異なものかを示した経済人類学者のカール・ポランニー(Karl Polanyi)は、労働、土地、貨幣という産業の基本的な要素は、販売のために生産されるものではないフィクションなのであり、市場メカニズムがそのフィクションを支配するとき、人間は傷つき、自然景観は破壊され、河川は汚染され、食糧や原料を生み出す力は破壊され、社会の倒壊を導くだろうと警鐘を鳴らした(3)。「人間の経済は原則として社会関係のなかに埋没している」ものであるにもかかわらず、市場システムによる経済的動機が拡大することによって、「社会関係が経済システムのなかに埋め込まれる」状況が常態化することとなった(4)。

カール・ポランニーの死から半世紀が経ち、この状況はますます深刻化していると言わざるを得ない。人間の経済がいまも社会関係のなかに位置づけられている西アフリカの沿岸社会とそこで暮らす人びとの生活のありようを知ることで、いま市場経済のシステムに取り巻かれる私たちの日常生活への解毒剤を提供できないかというのが、本書のひそやかなねらいである。

どのような立場から接近するのか

ここで、本書を記述する私の立場を明らかにしておきたい。

これまでにフィリピンで三年間、インドネシアで六年間近くを暮らした。前者は青年海外協力隊が派遣するボランティアの水産普及員、後者は日系企業の現地漁網製造会社の開発担当マネージャーとしての勤務である。インドネシアの漁業地域を訪ね歩き、その実態を学ぶ日々のなかで、東南アジアの辺境を歩き、見落とされている「地方」を再評価し、海の側から大地を見る視点を重視された鶴見良行さんと出会う。彼とその仲間たちとともに一カ月あまりの船の旅をともにし、何よりも東南アジアの海辺で暮らす人びととその社会への温かいまなざしを学んだように思う。

インドネシアから帰国後に職を辞し、大学院生として海域東南アジアの漁村社会を学ぶ生活を始めた。大学院生として四年間、国際農林水産業研究センターの特別研究員として三年間を過ごすなかで、多様なアイデンティティをもつ人びとが日常的に移動したり分散する海域東南アジアでは、人びとが頻繁に移動し、分散しながら結びつくネットワーク型の社会が形成されてきたことを知る。そして、そうした社会が形成されてきた要因がどこにあるのかを問うことで、閉塞感の漂う日本社会の将来への道標を求めるヒントがあるのではないかと考えた(5)。

国際農林水産業研究センターでの任期を終え、家族が待つ関西の実家にもどった私は、民間のコンサルタント会社に所属する開発コンサルタントとして、国際協力機構(JICA)が実施する事業に関わることになる。本書で記述する内容は、私が西アフリカで表1に示す五つの国際協力案件(6)に参加し、業務するなかで得た知見や印象に依拠している。ただし、本書の記述に関しては、すべて筆者である私個人の責任に負うものであることを明記しておく。

開発コンサルタントとして働きはじめたころの私は、「地域に生きる生活者たちが、その自然・

表1　筆者が関わった西アフリカの業務案件

業務時期	従事期間	案件名
1996年1月	0.5 カ月	セネガル国サン・ルイ周辺水産物流通網整備計画事前（予備）調査
1997年9月	0.8 カ月	モーリタニア国マンガール漁村開発計画基本設計調査
2002年1月～2004年12月	12.5 カ月	セネガル国プティコートおよびサルームデルタにおけるマングローブの持続的管理に係る調査
2003年10月～2005年12月	4.0 カ月	セネガル国漁業資源評価・管理計画調査
2005年12月～2007年12 月	5.8 カ月	セネガル国サルームデルタにおけるマングローブ管理の持続性強化プロジェクト

歴史・風土を背景に、その地域社会または地域の共同体に対して一体感をもち、経済的自立性をふまえて、みずからの政治的・行政的自律性と文化的独自性を追求する」地域主義[7]に感銘し、それを主唱する玉野井芳郎の著作集を読み進めていた。そんな私が、「他者が意図的・計画的に働きかけることによって発展を促そうとする」開発という行為[8]に対し、いったいどんな立ち位置で関わればいいのか。近代化という呪文を背負い「社会の発展を目指して行われる外部からの資本投入」である開発援助[9]への参加は、地域主義への想いとの乖離という自己矛盾をかかえながらの行為であった。

その自己矛盾への自分なりの解答を得たいというのが、本書を書いた最初の直接の動機だったと言ってもいい。開発コンサルタントとして西アフリカの沿岸社会とそこに暮らす人びとと接するなかで、厳しい自然生態環境のなかで人びとの生活に影響をおよぼす社会や経済の仕組みなど、地域の事情を深く知りたいと思ったし、その社会とそこに暮らす人びとのいまと将来のため役に立ちたいと願った。そのとき私の胸のなかには、これまで自分なりに学んできた海域東南アジアの社会とそこに暮らす人びとの姿が常にあり、そうした目で西アフリカの沿岸社会とそこに暮らす人びとの姿を見、思考してきたように思う。

ただし、民間企業のマネージャーや旅人として関わることの多かった海域東南アジアとは異なり、西アフリカと私の関わりは、政府開発援助（ＯＤＡ）の枠組みのなかで、その実務を担う開発コンサルタントと開発事業のパートナーやその受益者という関係のうえに成り立っていたことを明確にしておく必要はある。とはいえ、そういう関わり方のバイアスを超えて、ひとりの人間として地域で暮らす人びととつきあい、あるいはひとりの生ある存在として、それぞれの地域に向き合った結果として、私が知り得たことや感じたことをここに記述できればと願っている。本書の立場を明らかにしたうえで、読者各位のご批判をいただければ幸いである。

本書の構成

本書は四部構成の全9章からなる文章で成り立っている。第Ⅰ部は砂漠、第Ⅱ部は都市、第Ⅲ部はマングローブデルタ（Mangrove Delta）という異なる生態環境のもとに形成された沿岸集落で暮らす海民の姿を描いている。ここで言う都市とは、セネガルの首都ダカールからその南方のプティコート（Petite côte）沿岸にかけて、町と村が連なる地帯を指している。自然生態区分でいえば、サバンナに相当する地域である。西アフリカの気候帯は東西に延びる帯状の構造を示しており、降雨がほとんどない乾燥のサハラ砂漠から年中多雨となる赤道付近の熱帯雨林まで、北から南へ向かうほどに降雨量が増していく。本書で取り扱う地域の年間降雨量を参考までに記しておくと、セネガル北部のサン・ルイ(St. Louis)で二〇〇ミリ、ダカールで三〇〇ミリ、サルームデルタ(Saloum Delta)で六〇〇〜七〇〇ミリ程度である。

第Ⅰ部を構成する「第1章　海民を旅する」では、サハラ砂漠を縦断して歴史的に発展した隊商による交易活動と南縁のサヘル(Sahel)地域で盛衰した王国群の姿に、海域東南アジアで展開してきた歴史との類似性を指摘し、そうした人びとの後裔のなかにイムラゲン族やゲンダリアンと呼ばれる海に関わって生きる人びとがいることを紹介している。

第2章から第4章までが「第Ⅱ部　都市の海民」を構成する。「第2章　海に生きる」では、プティコートの漁師町に生まれ育ったロム爺《じい》さんのライフヒストリーをたどることで、西アフリカにおける社会の変化のなかに彼のこれまでの時間を位置づけながら、ひとりの老漁夫の世界観を描こうとした。「第3章　漁家を営む」では、プティコートに位置するニャニン村の複数の代表的な漁家世帯の経営戦略の分析から、この地域の零細漁家が直面する課題とその環境を明らかにする。「第4章　魚を商う」では、同じくプティコート沿いの複数の漁村を対象として、鮮魚を商う魚商人世界の価値観と戦略を描き、それに対する漁民側からの対立基軸としての漁民の商人化という現象を指摘する。同時に、同じプティコート沿いに位置する村々と言えども、それらの社会で進行する事態はさまざまであり、そうした事態が共時態としてどのような存在理由をもって、そこにあるのかを明らかにする必要性を示す。

第5章から第8章は「第Ⅲ部　マングローブデルタの海民」を構成する。「第5章　マングローブデルタに暮らす」では、サルームデルタというマングローブデルタに点在する村々で暮らす人びとの生活世界において、第6章以降で検証する資源管理や女性の労働など日の下で語られる出来事と、蜘蛛の巣のようなマングローブ水路や夜の闇に跳梁する精霊や魔物の世界が、表裏一体の関係で存在していることを明らかにする。「第6章　資源とつきあう」では、サルームデルタの内陸部を漁場とするエビ漁業を対象として、ヒトと資源の関係を考える。資源を管理するとは、多角的な経営マインドで、その資源が存在する地域全体のありようを模索し、資源とうまくつきあっていくことだと指摘する。

「第7章　女性が働く」では、サルームデルタの島嶼部で暮らす女性たちの姿から、都市部から離れたマングローブデルタの村と言えども、近年の現金経済の浸透のゆえに経済活動に踏み込まざるを得ない女性たちの現実を指摘し、彼女たちの労働の実態と地域資源との関わりを明らかにする。「第8章　他者を率いる」では、サルームデルタの村々で出会った女性リーダーたちの姿を手掛かりとして、この地におけるカリスマとは何かを問うことで、西アフリカ沿岸社会のリーダー像を探る。西アフリカの沿岸社会が容認する伝統的なリーダー像が、村での経済活動を推進する機能的組織のリーダー像を吸収し、それを地域に埋め込むことができたとき、この社会は将来に向けた新たな輝きを増すだろうと予見する。

第Ⅳ部を構成する「第9章　海民社会を考える」は、第1章から第8章までに検証した記述をふまえ、そこから派生するいくつかの課題に関する結論を用意する。それらはあくまでも、筆者である私が西アフリカの海民社会で学んだことに対する暫定的な結論でしかない。アフリカはここで記述する事柄だけで結論づけられるほど小さくないし、単純でもないからだ。

願わくば、日本の読者が西アフリカの海民社会に対する関心を高め、私たちの日常生活を振り返るきっかけとして、本書が役立てば幸いである。

(1)行天豊雄編著『世界経済は通貨が動かす』(PHP研究所、二〇一一年)や北野一『なぜグローバリゼーションで豊かになれないのか』(ダイヤモンド社、二〇〇八年)などを参照。
(2)川田順三編『アフリカ入門』新書館、一九九九年、一〇~一一ページ。
(3)カール・ポランニー著、玉野井芳郎・平野健一郎編訳『経済の文明史』ちくま学芸文庫、二〇〇三年、三二一~四七ページ。
(4)前掲(3)、四九~七九ページ。
(5)その内容については、弊著『地域漁業の社会と生態——海域東南アジアの漁民像を求めて』(コモンズ、二〇〇〇年)を参照のこと。
(6)表1に示す五案件のうち、セネガル国サルームデルタにおけるマングローブ管理の持続性強化プロジェクトは技術協力プロジェクトであり、その他は調査案件である。本文でふれる場合、前者はプロジェクト(チーム)、後者は調査(団)とする。
(7)鶴見和子・新崎盛暉編『玉野井芳郎著作集③　地域主義からの出発』学陽書房、一九九〇年、八八ページ。
(8)佐藤寛『開発援助の社会学』世界思想社、二〇〇五年、四九ページ。
(9)前掲(8)、五二ページ。

第Ⅰ部

砂漠の海民

網具を持って立つイムラゲン族の漁民
（マンガール村にて 1997年10月撮影）

第1章　海民を旅する

1　砂漠をつなぐ

サハラ砂漠という「海」

サハラ砂漠は海にたとえられる。(1) 東西幅五〇〇〇㎞、南北幅一五〇〇㎞におよぶ砂と砂礫と岩石からなる「海」である。(2) その面積はオーストラリア全土にも匹敵する。北辺はマグレブ (Maghreb) に接し、南縁はサヘルへ至る。

マグレブはアラビア語で「日が没するところ」を指し、モロッコ、アルジェリア、チュニジア、西サハラなど、北アフリカのアラブ諸国が位置する地域をいう。いっぽう、サヘルはアラビア語の「岸部」の意であり、サハラ砂漠という海の南縁に広がる「海岸」を指す。砂漠に比べると比較的湿潤で半乾燥の草原から、乾燥に強い灌木がまばらに生える草原サバンナへの移行帯にあたる。現在では、セネガル、モーリタニア、マリ、ブルキナ・ファソ、ニジェール、ナイジェリア、チャド

図1　アフリカ西岸地方

ポルト・サント島
マデイラ諸島
モロッコ
カナリア諸島
アルジェリア
ラス・パルマス
アイウン
ボジャドール岬
西サハラ
ダフラ
ブランコ岬
ヌアディブ
アルギン湾
マンガール
モーリタニア
マ　リ
ヌアクショット
トゥンブクトゥ
サン・ルイ
ダカール
セネガル
バンジュール
ガンビア
バマコ

ヌアクショット郊外のサハラ砂漠(1997年10月13日撮影)

などの黒人諸国が連なる地域である(図1)。

マグレブとサヘルという二つの地域は、サハラ砂漠という「海」にラクダという「舟」が導入されたことで、互いにつながった。ラクダは砂漠地帯を日平均距離にして五〇km以上歩き、重量にして一度に二五〇〜二八〇kgの荷を運ぶことができる。(3) サハラ砂漠が人びととモノの移動を可能にする道となったのである。この地域へのラクダの導入は紀元前後であり、普及するのは四世紀以後だという。

イスラムが成立した七世紀後半から八世紀初めに、アラブが北アフリカを征服し、サハラを越えた南北交流が活発になる。北アフリカで先住のベルベル系住民は、それ以前からサハラ交易に従事し、アラブの征服後もサハラ交易の中枢を占め続けた。(4)

ベルベル系住民は、古くからマグレブの広い地域に住む人びとであり、総人口は一〇〇〇万人から一五〇〇万人ほどだ。ベルベルとは、ギリシャ語で

「ギリシャ世界の外に住む非文明人」を意味するバルバロイに由来する。[5] 一九七五年に製作されたアメリカ映画『風とライオン』に登場した砂漠の王者ライズリーは、ベルベル系リーフ族の部族長ムラーイ・アファマド・アル＝ライスーニーがモデルだ。ショーン・コネリー扮するライズリーが砂漠を疾走する姿に男の色気を感じ、魅せられたのは、私だけではないだろう。

サハラを縦断するラクダのキャラバン交易を支えたのは、サハラ北部の岩塩と南部の金との交換だった。マグレブのイスラム世界は、商業活動を安定させる良質の金貨を鋳造するためにサハラ南部で産出される金を必要とし、サヘル地域の黒人社会はサハラ北部の物産、なかでも塩を欲した。一〇世紀末以降、サハラ西部の南北交易が盛んになるのは、塩床がサハラの西に偏っていたからだ。塩は岩層をなし、それを切り出して、板のようにして運んだという。[6]

一四世紀の大旅行家イブン・バットゥータも、ベルベル人のひとりである。モロッコのタンジェに生まれた彼は一三二五年、二一歳のときにメッカ巡礼に旅立ち、その後、中央アジア、インド、ジャワを経て中国へ達する。一三四九年に帰るまで二四年におよぶ大旅行を行い、詳細な記録を残した。彼はその後さらにサハラを旅している。北から南へ向かうキャラバン隊に同行したイブン・バットゥータは、タガーザー[7]で塩床鉱山について記述している。

「われわれはタガーザーに到着した。……そこに塩の鉱山がある。［塩の］鉱山（鉱脈）に沿って地面を掘ると、相互に重なり合った巨大な板（岩塩層）がそこに見出される。……一頭のラクダがそこから［岩塩の］板二枚を運び出す。……そしてほかならぬその塩によってのみ、スーダーン人たち

図2　サハラ砂漠縦断の交易キャラバンルート

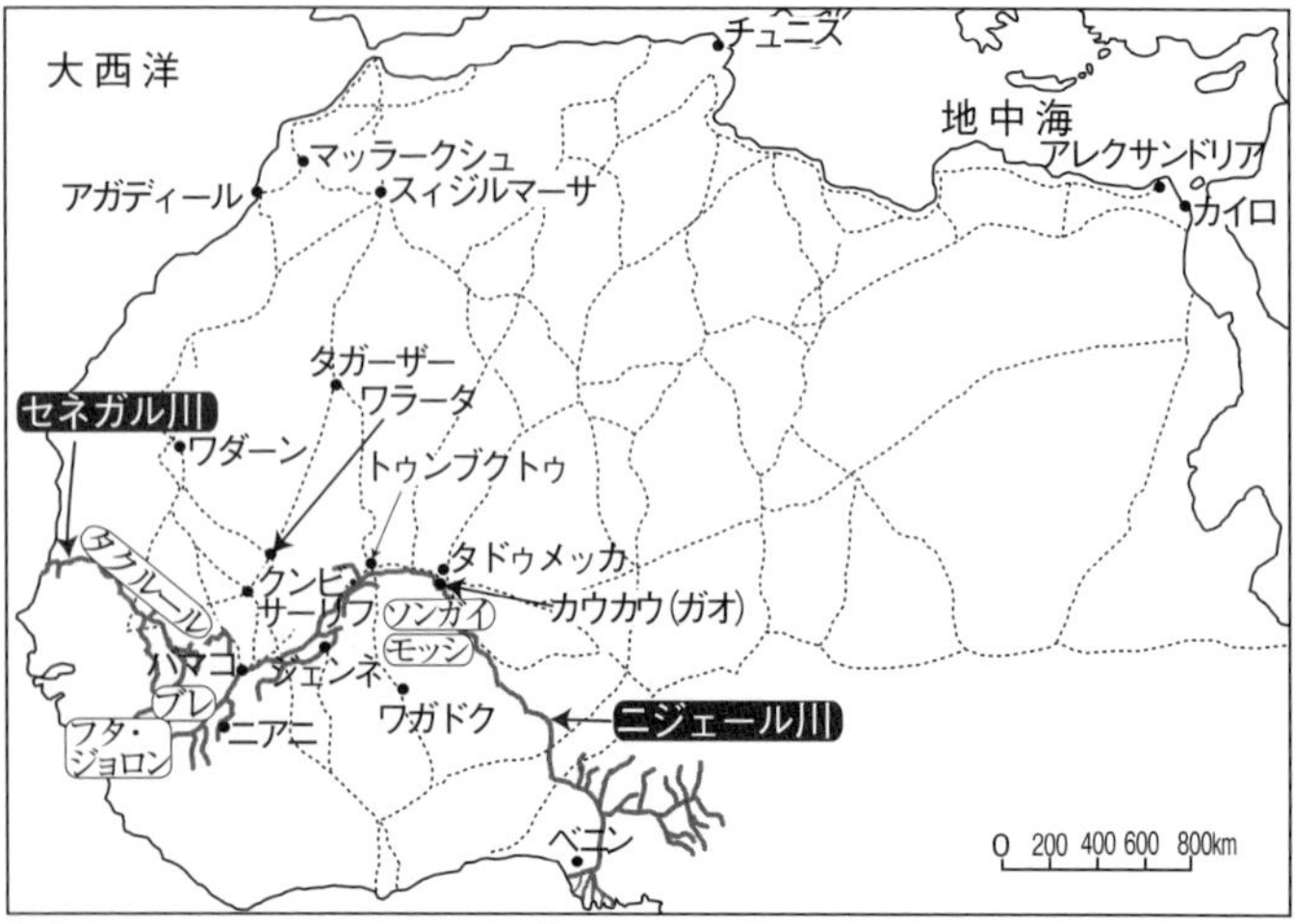

出典：イブン・バットゥータ著、イブン・ジュザイイ編、家島彦一訳注『大旅行記 8』(平凡社、2002 年)29 ページをもとに作成。

は交換取引を行っており、それはちょうど、「他の地域において」金や銀で取引が行われるのと同じで、彼らは塩を一片の大きさに切り、「貨幣のように」それで売買をおこなうのである」[8]

ラクダ一頭が二五〇～二八〇kgの荷を運べるのだから、岩塩の板一枚は一二五～一四〇kgもの重量があったことになる。サヘル地域では岩塩が貨幣のように用いられていた。サハラ交易の初期には、金一オンスが塩一オンスと交換されていたという[9]。

家島彦一によれば、サハラ砂漠を縦断する長距離の交易ネットワークが発達し、何年にもわたって維持されてきたのは、地中海世界、サハラ砂漠とその南縁のサヘル地域、セネガル川上流からニジェール川中央湾曲部に広がる河川地帯、ニジェール川以南ギニア湾までの熱帯森林地帯という四つの異なる自然生態とそこに住む人びとの社会・文化の差異を貫いて、それらを平準化しようとするメカニズムが機能していたからだという。[10] 個々の地域の自然生態や社会・文化の結果として生み出された物産が、サハラ砂漠に点在するオアシスをつなぐ道を介して血液のように流れ込むことで、相互の世界を結びつけていた[11](図2)。

王国の興亡

西アフリカのサヘル地域は、八世紀ころから一六世紀ころまでの長期にわたり、多くの黒人王国が興亡したことで知られる。

ガーナ王国は、それらのうち、現在知られる最初の国である。その担い手は、マンデ(Mande)系諸語を話すソニンケ人であった。[12] この国はセネガル川とニジェール川中央湾曲部にはさまれた地域を舞台に、紀元八〜一一世紀ころに繁栄したとされる。サハラ交易が活発になるのにともない、地政的に有利な位置の利益を得ることができたからだ。

北からサハラ砂漠を縦断してやって来るベルベル人やアラブ人交易者と、南部の金や象牙などの物産を生産する人びととの仲介者としての機能が、ガーナ王国に富をもたらした。[13] 一一世紀の地理学者アル・バクリ(al-Bakri)によれば、古代ガーナ王はサハラの岩塩が王国内に持ち込まれる場合、一荷駄あたり黄金一ディナル(ディナルはアラブ金貨の単位)、金鉱のある南部へ持ち出される場合には黄金二ディナルを税として徴収したという。また、王国内で流通する金に対して、王はすべての金塊を自らのものとし、砂金のみを交易用に供した。[14] これらの関税が古代ガーナの収入源となっていたのである。

一三世紀になり、マンデ系の民族的英雄スンジャタ(Sundjata)は、マリンケ(Malinke)族を糾合し、ソソ王国を倒してマリ王国を建国した。スンジャタ王の在世中にその範囲はすでに、南西部の森林地帯の縁辺部からガーナ王国が位置したサヘル地域にまで及んだ。その後、王国の支配域はトゥンブクトゥ(Timbuktu)やジェンネ(Jenne)が含まれるニジェール川中央湾曲部に拡大した。一四世紀には、東西方向で、現在のセネガルの大西洋沿岸部からニジェール川中央湾曲部の東に位置するガオ(Gao)まで、南方は森林地帯と金鉱地のブレ(Bure)とバンブク(Bambuk)、北方はサハラ砂漠南縁の「港」ともいえるワラータ(Walata)やタドゥメッカ(Tadmekka)に及ぶ範囲に勢力を広げたという[15](図2)。

トゥンブクトゥやジェンネ、ワラータ、タドゥメッカなどの都市は、サハラ縦断交易の南側の「港」であったが、同時にトゥンブクトゥやジェンネはニジェール川を利用して岩塩や金などの物産を運ぶ河岸港でもあった。マリ王国の経済的基盤は、この塩金交易にあったと言っていい。[16] 第九代マンサ・ムーサ(在位一三一二~三七年)は、マリ王国の歴代王の中でもっともよく知られた王だ。イスラムの影響が浸透し、王国は最盛期を迎えていた。ムーサ王がメッカ巡礼した往路、カイロでふるまった金が莫大なものだったので、カイロの金相場がしばらく下落したというエピソードがあるほどなのだから。[17]

東南アジア海域世界との類似性

私はこれまで海域東南アジアの漁民の姿を手掛かりに、海域世界に暮らす人びとの社会について考えてきた。海域東南アジアとは、マラッカ海峡からパプア(ニューギニア島西部)までの熱帯の海に多くの島々が連なる広大な地域のことである。そこでは、大小無数の島々を囲む海が、島と島を隔てる壁としてではなく、島と島を結びつける道として機能してきた。それを「海域ネットワーク社会」というキイワードで読み解こうと試みた。[18]

貿易風下の土地である東南アジアは、帆走船の時代、海のさまざまなルートを掌握する位置にあり、中国とインドや中東との中間に位置することもあいまって、ポルトガル人やスペイン人が香料を求めて海域東南アジアの一角を占める香料諸島(現在のインドネシア東部に位置するマルク諸島)にやって来る。この、いわゆる大航海時代のはるか以前から、丁子、ナツメグ、白壇など、[19]東南アジアで生産される物産が海上交易によって世界中に売られていた。[20]

一五一二年にマラッカに到着したトメ・ピレス(Tome Pires)は、そこで取引している人びとと彼らの出身地について、カイロ、メッカ、アデンのイスラム教徒やペルシャ人など、六三の地域と人をあげたのち、マラッカの港では八四の言語が話されていると記述した。これらマラッカにやって来る商人は、商品の一〇〇分の六にあたる税金をマラッカ王国に支払い(マラッカに定住するためにやって来る者は一〇〇分の三)、そのほかに国王や王国の役人に一〇〇分の一ないし二に相当する贈り物をしなければならない。トメ・ピレスによれば、マラッカは商品のためにつくられた都市で、(当時の)世界中のどの都市よりも(交易の場として)優れていたという。[21]

少なくとも、交易ネットワークの拡大と、それにともなう王国の繁栄という歴史的現象において、サハラの周辺地域と海域東南アジアは似ている。マグレブ地域へのイスラムの浸透が多くの場合、軍事的な征服をともなっていたのに対し、[22]サヘル地域へのイスラムの浸透は、交易という平和的な方法で行われた。[23]その点も海域東南アジアの場合と共通している。

立本成文の海域世界モデルで言えば、東南アジア的海域世界では、海と森という自然景観と資源、それに基づく人びとの生業形態と生活空間の総体としての生態環境を母体として、歴史的に育まれてきた人びとの主観や性質、思考(ハビトゥス)とそこから生まれる社会の組織原理に基づいて、人びとの生活様式や社会のネットワーク性という現象が立ち現れる。[24]ここでいうネットワーク性とは、集団性やあらかじめ決められたような枠組みからつくられる社会ではなく、一対一の関係の累積以外には積極的に社会を統合するものが内在しないような社会の様態をいう。[25]

それでは、サハラ砂漠とその周辺地域という生態環境を母体として歴史的に営まれてきた交易活動と、その結果として育まれてきた社会の様態とは、どのようなものなのか。東南アジア的海域世界で観察される社会のネットワーク性と共通項があるのか、それとも、そこには異なる社会原理が介在しているのか。

社会におけるあらゆる「関係」を分析する手法のひとつであるネットワーク分析の分野では、あらゆる関係を点と線に還元して考える。ここでは点を「ノード」、線を「紐帯」と呼ぼう。ノードとは線と線をつなぐ結節点であり、そうしたノードとノードのつながりが紐帯である。たとえば、一六世紀初頭のマラッカは、海域東南アジアの交易ネットワークの拠点というノードなのであり、丁子、ナツメグ、白檀などの商品を介して、カイロ、メッカ、アデンのイスラム教徒やペルシャ人など、六三の地域と人びととのあいだに紐帯を結んでいたということだ。

ネットワークとは、複数のノードと紐帯のあいだにみられる「関係のパターン」ととらえられる。ネットワーク性をネットワークの大きさという指標で考えれば、あるネットワークに含まれるノードの数がより多く、それらのノードを結びつける紐帯の数がより多ければ、その社会はよりネットワーク性が高いと言える。それとは別に、ネットワークがどれだけ多様な領域（ある事物や人が関わりをもつ範囲）をカバーするか、その範囲をネットワークの大きさととらえる考え方もある。いわば、量と質の問題である。より大きな空間と多様な領域をカバーするノードとノードが多様に結びつく社会が、ある意味でネットワーク性の高い社会だと言うことができる。[26]

ここでは、交易ネットワークの発達と王国の盛衰という両地域で起こった現象面での類似性を指摘しよう。いっぽうは多くの島嶼からなる海であり、もういっぽうはオアシスが点在する砂漠だ。海も砂漠も、人がそこにとどまって長く生存することはできない。しかし、そこに島やオアシスという拠点（ノード）があり、拠点と拠点が船やラクダでつながるとき、ネットワーク性が立ち現れる。それを促すのは、異なる生態を平準化しようとする交易という人間の行為と、それによって移動するさまざまな交易品というモノの流れである。

2　豊饒の海を行く

寒流が南下する海

マデイラ諸島やカナリア諸島、アゾレス諸島のような西アフリカの沖合に浮かぶ島嶼群が一三〜一四世紀にヨーロッパの人びとにより「発見」され、彼らによってその地の経営が行われていたのに比べ、アフリカ大陸の西岸地方へのヨーロッパ人の活動は遅れた。その理由として、山中謙二は次の三点を指摘している[27]。

①海岸に出入りが乏しいため良港がなく、風波を避けて船を停泊させる河口さえほとんどない。

②濃霧がはなはだしい。それは海岸から四〇〜五〇レグア[28]の距離におよび、冬期には日中でも航海できないほど暗くなる。

③サハラ砂漠の平坦で草木のない不毛な海岸が続き、南へ向かうほど荒涼とした景観になる。

とくに、現在の西サハラに位置するボジャドール岬(Cap Boujdour)は、海中に四〇レグアも突出し、その先に続く六レグア以上の岩礁に波が当たって砕ける光景が、沖合を航行する人びとに恐怖を与えたといわれる。この海域には、北大西洋海流の南側の分流となるカナリア海流(寒流)が、一年を通して、イベリア半島とアゾレス諸島のあいだを南へ向かって流れている。流れが急なので、ヨーロッパの港を出てボジャドール岬を越した船は二度と帰って来られないと恐れられたのは、この海流のせいだ。また、この海域では、砂漠の熱射で暖められた空気が、温度の低いカナリア海流が流れる海上に移動し、下から冷やされて霧を発生させる。移流霧と呼ばれるもので、親潮(千島海流)が流れる夏の三陸沖から北海道でも頻繁に見られる。こうした自然景観や環境がヨーロッパ人のアフリカ西岸地域への接近を拒んでいた(一九ページ図1)。

しかし、一五世紀になると、海路東方のアジアへ到達しようとするヨーロッパ人の努力が本格化する。大航海時代の幕開けである。東西両世界にまたがる商業が発展し、丁子やナツメグといった香料や黄金が豊富にあると伝えられるアジアへ向かおうとする経済的な動機[29]に加え、聖地奪回のための十字軍の遠征や、東方にあると信じられた伝説上のキリスト教徒の王プレスター・ジョンの国との連携構想など、政治や宗教が関わる動機が絡み合っていた[30]。

若きヴェネツィア商人が見た西アフリカ

アドリア海の最奥部に位置するヴェネツィア共和国は、七世紀末から一八世紀末までの一〇〇〇年あまりにわたり、交易のため海へ出て行く人びとによって支えられた。塩野七生は、一〇〇〇年におよぶこの海洋都市国家の歴史を「海の都の物語」として描いた。それによれば、九世紀までのヴェネツィア商人が扱っていた主要商品は塩と塩干魚である。以後の海洋交易時代になると、得意先である北アフリカのイスラム教徒が欲する奴隷と木材に代わる[31]。

一三〇〇年代から一四〇〇年代なかばまでは、ヴェネツィア経済が高度成長を達成していく時期にあたる。若くしてスルタン位を継いだトルコ帝国のマホメッド二世によりコンスタンチノープルの都が陥落し、東ローマ帝国とも言われたビザンチン帝国が滅亡するのが一四五三年である。東からの脅威にさらされながら、ヴェネツィア共和国はトルコ帝国との友好通商条約の調印にこぎつける(32)。ヴェネツィアの一五世紀なかばは、そんな時代だった。

カダモストの「航海の記録」は、一四五五年(第一回航海)と一四五六年(第二回航海)に、若いヴェネツィア商人が好奇心に満ちた柔軟な目と耳でとらえたアフリカ西岸地域での見聞の記録である。彼は、こう書いている。

「ベルベル人たちはこの砂漠をサハラと呼びならわしている。……この砂漠が大洋に落ち込む海岸線は、果てしなく白く乾いた砂地で、ひとしく低地をなし、ビアンコ岬に至るまで、ほぼ同じ高さに連なっている。……この沿岸では魚類が豊富にとれる。種類も多く、美味で、また大型の魚も無数にとれる。……アルジン湾はだいたいに浅く、いたるところに砂州ができていて、……潮流が激しいため、昼間しか航行できない(33)」

カダモストは、その前に立ち寄ったマデイラ諸島の小島であるポルト・サント島においても、「島のまわりに鯛類やオラータ(マトダイの一種)その他の漁場が豊富である」と述べている。

ビアンコ岬は、現在のモーリタニアと西サハラの境界をなすブランコ半島に位置するブランコ岬であり、近くには現在漁業基地となっているヌアディブ(Nouâdhibou)がある(34)。サハラ砂漠が海岸線にまでせまるアルギン(Arguin)湾は、現在バンダルゲン(Banc d'Arguin)国立公園となっている。魚が豊富なため、それを目当てに集まる鳥類が多く、一九八九年に世界自然遺産に登録された。また、ポルト・サント島とアルギン湾の中間に位置するカナリア諸島のラス・パルマス(Las Palmas)は、現在、大西洋漁場でマグロを漁獲する漁船の水揚げ基地である。

世界中のほとんどの海に、生物はまばらにしか生息していない。それは、一般の海では生物が生息するために必要な栄養塩類[35]が少なく、一次生産量が乏しいからである。そのなかで、例外が二つある。ひとつは陸域から栄養塩が流れてくる大陸棚であり、もうひとつが深層から表層へ海水が浮き上がる流れが発生する湧昇域である。湧昇域では深海の栄養塩が表層にもたらされるため、海洋の生物生産性が高く、好漁場が形成される。カダモストが観察したアフリカ西岸の海は、カナリア海流の影響で湧昇流が発達する世界有数の漁場なのだ[36]。

カダモストによれば、その当時エンリケ航海親王は、アルギン島(アルギン湾内にある島)で一〇年間の借用契約を結ばせ[37]、アラブ人との通商を目的にアルギン湾に入る者は許可を得なければならないとしたという。島内に居所を設け、アラブ人との売買交渉には代理人があたった。そこでは、衣料、布地、じゅうたん、小麦などと、アラブ人が提供する黒人奴隷や金の延べ棒との取引が行われた。彼によれば、こういう奴隷売買の組織ができるまで、完全武装したポルトガル船が船団を組んで、アルギン湾周辺の漁村を襲い、ときには内陸深くまで侵入し、男女の区別なく地元の人びとを捕え、ポルトガルに連れて帰って売っていたのだという[38]。

そのころの様子をアズララが「ギネー発見征服誌」に書いている[39]。

「二人の隊長は五隻の舟艇に三〇名の部下を乗せ、……ナール島（アルギン湾内にある島）に到着した。……夜の明けるころ、海辺にあるモウロ人の部落に着いた。……一同はモウロ人に襲いかかり、……男と女と子供をあわせて一六五人を捕虜にすることができた」

ナール島の南にあるティジェル島には、全部で一五〇人ほどのモウロ人の村がある。彼らは、一艘に四～五人のモウロ人が乗った二〇艘ほどの丸木舟が隣の島へ逃げていくのを発見し、それを襲って四八人を捕虜にした。さらに彼らは、ブランコ岬でモウロ人の一団が漁をしているのを見つけた。彼らはそこで一四人を捕虜にするとともに、モウロ人が仕掛けておいた漁網にたくさんのアラとニベ(40)がかかっているのを見つけ、没収している。一四四四年のことだ。

サハラ砂漠が海にせまるアルギン湾の周辺には、当時からすでに複数の漁村が存在し、それらの住人が漁に従事していたことがわかる。それはどのような人びとだったのだろうか。

カダモストは、セネガル川を境にしてアザナギ族の領域が終わり、黒人の領域が始まるとしている。アザナギ族は褐色の肌をして、髪の色は漆黒であり、男は毎日髪に魚油を塗る。ブランコ岬から南の沿岸一帯に住み、内陸にもひろく居住している。そして、三五〇マイル内陸東方にあるワダーン（Ouadan）のアラブ人と境を接すると説明している(41)。アザナギ族とは、ベルベル系の有力種族であるゼナガ（中世アラブの文献ではサンハジャ）族のことだと思われる。いっぽうアズララが書く「モウロ人」の名称は、もともとフェニキア人が古代の都市国家カルタゴの後背地に住むベルベル人に対して用いた言葉のようだ。その後、イベリア半島に住む人びとが北西アフリカの住民の総称として使うようになった(42)。

つまり、アルギン湾周辺の漁村の住人は、ベルベル系の漁撈民だということがわかる。現在そうした範疇に含まれるのは、イムラゲン(Imraguen)族の人びと以外には考えられない。遊牧民のイメージが強い西アフリカのベルベル人にあって、イムラゲン族は唯一の漁撈民だといっていい。私がそんな彼らの村を訪れたのは、一九九七年九月のことだ。

砂漠のなかの漁民集落

パリ発ヌアクショット行きのエールフランス便は、定刻を四〇分遅れで離陸した。パリからモーリタニアの首都ヌアクショットまでの飛行時間は約五時間、パリとのあいだには二時間の時差がある。午後三時前、上空から見たヌアクショットの街は、砂場の上に置かれたマッチ箱でできた箱庭のように、無機質で人工的な印象を与えた。それまで緑が豊かな東南アジアの沿岸地域を歩いてきた私にとって、あまりにも異なる景観だったからだ。

ヌアクショット到着の四日後、私たちは調査地となるマンガール村へ向けて出発した。そこは、ヌアクショットから北へ一六〇㎞、干潮時に現れる幅一〇ｍほどの地盤の固い砂浜を一直線に走り切った海岸部に位置する。内陸部にアクセスできる道がないため、これが唯一の幹線道路なのだ。途中には難所が一カ所ある。小さな岩礁が陸から浜に向かって伸びており、潮が満ちてくると砂地の平坦な地盤が他よりも早く海中に没してしまうのだ。これまでにも北上する車と南下する車が、この地点で正面衝突する事故が何回かあったという。

ヌアクショットからモーリタニア北端のヌアディブまで、距離にしておよそ三六〇㎞、そのあいだの海岸部にイムラゲン族が暮らす一二の漁村が点在している。中央部のティミリス岬に位置するマンガール村を中心として、その南にジライフ、ハイジュラット、ティウィリット、ルムシッド、

図３　アルギン湾周辺の漁民集落

出典：『モーリタニア沿岸漁業振興計画基本設計調査報告書』JICA、1992年。

ブレワッカの五村が続き、北へ向かい、オーギッシュ、ルグェイバ、タシュット、イウイック、テナルール、アガディールの六村が続く。各村の規模は、およそ七〇〇人が暮らすマンガール村から三〇人程度のオーギッシュ村までさまざまだが、いずれも海岸部まで延びたサハラ砂漠のなかに形成された漁民集落である（図３）。

調査地のマンガール村は、東西幅九〇〇m、南北幅七五〇mの範囲に、ブロックを積み重ねた箱型の家屋が一五一戸並んでいる（一九九七年当時）。この村をはじめとする周辺のイムラゲン集落は、ボラの魚群を沖合から浜へ追い込んでくるイルカとの協働でボラ漁を行う、砂漠の漁撈民として知られる。文化人類学者、写真家、自然保護活動家、ジャーナリストなどの格好の調査対象となってきた(43)。イムラゲン漁民と意思の疎通が可能なイルカがいるとされ、両者の合図で、イルカは沖合から、イムラゲン漁民は浜側から網を持ってボラを追い込み、挟み撃ちにする。ボラがやって来るのは、例年一〇～二月の五カ月間と短い。私たちが訪れた九月末、漁民たちはボラの来遊を待って、終日海の向こうを見つめて過ごしていた。

村にはそのころ、すでに三二隻の舟があった。村長と村の名士六人からなる長老グループは、これらの舟を一六隻ずつの二グループに分け、各グループが毎日交代で二隻ずつ舟を出し、ボラを獲る。ボラ漁の盛漁期が到来するまでの、生存のためのボラ漁である。

午後四時ころ、二隻の舟が浜に帰ってくると、漁獲されたボラが浜辺に集まった村人たちの輪の真ん中に投げ出される。その数およそ一五〇尾。彼らの目は一心にボラに注がれる。カラスミが取れるような大きなボラだ。各世帯一尾ずつ分配するとの決定が下される。長老の合図とともに、村人は一斉に砂にまみれたボラに飛び掛かる。次の瞬間、各自の手には、一尾のボラがしっかりと握られていた。

私たちは一戸一戸を訪れ、家族構成や世帯収入を聞き取る村の全戸調査を行った。訪れるたびに、小さなグラスに注がれる甘くてほんのりと苦いアラビア茶をいただく。室内には蠅がことのほか多い。村には十分な水がないため、女性たちは干し魚作りで出た内臓などを清潔に処理できない。腐敗した魚の内臓から発生する蠅が、戸外の強い日差しを避けて、室内に集まって来るのだ。室内での聞き取りに熱中するあまり、いただいたアラビア茶をすすったら、喉の奥に蠅がひっかかったことがある。体がギラつく、でかいやつだ。さらにアラビア茶をすすり、無理やり飲み込んで聞き取りを続けた。

近代化による女性への影響

女性が行うボラの加工には、ゲジ(Guejete)とシュレハ(Cheriha)がある。

ゲジは、まずボラの鱗《うろこ》を取り除き、背中から魚を切り開いて内臓を取り出す。そして海水で洗い、木杭に網をかけて作った干し台に並べて四~五日、天日干しする。天日干しの前に海水で洗うだけの場合と、洗った後に塩水に漬け込む場合がある。完成品を見ると、強い直射日光のために魚肉が酸化しているものが多く、表面には砂が混じっている。加工場周辺は異臭が強いため、作業場は集

ボラをさばくイムラゲン族の女性(マンガール村にて1997年10月3日撮影)

落の風下に設置されている。

シュレハは、ボラを海水で洗って頭を切り落とす。胸ビレ側から三枚に下ろし、さらに身と皮のあいだにナイフを入れて、五枚に下ろす。骨の部位は切り落として四枚とし、皮がついた身にはナイフで切り込みを入れたのち、張ったロープにぶら下げて天日干しする。シュレハの場合は鱗をとらないし、塩水に漬け込むこともない。作業場は居住家屋に隣接して建てられる。猫やジャッカルから魚を守るため、網囲いされた直径五m、高さ二mほどの円筒形の空間である。

ゲジは塩分が強い加工品で、自家消費用ではなく、村外の市場向けに販売目的で生産される商品である。それに比べ、シュレハは塩分をあまり含まず、もっぱら自家消費用に生産される。すぐに供される半乾燥品と、保存用の完全乾燥品がある。アラビア茶を喫しながら、シュレハをむしっては食するのが、彼らの典型的な朝食だ。

近年、動力漁船がマンガール村をはじめ、イムラゲン族の漁民集落に導入された。機動力を増した漁民は、外延的な漁場の拡大を可能にするとともに、漁獲物を直接にヌアクショットの水産物輸出会社に販売しはじめる。マンガール村の鮮魚流通圏が、モーリタニア最大の鮮魚市場であるヌアクショットに結びついたのだ。その結果、村の水産物加工を担ってきた女性の仕事がなくなった。漁獲されたボラやその他の魚が、マンガール村を素通りするようになったからである。

自家消費用のシュレハを作ることはできても、域外向けに販売するゲジを生産できるほどのボラは、手に入らなくなってしまった。このため、村が水産物加工で多忙になる時期に職を求めて外部からやって来た人びとが、来なくなった。彼らは三々五々やって来て、村の一般家庭に寄宿するので、その礼金が村の女性の収入源の一つになっていた。

カラスミの原料として、ボラの魚卵を買い付ける水産物加工会社がイムラゲン族の漁村集落へ進出したことで、女性によるボラの加工業が衰退した一面ものがせない。従来、イムラゲン族の女性はゲジに加工するため、ボラを背中から切り開いて魚卵を取り出してから、干し魚にしていた。水産物加工会社は作業時間を短縮するため、腹側を切り裂いて魚卵を採取する。このため、魚卵を取り出したあとの魚体はゲジの生産に適さなくなってしまう。

漁船の動力化や水産物加工会社の進出という「近代化」が、イムラゲン族の女性たちがこれまで行ってきた数少ない収入源を奪う結果をもたらした。収入源を絶たれた女性たちは、鮮魚流通の担い手となった男性たちへの依存をますます深めている。

3　押し出される、移動する

ウォロフ族の王国

「ブランコ岬を過ぎ、……なおもわれらの航海を続けていくと、セネガル川に着いた。この沿岸に注ぐ黒人地方最初の川である。すなわち、肥沃な黒人地方と褐色人種(アザナギ族)とを分かつ川である」(44)とカダモストは書いた。

サハラ砂漠の南縁にあたるセネガル川北岸の河口部に、幅三〇〇m、長さ数十㎞におよぶ砂州が伸びている。この砂州の先端、川と海が接する一帯は、さまざまな野鳥が集う楽園だ。砂州を北上すると、その一角に、海に生きる人びとの集落がある。いわば、彼らはサハラ砂漠南縁の海の民といえよう。

この砂州上の集落の東側に橋でつながる中洲島があり、セネガル北部の中心地サン・ルイ市の市街地となっている。中洲島は幅三〇〇m、長さ二㎞あり、一六五九年にフランスがここに商館を築き、交易の拠点とした。アメリカ大陸の発見とそれに続く植民地化によるサトウキビ農園での労働力などを目的として、やがて、アフリカ西岸から大量の奴隷が送り出されるようになる。一九世紀なかばまでの約三世紀のあいだに、アフリカ西岸からアメリカ大陸に送られた奴隷の総数は、一五

鎖につながれる黒人奴隷
（ゴレ島歴史博物館所蔵の絵画より、2007年3月10日撮影）

○○万人にもおよぶ(45)。

西アフリカの沿岸社会に及ぼした影響は計り知れない。なかでも、大量の健康な青壮年層の男女が奪われた人的損失や、奴隷との交換でもたらされる綿製品によって、ギニア湾岸に根付いていた繊維・織物産業が駆逐された事例にみられる経済面での影響、アフリカ人首長たちが奴隷取引で入手した銃によって権力を維持した政治的な影響が指摘されている(46)。

歴史の時間軸につながる人びとが、この砂州上の集落に暮らしている。カダモストが「真っ黒な肌の、背の高い、がっしりとした体つきの人種(47)」と表現したウォロフ(Wolof)族の人びとである。セネガル川とガンビア川にはさまれた地域には、一五世紀ころ北から南へ、ワロ(Walo)、カヨル(Kayor)、ジョロフ(Jolof)、バオル(Baol)、シン(Sine)、サルム(Saloum)などの小国があった（図

図4　ウォロフ王国とその周辺

出典：B・デビッドソン著、貫名美隆・宮本正興訳『アフリカ文明史 アフリカの歴史＝1000年〜1800年』（理論社、1975年、67ページ）に基づき作成。

4）。

口承によって伝えられる物語は、最北のワロから始まる。そこにはいくつもの小さな村落国家があり、それぞれはラマン(La Man)という称号の王を戴いていた。それらの国のあいだで、湖岸に集められた木材の分配をめぐって争いが起こる。だが、流血の事態に至る直前に湖から不思議な人物が立ち現れ、木材を平等に分配したのち姿を消した。驚いた人びとは、もう一度争いを繰り返すふりをして、不思議な人物が現れるのを待つ。

その人物が現れると、人びとは彼をとどめ、国を治めてほしいと依頼した。最初は拒んでいた彼も、ついに王になることを受け入れる。偉大な魔術師として知られるシン国の王がその話を聞くと、驚いて「ンジャジャン・ンジャエ(Ndyadyane Ndyae)」と叫び、セネガル川からガンビア川に至るすべての国をその人物に統治してもらおうと、統治者たちに呼びかけた。こうして、すべての国はウォロフ王国として統一される。初代の王は、ブルバと呼ばれる称号(Burba Jolof)をもつンジャジャン・ンジャエとして名を残しているという。(48)

B・デビッドソンによれば、ジョロフ人が一四世紀に多数の小国をつくりはじめ、周辺のカヨル、ワロ、バオルなど、ウォロフ人の小国に政治的権力を及ぼすようになる。一五世紀になると、ブルバの称号をもつジョロフ王とその政府は、これらの地域に強力なウォロフ王国を築く。また、隣接する地にセレル(Serer)族(49)の人びとがシン－サルムという国をつくり、これがウォロフ王国の周辺部になったという。(50)

ゲンダリアンと呼ばれる人びと

ウォロフ族のなかで、沿岸部に住み、海に関わって生きる人びとは、レブ(Lebou)と呼ばれる。この地の人びとは、帰属するエスニック・グループと居住地で自らの出自を示す。たとえば、ダカール周辺の海岸部に暮らすウォロフ族はレブ・ダカールであり、サン・ルイの漁民集落に暮らすウォロフ族はレブ・ゲンダール(Lebou Guet N'dar)と呼ばれる。ゲンダールはサン・ルイの漁民集落のなかでも、とりわけ密集地区となっている。そこを本拠地とする人びとは、周辺地域へ移動して漁業を営むことで知られており、周辺地域の人びとは彼らをゲンダリアンと呼ぶ。

図5を見ていただきたい。中洲島の西側の砂州に、大きな漁民集落が形成されている。集落の幅

図5　サン・ルイ市の中心部と漁民集落

出典：Amadou Diop, “Saint-Louis Senegal”, Librerie-Papeterie WAKHATILENE より作成。

は三〇〇m、長さは二・三km あり、北から順にグンバー(Goxu Mbath)、サンタバ(Santhiab)、ゲンダール(Guet N'dar)の三地区に分かれる。この三地区で一・五万人近い人びとが、漁撈や水産物加工・販売など海に関わる仕事で生計をたてている。とくにゲンダール地区の人口密度は高く、全体の三分の二が住み、漁獲物を水揚げして加工までしている。魚を買い付け

水産物加工に従事する女性（ゲンダールにて 1996年1月24日撮影）

るトラックがひっきりなしに砂ぼこりをたてて行き交う。緑のまったくない強い日差しの砂州で連日繰り広げられる混雑ぶりは、相当なものだ。

サン・ルイ周辺では、漁獲物の九割以上がゲンダール地区で水揚げされる。二〇〇三年の水産物統計によれば、サン・ルイ州の年間漁獲量は三・五万トン、おもだった魚種はセネガルでヤボイ(yaboi)と呼ばれるカタボシイワシ(*Sardinella aurita*)とその近似種で、全体の六四%を占める。カタボシイワシは大西洋の東西両岸、地中海、黒海、太平洋西部に分布し、群れをなして大回遊することで知られる。サッパ属に含まれ、岡山県でママカリと呼ばれているのが、同じ属に含まれる魚だ。

大西洋に開かれたゲンダールの砂州に押し寄せる波は高く、荒い。男たちはピログ(51)と呼ばれる船に乗る。浜近くで砕け散る波を注意深く観察し、タイミングを見計って、ピログを浜から沖へと押し出す。

押し出されたピログは、浜近くの大波を乗り越え、地先の漁場へ向かう。盛漁期には仕事を求めて、内陸地から泳げない人までやって来て船に乗る。ときにピログが荒波にもまれて転覆し、溺れて亡くなるのは、こうした人びとだ。例年二〇人近くが亡くなるという。

いっぽうゲンダリアンはたくましい海の男たちだ。カダモストはカヨル(現在のカヤル Kayar)の地で、砂州に激しく押し寄せては返す波を越えて、沖に停泊した彼の船まで泳ぎ切った地元民に対し、「この地方の黒人こそは世界中で最も巧みな泳ぎ手であると私は信じて疑わない(52)」と称賛した。おそらく、いまもカヤルの地で漁業を生業とするレブの人びとの祖先であったろう。ゲンダリアンは彼らを代表する人びとだ。

移動の民

サン・ルイ市の砂州に形成された漁民集落は、家屋と水産物加工のための施設で埋まっている。地味の乏しい砂州では農作物を栽培できない。人間であふれる砂州から押し出されるかのように、ゲンダリアンは周辺の沿岸地域へと移動する人びとである。年間を通して地元にとどまって漁を続けるのは、全体の四〇％程度。三〇％はカヤルやウンブール(Mbour)、ジョアル(Joal)、さらに南方のカザマンス(Casamance)地方など(見返し地図参照)へ出漁し、残りの三〇％は北方のモーリタニア海域へ長期間出漁する(53)。

ゲンダール地区のすぐ北は、モーリタニアとの国境だ。モーリタニアへ出かけて漁業に従事する人びとには、若者が多い。彼らはモーリタニアに住み、その地で水揚げする。家族を連れて行く者もいる。ヌアディブを根拠地とする者は、手釣りでハタやタイなどの高級魚をねらう。まき網でボラを獲るグループもある。漁獲されたボラから卵を取って、カラスミの原料として地元の水産加工会社に販売する。残りの魚体はサン・ルイやダカールへ送る。

私は、ゲンダールの浜やダカールの中央市場でモーリタニアから運ばれてきたボラの魚体を確認している。一九九六年当時、ヌアクショットにはゲンダリアンのまき網船が五〇隻ほど操業していた。それらの船がボラを漁獲すると、モーリタニア側との契約に基づいて引き渡し、モーリタニア人が水産加工会社に販売する。加工場で魚卵を取ったあとの魚体は従来捨てられていたが、一九九四年ころからセネガルへ送られるようになった。受け入れ地で、女性たちが塩干魚に加工するのだ。

一九八九年にセネガルとモーリタニアとのあいだで国境紛争が発生し、その後四年間にわたって国境が断絶する。この間、ほとんどのゲンダリアンがモーリタニア海域への出漁を断念した。しかし、なかには例外もある。その結果、発砲されたり拿捕される者が出た。一九九二年になって国交が回復し、彼らの出漁も再開した。

南方のカヤル近海では一一〜六月にイワシが来遊し、周辺地域から漁民が集まる。ゲンダリアンは大きな勢力だ。二〇〇三年当時、カヤルには九〇隻近いまき網船が集結していた。そのうち四〇隻がカヤルを基地とし、残る五〇隻が周辺地域からやって来た船だ。なかでもゲンダールから来た船が多い。地元船の四〇隻にしても、カヤルの地元漁民が所有するのは二五隻だけで、残りの一五隻はカヤルに定住したゲンダリアンの所有船だ。

家族をともなって、数カ月から数年の単位で移動するゲンダリアンも多い。移動した土地で家を借り、同郷の者たちがかたまって暮らす傾向がある。独身者が移動し、その土地の娘と結婚して、落ち着く場合もある。家族単位で移動するのは、移動先がイワシなどの魚群が来遊する地であり、漁獲された魚はその前浜に水揚げされて加工されるため、女性の労働力が必要となるからだ。

ゲンダリアンが移動する背景には、次のような理由があげられる。

①農耕に適さない地味の乏しい土地柄で、なおかつ砂州という限られた空間にあるため、人びとは海に向かわざるを得ない。②海岸に打ち寄せる波は一年を通して荒く、大波を乗り越えて出漁することが困難である。③主要な対象魚種となるイワシが季節回遊するため、その移動に従わざるを得ない。④ボラやハタ、タイなどの高級魚が近場の漁場に乏しい。⑤何世代にもわたって移動が習慣化し、移動先の各地にゲンダリアンのコミュニティができているので、心理的なバリアが低い。

出て行く人たちがいるとすれば、当然それを受け入れる側の人たちもまたいる。ゲンダリアンが移動し、あるいはそこに定住した地域で、すでに社会を形成している側の人びとである。

一九九一年にカヤルで問題が起こった。この年、大量のイワシがカヤル近海に来遊した。まき網船は次から次へとイワシを獲る。浜での水揚げを終えたまき網船は、再び出漁し、イワシを獲った。ゲンダールから大勢の漁民がやって来て、二交代制でイワシを獲ったという。

浜はイワシで埋まり、魚価が暴落した。船主は燃油や食料の支払いをすませると、もはや船子に支払うべき歩合給の原資に事欠くほどだった。仲買人は、魚が多すぎて、もはや売り先がないと言う。歩合給を受け取れない船子は、不満を行動に表した。騒動を収めるために、二人の国会議員がカヤルを訪問し、事態の収拾を図る。翌年にはカヤルにまき網管理委員会が結成され、二交代制出漁の禁止や漁獲魚の寸法制限などの規制策が導入されるようになった。[54]

そのころ同じカヤルの地で、ゲンダリアンと地元漁民のあいだに刺網漁業をめぐって抜き差しならない対立が発生する。その詳細については次章に譲ることにしよう。それは、ダカールという都市の周辺に暮らす海民の物語のなかの一節である。

(1) たとえば、『新書アフリカ史』(宮本正興・松田素二編、講談社現代新書、一九九七年)では、「サハラ砂漠を『海』にたとえると、その岸部がサヘル地域にあたり、砂漠を横断するラクダを『船』になぞらえると、『港』にあたる交易の拠点が点々とサヘル一帯に形成された(一二一〜一二二ページ)」とある。また、『アフリカ史』(川田順三編、山川出版社、二〇〇九年)では、「砂漠という、海洋と同じく、その両側の地域を隔てると同時に、途中の媒介者なしに直接結び付ける地帯を越えての、砂漠の船団であるラクダの隊商による北アフリカ・地中海世界との交渉が、西アフリカではかなり古くからあった(二〇四ページ)」と述べられている。さらに、『アフリカを知る事典』(伊谷純一郎・小田英郎ほか監修、平凡社、一九九九年)の「サハラ砂漠」の項には、「砂漠は海と同じように、その両側の地域を隔てると同時に無媒介的に結びつける役割も果たす。ラクダは砂漠の舟にたとえられるだろう(一七五ページ)」とある。

（2）サハラ砂漠は、レグと呼ばれる砂礫の砂漠やハマダと呼ばれる岩石の砂漠が多い。私たちが砂漠をイメージしがちなエルグと呼ばれる大砂丘があるのは、全体の五分の一程度にすぎない（『旺文社百科事典エポカ8』旺文社、一九八三年、一一八〜一一九ページ）。

（3）イブン・バットゥータ著、イブン・ジュザイイ編、家島彦一訳注『大旅行記8』平凡社、二〇〇二年、一二二ページ。

（4）前掲（1）『新書アフリカ史』一八〇〜一八九ページ。

（5）『日本大百科全書21』小学館、一九八八年、一六九〜一七〇ページ。なお、彼ら自身は自分たちのことをアマジグ（複数形イマジゲン、高貴な出の人間、自由人の意）と自称する。

（6）私市正年『サハラが結ぶ南北交流』山川出版社、二〇〇四年、九〜一八ページ。

（7）一一世紀に開発された岩塩産地。現在のマリ共和国の最北に位置する（前掲（6）、一七ページ）。

（8）前掲（3）、一七〜二〇ページ。引用文中の［　］は訳者が達意のために補った言葉であり、（　）は訳者が同意の言葉として加えたもの。なお、……は筆者の判断で省略した部分である。

（9）Patience Sonko-Godwin, "*TRADE IN THE SENEGAMBIA REGION From the 12th to the Early 20th Century*", Sunrise Publishers, Banjul, The Gambia, 1988 (Second Edition 204), p.4.

（10）前掲（3）、一六〇〜一六二ページ。

（11）北から南へ向かう商品には、岩塩、馬、装飾品、衣類・布地、陶磁器などがあり、南から北へ向かうものには、金、黒人奴隷、黒檀、ゴム、皮革、象牙、木材などがあった（前掲（6）、一七ページ）。

（12）マンデ（あるいはマンディンゴ）と呼ばれる人びととは、アフリカで大きな民族集団を形成している。マンデ諸語はソニンケ語やバンバラ語、ジュラ語などを含み、アフリカで大きな言語人口をもっている。現在のマリ共和国では、バンバラ族が一六六万人（全体の三五％）、それに次いでソニンケ族が四二万人（九％）である（川田順三編『民族の世界史12　黒人アフリカの歴史世界』山川出版社、一九八七年、三一一〜三一五ページ)。
(13) B・デビッドソン著、貫名美隆・宮本正興訳『アフリカ文明史 西アフリカの歴史＝一〇〇〇年〜一八〇〇年』理論社、一九七五年、五一ページ。
(14) Kevin Shillington, *"History of Africa Revised Edition"*, St. Martin's Press, New York, 1995, pp.81-86.
(15) 前掲(14)、九四〜九六ページ。
(16) 前掲(1)『新書アフリカ史』一三五〜一三六ページ。
(17) 前掲(12)、三二〇〜三二四ページ、前掲(6)、五六〜五七ページ。
(18) 弊著『地域漁業の社会と生態――海域東南アジアの漁民像を求めて』コモンズ、二〇〇〇年、二七一〜三〇七ページ。
(19) これらはすべてインドネシア東部原産の植物。丁子は高さ四〜七mの小高木で、長さ一・五㎝ほどの花蕾を乾燥させ、香料、調味料、薬料などに用いる。ナツメグは一八世紀までバンダ諸島というインドネシア東部の小さな島嶼部でのみ生産された。ニクズクと呼ばれる常緑高木の種子がナツメグで、その種子を覆う皮がメース。種子の中の仁(胚)に強烈な芳香があり、香料、香辛料、薬料、化粧料などに用いられる。白壇は常緑中高木で、材に強い芳香がある。耐久性があり、化粧箱、彫刻、棺、ステッキ、扇子、線香、燻香料などに用いられる(熱帯植物研究会編『熱帯植物要覧』大日本山林会、一九八六年)。
(20) アンソニー・リード著、平野秀秋・田中優子訳『大航海時代の東南アジア一四五〇〜一六八〇年Ⅱ 拡張と危機』法政大学出版局、二〇〇二年、一ページ。
(21) トメ・ピレス『東方諸国記』岩波書店、一九六六年、四五五、四六二、四九三ページ。
(22) バンジャマン・ストラ著、小山田紀子・渡辺司訳『アルジェリアの歴史――フランス植民地支配・独立戦争・脱植民地化』明石書店、二〇一一年、三〇〜三四ページ。
(23) 前掲(1)『新書アフリカ史』一三三ページ。

(24) 立本成文『地域研究の問題と方法――社会文化生態力学の試み』京都大学学術出版会、一九九九年、一二四～一二八ページを参照した。

(25) 前掲(24)、二一三ページ。

(26) 安田雪『ネットワーク分析――何が行為を決定するか』新曜社、一九九七年、六二～六八ページ。

(27) 山中謙二『地理発見時代史』吉川弘文館、一九六九年、五六～六〇ページ。

(28) レグア(legua)はスペイン・ポルトガル語圏で使われる距離の単位。現在のスペインでは一レグア＝五五七二・七m、ポルトガルでは一レグア＝五〇〇〇mである。

(29) ヨーロッパの人びとが必要とした丁子やナツメグは当時、世界中で香料諸島でしか産出しなかった。また、一二七〇年ころにヴェネツィアを発ち、シルクロードを介して元朝の中国へ向かい、在留一七年ののち、南海航路を経て一二九五年に帰国したマルコ・ポーロは、「この国(チパング：日本)ではいたる所に黄金が見つかるものだから、国人は誰でも莫大な黄金を所有している」と伝えている(マルコ・ポーロ著、愛宕松男訳注『東方見聞録1』平凡社、一九七一年、一三〇ページ、『東方見聞録2』平凡社、一九七一年、三三七～三五一ページ)。

(30) 青木康征『海の道と東西の出会い』山川出版社、一九九八年、一～四ページ。

(31) 塩野七生『海の都の物語――ヴェネツィア共和国の一千年1』新潮文庫、二〇〇九年、一〇三～一〇七ページ。

(32) 塩野七生『海の都の物語――ヴェネツィア共和国の一千年2』新潮文庫、二〇〇九年、一五ページ。塩野七生『海の都の物語――ヴェネツィア共和国の一千年4』新潮文庫、二〇〇九年、四一～八二ページ。

(33) アズララ、カダモスト著、河島英昭・川田順造ほか訳『西アフリカ航海の記録』岩波書店、一九六七年、五〇六～五〇七ページ。

(34)カナリア諸島の漁民が寄港し、休息地として設けたキャンプが今日のヌアディブに発展したという(『海外漁業発展史 モーリタニア』海外漁業協力財団、一九八八年、二二ページ)。

(35)稚仔魚の成長に欠かせない植物プランクトンの増殖を規定するリン、窒素、珪素の溶存性塩類をいう(水産百科事典編集委員会編『水産百科事典』海文堂、一九八九年、五七ページ)。

(36)ポール・R・ピネ著、東京大学海洋研究所監訳『海洋学 原著第4版』東海大学出版会、二〇一〇年、五〇四~五〇五ページ。世界の湧昇域は、アフリカ大陸の西岸のほかに、南北アメリカ大陸の西岸などにもみられるものの、その面積は全海洋の〇・一%にすぎない。

(37)当時、エンリケ航海親王がアルギン島で誰とのあいだに一〇年間の(島の)借用契約を結ばせたのか、カダモストは何も語っていない。アルギン島へは、一四四三年前後にゴンサーロ・デ・シントラ、ヌーノ・トリスタン、ランサローテなど、同親王の命を受けたり、許可を取り付けた航海者が達していた(前掲(33)、二五四ページ)。同親王が航海や商業活動を保護するために、この島に城砦を築いたのが一四四八年であり、島の借用契約もこれに前後して結ばれたものと思われる。前述の航海者たちが島に到達して五年ほどが経過したころだ。カダモストはまた、「アラブ人たちは、……モーロの絹製品や銀その他を黒人国へ運び、交換に、多数の奴隷や金を手に入れてくる。そういう奴隷たちは、……アルジン(アルギン島)に連れてこられ、この地の借用契約者すなわちポルトガルロ《ママ》人の手に売られたりする」と別の場所で語っているから、借用契約の相手はポルトガル人以外だと考えられる。だとすれば、借用契約の相手は土地のシニョーレ(酋長)だったのだろうか。

(38)前掲(33)、五一〇~五一一ページ。

(39)前掲(33)、一九七~二二三ページ。

(40)前掲(39)で、網にかかっていた魚種はエーロとコルヴィナと記載されている。これらのうち、エーロはメロ(アラ:*Epinephelus gigas*)の誤記と思われ、コルヴィナはニベ(*Sciaena Aquila*)のことだと思われる（前掲（34）、二二一ページ）。

（41）前掲（33）、五一一～五一三ページ。

（42）前掲（33）、五三～五五ページ。

（43）日本では、一九九〇年一月一〇日にＴＢＳテレビ系の新世界紀行で『海よりの不思議な使者イルカ』として放送され、それをもとに、ＴＢＳ新世界紀行編、井上こみち著『海からの使者イルカ』（ライトプレス出版社、一九九一年）が描かれている。また、映像として、（有）海工房制作『大航海 ヴァスコ・ダ・ガマの道 第3巻 北西アフリカ』で取り上げられた。

（44）前掲（33）、五二四ページ。

（45）小川了編著『セネガルとカーボベルデを知るための60章』明石書店、二〇一〇年、二〇六～二〇九、二一三～二一六ページ。

（46）岡倉登志編『アフリカ史を学ぶ人のために』世界思想社、一九九六年、九五～九六ページ。

（47）前掲（33）、五二五ページ。

（48）Dawda Faal, "*A History of the Gambia AD 1000 to 1965*", Edward Francis Small Printing Press, Serekunda, Gambia, 1997, p.7.

（49）セネガル中西部シン・サルーム地方に居住する民族。セネガルの住民構成はウォロフ族が総人口の三分の一を占め、フルベ族（一七％）、セレル族（一六％）、トゥクーロール族（九％）、ジョーラ族（九％）などが続く（前掲（1）『アフリカを知る事典』二四四ページ）。

（50）前掲（13）、六五～六八ページ。

（51）セネガル地方で用いられる伝統型木造船。全長六～八ｍの小型、九～一三ｍの中型、一五～二二ｍの大型に分類される。小型ピログは帆走または八馬力船外機を搭載し、一隻あたり四人程度が乗り組んで、近海漁場で日帰り操業に従事する。中型ピログは一五馬力船外機を搭載し、一隻あたり六人程度が乗り組んで、日帰り操業か三～四日の操業に従事する。大型ピログは四〇馬力船外機を搭載し、一五人程度が乗り組んで、一〇～一八日の操業に従事するものが多い。

(52) 前掲(33)、五三九～五四〇ページ。

(53) 一九九六年一月二四日、サン・ルイ市の海洋漁業局出先事務所での聞き取りによる。

(54) 船の乗組員のことを、船主に対し、船子という。

第Ⅱ部

都市の海民

トゥバブ・ジャラウ村の延縄漁民
(2004年7月18日撮影)

第2章　海に生きる

1　老漁夫ロム爺さん

朝から風が強い日だった。漁師町特有の曲がりくねった小さな路地を抜けると、砂浜の向こうに碧い海が広がっていた。風にのって、魚と潮の強烈な香りが突きささってくる。ここはダカール近郊バルニー(Bargny)の漁師町である。砂浜の一角に、椰子の幹で組んだ骨格に木の葉で葺いた、吹き抜け式の仮小屋が建っている。そこで、五〜六人の老人たちが海を眺めて時を過ごしていた。どの老人も、漆黒の肌を清潔感のある布地で包んでいる。そのなかの一人が私を見て右手を上げ、こちらへと手招きした。

ママドゥ・チュン(Mamadou Thioune)さん、通称バイ・ロムだ。バイ(baye)はウォロフ語で父親を意味し、年上の男性に対する尊称なので、ここでは彼をロム爺《じい》さんと呼ぼう。ママドゥさんがなぜロムと呼ばれるようになったのか。それは彼が小学生のころの話にさかのぼる。

ママドゥさんが小学生だったころ、目を患って、まぶたがまるでなくなるような状態になってしまった。そんな状態を見た小学校の先生が、彼をフランス語でロム・サン・ポピエール（l'homme sans paupière：まぶたをなくした男）と呼んだのが、ロムの由来らしい。それがママドゥさんのニックネームとなった。ロムはフランス語で男を意味する。そのときのママドゥ少年の心象を思い描くと、なにかしら物悲しい思いがする。

歳月が流れ、ママドゥさんはバイと呼ばれるような歳になった。長い年月潮風を受け続けて刻まれた顔中の深いしわ、七七歳という年齢を感じさせない厚い胸板、体全体からほとばしる活力を感じさせる現役の老漁夫、それがロム爺さんだ。

海を語るロム爺さん
（2005年11月30日撮影）

「今日は朝から風が強くてのう。海へは出られんから、畑で一汗流してきたわい」

少し顔をくずして微笑むロム爺さんとともに、しばらく海を眺めていた。

「毎日海に出て、何を考えるのかって。そうじゃのう。櫂《かい》を手に海に出るときゃ気分がええ。海に白い雲がもくもくと浮かんでおっての、櫂を漕ぎながら、空と海のあいだのこの世界のことや、いまから向かう漁場《ぎょば》のことを考えるんじゃ」

私たちがいま座っている仮小屋は、老人たちがンバール(mbar)と呼ぶ舟待ち場である。海の仕事の第一線を退いた老人たちが穏やかに時を過ごす空間だ。三々五々やって来て、雑談を交わしたり、コーランを暗誦する。熱心に網を編む老人もいる。おもいおもいに時を過ごしながら、漁場で一仕事して浜に帰り着くピログ[1]を待つ。

ピログが視界に入ると、老人たちは腰を上げ、全員で舟の浜上げに協力する。ピログのクルー数人では力にあまる仕事だからだ。船方(船に乗ることを業とする者、船頭)はその謝礼として、漁獲物の一部を老人たちのグループに献上する。この謝礼をテラル(teral)という。二隻のピログが同時に浜に帰り着けば、老人グループは二手に分かれて舟の浜上げを手伝う。それでテラルは二倍になる。夕方に一日分のテラルを売って現金化し、メンバーに均等分配する。こうして第一線を退いた老人たちにも、いくらかの現金収入の道が残される。村の相互扶助システムなのだ。

にもかかわらず、ロム爺さんは海に出ることにこだわり続ける。いまも現役の漁夫だ。そんな姿に心惹かれた。彼の歩んできた道をたどり、彼がもつ世界観の一端なりをのぞきみたいと思った。

2　都市近郊の漁師町

海岸部の景観

ダカールからルフィスク(Rufisque)まで[2]約三〇km、絶えることのない街並みと車の洪水が続く。

図6　セネガルとバルニーの位置

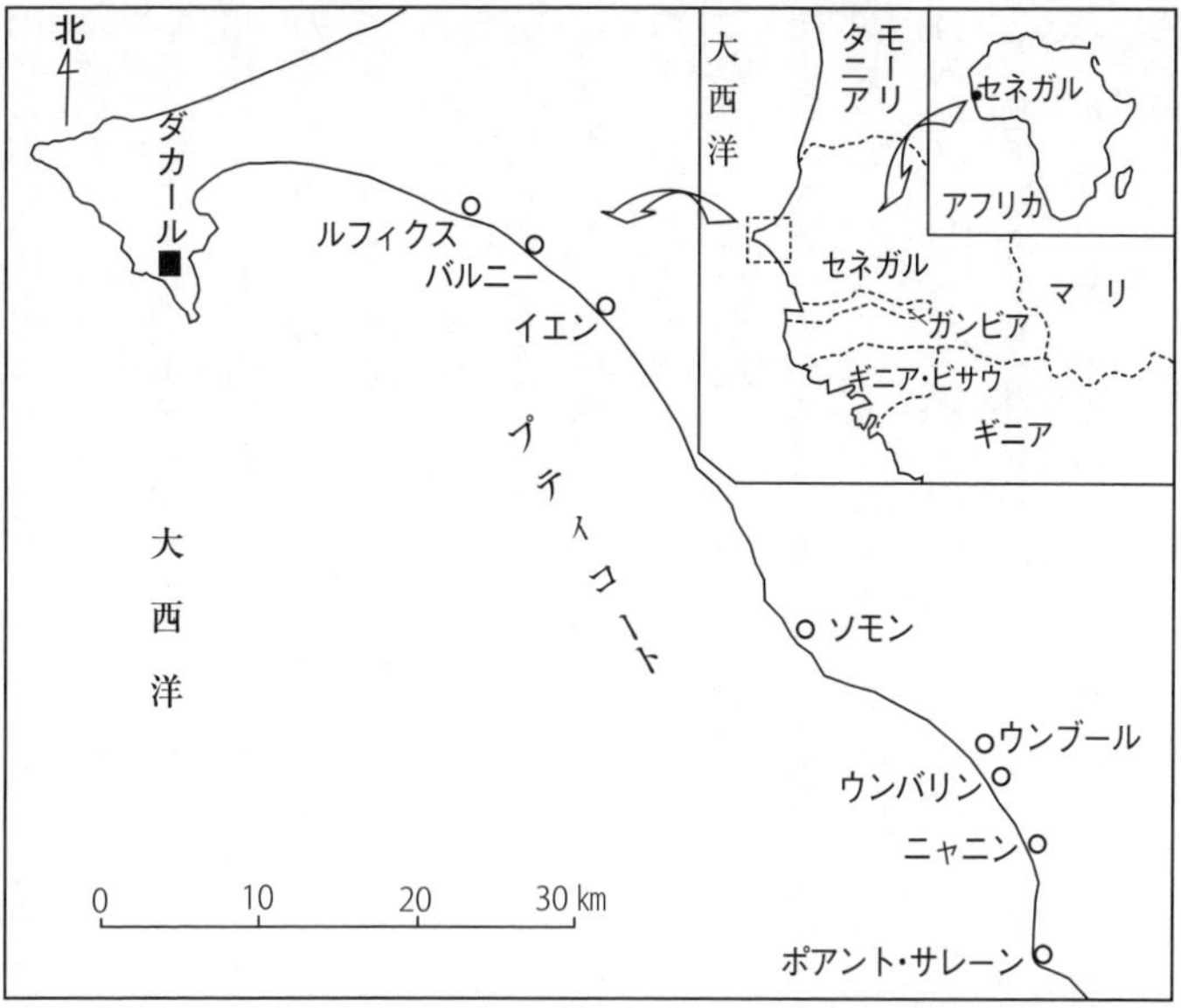

この地域の交通渋滞は、セネガルに暮らす人びとにとってすでに常識になっている。ルフィスクの街の喧騒をぬけると、海が広がる景観が一瞬目に飛び込み、車は再び雑然とした町に入る。そこはすでにバルニーだ（図6）。幹線道路を右に曲がり、雨期には湿地帯となる場所を越すと、砂浜海岸に沿って雑然とした漁師町が広がる。

二〇〇四年八月と翌年の七月、私は友人のアメス・ジョップとともにバルニー近郊の住宅の一軒を借りて住み、周辺漁村の社会経済調査を実施した。バルニーの南方に、ミナム（Miname）とセンドゥ（Sendu）という集落が点在している。私たちが借りていた住宅は、ミナムとセンドゥの中間に位置した。敷地の裏は大西洋を望み、弓状にカーブを描いた海岸線のかなたにダカールのビル街を遠望できる。闇夜に浮かび上がる摩天楼の輝きは、夜釣り漁に出る漁夫にとって、格好の道しるべになっていた。玄関前の道路をはさんだ向こう側には、オクラなどの畑作地が広がっている。ここを毎朝出発し、バルニーへ徒歩で通う日々が続いた(六四ページ図7)。

相棒のアメスとともに夜明け前の道を歩きはじめる。懐中電灯の光に、野犬の目が赤く光る。道端の闇にたたずむ若い男女。お互いに無言で行き交う。ミナムに着くころに東の空がうっすらと白み、お互いの顔が確認できるほどになる。

ミナムに住む知り合いのアブライさんが、家の前に敷いたゴザに座ってラジオを聴いていた。

「今日は出漁しますか」(私)

「海は少しずつ凪《なぎ》に向かってるんだが、村に死者が出たんだ。だから今日は凪いでも、海には出られそうにねえや」(アブライさん)

このところ時化《しけ》が続き、休漁が一週間ばかり続いていた。

ミナムの内陸に広がる耕作地で、草を刈る何人かの人たちの姿が見える。いずれも短い柄の農具を手にしている。アメスによれば、この付近の人びとは長い柄の農具を使う。短い柄の農具を操るのは内陸のバンバラ(Bambara)族(3)なのだという。彼らは五〜一〇人の単位で仕事を求めてやって来る移動労働者である。ときにカザマンス地方から、ジョーラ(Joola)族(4)の人びとが仕事を求めてダカール近郊にやって来る。このあたりは内陸部や南部に比べ生活レベルが高いから、賃金を稼げるというわけだ。

ミナム北方の海岸からバルニーを望む(2004年8月16日撮影)

漁師町バルニー

ミナムの集落を北上し、家屋が途切れると、海が一望できる。潮騒の響きが突然、胸に押し寄せてくる。湿地帯が海岸近くまでせまり、私たちは海岸の岩場を迂回する。わずかに人家があり、そこを抜けると再びだだっ広い砂浜の海岸。その向こう側に、バルニーの町並みとモスクの塔が朝日に輝いている。砂浜に沿って何十本ものサボテンが伸び、そこにおびただしいプラスチックごみが引っかかっている。集落で捨てられたごみが風や波に翻弄され、残ったものだろう。地球上がプラスチックごみで埋め尽くされる。そんな情景の一端が、アフリカのこんなちっぽけな漁師町にもある。

砂浜に一〇隻以上の大型ピログが並ぶ。まき網船だ。砂の上におそろしく長い網を広げ、何人もの漁夫が網針《あばり》を手に、網具の修理に余念が

地面に魚を並べて焼く伝統的水産物加工（バルニーにて 2004年8月10日撮影）

ない。この地のまき網漁は一九七〇年ころから始まった。季節になると大量に回遊して来るヤボイと呼ばれるカタボシイワシとその仲間を、長さ四〇〇m、深さ一六mの網で巻いて、一網打尽にする漁法だ。最近では資源が減り、魚が獲れなくなってきた。おまけに燃油の高騰で、五回のうち三回は赤字なのだという。

バルニーの漁師町に入る。世界中の多くの漁師町と同じように、密集した家屋が軒と軒を並べ、道は狭い。日常雑貨や食料品の店舗が並び、道を歩く人の群れを縫うように子どもたちが走りまわる。風にのって強烈な魚のにおい。いつのまにか空高く上ったギラギラ射てつく太陽の日差しを浴びる道端で、ハエの大群がへばりついた十数尾のヤボイが売られている。

「ヤボイ　ファティゲ（疲れたヤボイや）」とつぶやきながら、その前を行き過ぎて、海洋漁業局(Direction des Peches Maritimes)の出先事務所の門をくぐる。私が知っているなかで、もっともハエが多い出先事務所のひとつである。それは、この事務所から北側の一帯がヤボイの燻製加工場になっているからだ。まき網船で男たちが水揚げするヤボイをこの町の女たちが燻製魚に加工し、都市や内陸部で販売する。

漁師町では、魚の水揚げ量が活気のバロメーターとなる。水揚げされた魚が多ければ、それに関わって働く人びとの数が増え、その結果として、町全体が潤うからだ。飛び回るハエの量は、町や村の活気を量的に示す指標になるかもしれない。

3　生い立ち(一九二八年〜)

バルニーっ子

ロム爺さんの家は海洋漁業局の出先事務所のすぐ裏手にある(図7)。

「わしはバルニーで生まれ、バルニーで育った。今年でもう七七歳じゃ。わしの爺さまはゲイェメケ(Ngeye Mekhe)生まれのウォロフ族で、その爺さまがプートゥ(Pout)(5)へ行ったとき、バルニー出身のセレル族の婆《ばあ》さまと知り合い、結ばれた。二人はバルニーで暮らしはじめたんじゃ。二人のあいだの子として、わしの親父が生まれた。じゃからわしは、婆さまの代からのバルニーっ子ちゅうわけじゃ。家のなかで両親はウォロフ語をしゃべっておったから、わしも気がついたときには

図7　ミナムからバルニーまでの景観

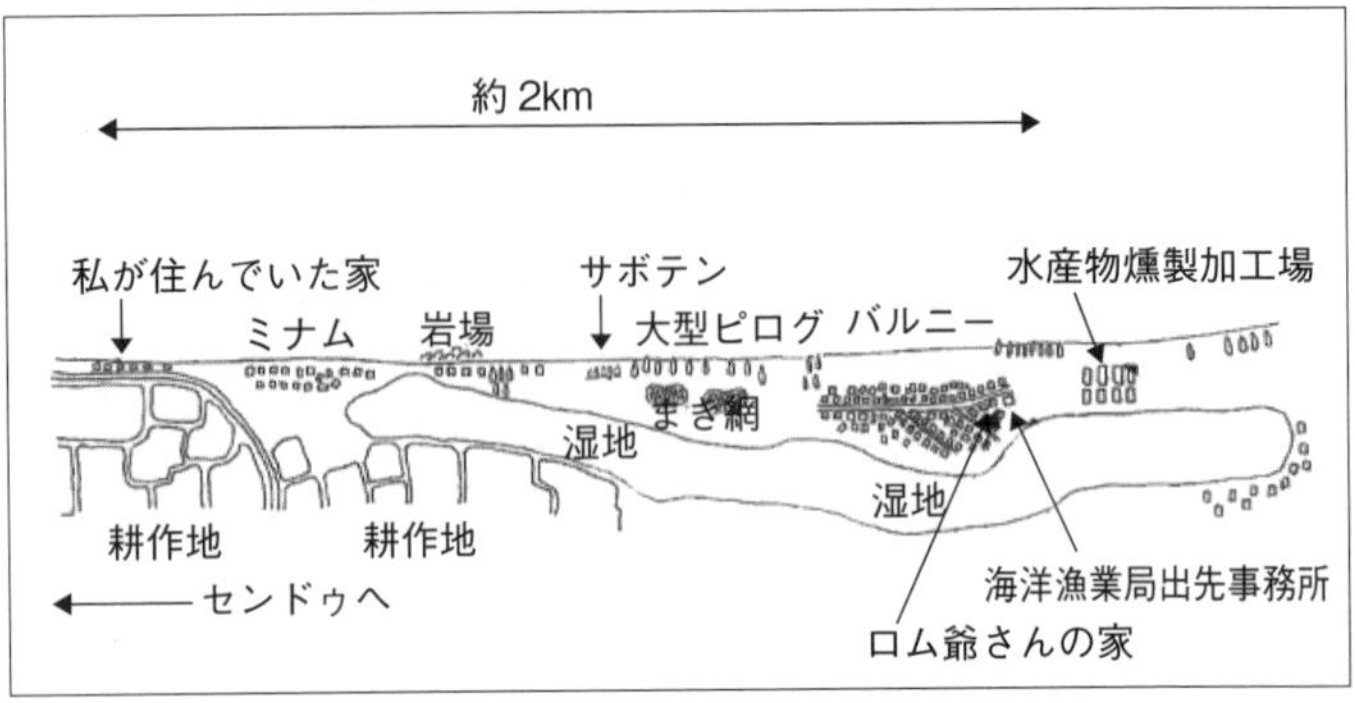

ウォロフ語じゃった。親父にはもう一人嫁さんがおった。しかし、そのひとは子をなさないまま、若くして死んでしもうたそうな。わしは、二人のあいだに生まれた五人兄弟の末っ子として育った。わしには兄が三人、姉が一人おるんじゃよ。

親父はバルニーで半農半漁の生活をおくっておった。家の近くに畑があって、そこでトウジンビエ(6)(*Pennisetum americanum*)と落花生(7)を栽培しておった。トウジンビエは自家消費用、落花生は換金作物になったんじゃ。同時に親父は、手漕ぎ舟を操って手釣り漁にも精進した。朝出漁し、午後には帰ってきた。ときには夜にも行っておったのう。当時はまだナイロンというもんがのうて、パム(Pam または palm)と呼ばれる天然繊維(8)を撚《よ》った糸が使われたもんじゃ。針は村の店で購入しておったな。網具を使う漁夫もおった。地曳網漁と投網漁が行われておったんじゃ。パムを撚って作った糸を編んで、網に仕立てたんじゃ。

当時、農と漁のどちらに重心がかかっておったかと問いなさるか。そうじゃなあ、作物の収穫は年に一回なのに比べ、漁業では毎日収入を得ることができよう。当時から、漁業は現金収入をあげるための手段だったんじゃ。獲った魚は村のなかや近くの村で売りさばいたんじゃよ。じゃから、どちらかと言えば、農より漁の生活だったんじゃないかのう。もう七〇年も昔のことじゃよ」

西アフリカの労働移動

ロム爺さんが生まれた一九二八年といえば、世界大恐慌の前年にあたる。一九二九年、ニューヨークで起こった株式恐慌の影響は、またたくまに世界中へ広がっていった。西アフリカもその例外ではない。当時の仏領西アフリカでは、一九二九年から三二年までの三年間で、輸出額が四二%に急減した(9)。ロム爺さんが生まれたのは、そんな時代だ(表1)。

この地域の財政収入は熱帯農産物の輸出税に依存していたから、財政は逼迫し、失業者が増加し、賃金は切り下げられた。その当時、西アフリカで二つの労働移動が起こっていた。ひとつは農村部から都市部へ、もうひとつが自給的農村から輸出農産物生産地へである。一九三〇年当時、落花生栽培が盛んに行われたセネガルへ、周辺地域から七万人もの季節移動労働者がやって来た(10)。私がミナムの耕作地で見たような移動労働は、この地で七〇年以上にもわたって続いている。

こうした移動労働者は、農業生産だけではなく、漁業の分野においてもみられる。プティコート(11)の漁村のひとつウンバリン(Mbaling)村では、南方のサルームデルタや内陸のタンバクンダ(Tambacounda)などの村々から多くの人がやって来てピログに乗り、魚を獲る労働力になってい

チュンさん）の生活年表

西暦	年齢	ロム爺さんの出来事	バルニー周辺の出来事	仏領西アフリカやセネガルの出来事
一九二八	○歳	ウォロフ族の父親とセレル族の母親との第五子として、バルニーで生まれる。	父親は半農半漁の生活で、手漕ぎ舟で手釣り漁に従事し、畑でトウジンビエと落花生を栽培した。	
一九二九	一歳			世界大恐慌が発生。
一九三四	六歳	はじめて舟に乗って操業を手伝う。		
一九四八	二〇歳	軍に入隊する。		
一九五〇	二二歳	軍を除隊する。帆走舟で魚を獲りはじめる。イエンの女性と最初の結婚。		
一九五一	二三歳	このころから、カヤルへの基地漁業を始める（～一九六〇）。		
一九五六	二八歳		バルニーにはじめて動力船が入る。	このころ、ダカール、ヨフ、カヤル、バルニーに四隻の船外機付ピログが試験的に導入される。
一九六〇	三二歳			セネガル共和国として独立。
一九六三	三五歳	ンジャガ・チュンさんが生まれる。		
一九六五	三七歳	このころ、動力船でバンジュール、ジョアル、カヤルなどで基地操業し、バルニーにもどれば手漕ぎ舟で魚を釣った。		セネガル国立開発銀行（BNDS）が零細漁民を対象に、五七五台の船用エンジンを提供。
一九六六	三八歳			ピログ用エンジンに関する輸入関連税免除の政府決定。
一九六九	四一歳	このころ、バンジュール、ジョアル、カヤルなどで二～三カ月単位の基地操業を繰り返す。	このころ、バルニーで帆走舟から動力船への転換が始まる。	
一九七二	四四歳	基地操業をやめ、1隻の帆走舟を手に入れ、1人で櫓を漕いで沖に出て、魚を釣った。このころすでにロム爺さ		ピログ動力化センターが設立され、動力化が促進される。カナダ国際開発省などが二七一万カナダドルを提供し、

表1　ロム爺さん(ママドゥ・

		んと呼ばれる。		三五〇〇台の船舶用エンジンなどが導入される。
一九七六	四八歳	四人乗りの帆走舟を建造し、操業に用いる(〜一九八〇)。		
一九七七	四九歳	ンジャガ・チュンさん、舟で働きはじめる。		
一九八〇	五二歳			総ピログ八四八五隻のうち、動力ピログは四六一六隻(動力化率五四%)。大統領サンゴールが平和裏に引退。
一九八一	五三歳	一人乗りの手漕ぎ舟で手釣り漁を始める。		
一九八五	五七歳	次兄が亡くなったため、その妻と二度目の結婚。		ピログの動力化率八五%を達成。
一九八六	五八歳		イエン村落共同体のジャンハル村の漁民がジョアル沖で延縄漁を始める。	
一九九一	六三歳			カヤル漁民とゲンダリアンのあいだで資源をめぐって紛争。
一九九三	六五歳		ジャンハル村の延縄漁民がガンビアやカザマンス沖へ出漁。	
一九九九	七一歳		マダコの大漁年。	
二〇〇〇	七二歳	親友が亡くなったため、その妻と三度目の結婚。		
二〇〇一	七三歳		ジャンハル村の延縄漁民がギニア沖へ出漁。	
二〇〇五	七七歳	長兄のイブラヒマ・チュン氏逝去、享年八五歳。		カヤル漁民とゲンダリアンのあいだで再び紛争。

る。彼らの多くは、農作物の栽培期である雨期にそれぞれの出身村へ帰り、農業に従事する。短い雨期が終わるとウンバリン村にもどってきて、再びピログのクルーとして働きはじめる。

サルームデルタの北部に位置するマルファファコ(Mar Fafako)村は、そんな移動労働者の出身村のひとつだ。村の子どもたちは幼いころに老人から漁を学び、青年期になるとジョアルやウンブールなど、プティコートに点在する漁業が盛んな水揚げ地へ向かい、大型のピログに乗り組む。その後、機会に恵まれれば、ダカールを基地とする漁業会社が保有する漁船のクルーになり、定年期を迎えて村へ帰る。この村には、こういう人生を送る人が各家庭に一人はいるという。

老年期になって村に帰ってきた人びとは、稼ぐというよりも、その日の食べ物を得るために漁へ出る。幼い子どもたちは、そうした老人から漁を学ぶ。労働を求めて村の外部へ出ていく人びとの稼いだ金が村を潤し、ブロック積みの家が建ち、家畜が増える。サルームデルタに点在する村々の多くは、こうした移動労働者のサイクルで成り立っている。

4　海を知る(一九三四年～)

農事暦と海の季節

「わしゃ、六～七歳のころから舟に乗っておった。五年間学校には通ったが、そのあいだも、休みのときは舟に乗って海に出た。親父に言われたわけじゃない。海が好きだったんじゃなあ。親父は息子が自分の仕事につくことを喜んどったようじゃよ。風の種類や波の動き、星の見方、舟の進路のとり方まで、親父が教えてくれたもんじゃ。風が吹けば四角帆を上げた。進む方向が風上であっても、四五度ずつ角度を切って進むことができる。そんなことも、親父が教えてくれたんじゃ。沖に出りゃ、陸上のもんは何も見えん。そんなときゃ、ロープに錘《おもり》をつけて底に沈める。それで深さがわかるし、錘が底に着いたときの感触で、そこが砂地か岩場かがわかろう。ときには、五〇〇mのロープを入れても底に届かんことがある。そんときゃ場所を変える。底が岩場なら、そこで釣ってみる。海水に指をつけて温度をみる。高けりゃ魚は多いが、舟に揚げてもすぐにダメになるもんじゃ。水温は低いほうがええのう。

夜出漁するときは星を見る。たとえば、縦に三つ、横に三つ並んだ星がある。ランガニ(langanyi)というんじゃ。ほかにも、七つの星がリング状に並ぶドゥロニ(De logni)とか、星が象の鼻のように伸びたニャイビ(ngnay bi)というのがある。こうした星の位置を見ながら海の道を探すんじゃ。

霧が出て、星が見えんときかな。そんときゃ、風を体で感じるのよ。季節によって吹く風もいろいろあってのう。ノール(nore)の寒い時期には、陸から海に向かってファルファン(farkhane)が吹きよる。雨期のナウェット(nawete)には、反対に海から陸に向かってサンバラ(sambarakh)が吹きよるんじゃ。四月の終わりころから五月には、ンボヤ(mboya)という熱い風が吹きよる。わしも昔は季節をみて、南へ行ったり、北へ行ったり、忙しく働いたもんじゃがのう。いまはすっかり腰が重くなってしもうたよ」

ロム爺さんは一年には四つの季節があると言う(図8)。一月から三月の寒い乾期は、ノールと呼ばれる農閑期だ。沖合を寒流が流れるため、海水温度は一五℃と低い。平均気温は二五℃、最低気温は一六℃まで下がり、風も強い。時化のため一カ月に一〇日は海に出られない日が続く。海難事故が増えるのもこの時期だ。四月になると、水温が上がり、海も穏やかになる。魚は岸に近づき、漁獲は増えるものの、それとともに魚価が下がる。マハタやアカハタ、イサキなどが釣れる時期で、チョロン(thiorone)と呼ばれる。雨期に備えて草を焼き、牛糞を撒いて土を起こし、農作業の準備に入る。

六月も終わりに近づくと、恵みの雨が降りはじめる。ナウェットと呼ばれる雨期の到来だ。三度目の雨が降ったのを期に、トウジンビエ、落花生、モロコシ(12)(*Sorghum bicolor*)などの種を播いていく。この時期の海水温度は二七〜三〇℃と高い。最低気温は二三〜二四℃、平均気温は二七℃を上回る。雨が降りはじめると、海ではマダコが釣れだす。一九九九年は海がマダコで埋まるほどの大漁年だったという(13)。

プロローグで述べたように、日本で食べるたこ焼きのタコの多くが、西アフリカ海域からやって来る。日本近海で漁獲されるタコが年々減少していることに加え、たこ焼き用のタコには水分が少なく、身のしまったものが求められ、西アフリカ産がその条件に合致しているからだ(14)。

一〇月に入れば、農作物の収穫期となるローリー(loly)だ。トウジンビエは播種から収穫まで三

図8　農事暦と海況・漁況

項目＼月	1　2　3	4　5　6	7　8　9	10　11　12
季節の名称	ノール	チョロン	ナウェット	ローリー
季節の認識	乾　期	農業準備期	雨　期	収穫期
農　事	気温や水温が低く、乾燥するため、農閑期と位置づけられる。	来たるべき雨期に備えて草を焼き、肥料(牛糞)を撒いて土を起こすなど、農作業を準備する。	3度目の雨が降ったのを機に、トウジンビエ、落花生、モロコシなどの種を播く。その後、収穫までのあいだに、2回雑草を取り除く。	播種後、トウジンビエは3カ月、落花生は4カ月で収穫を始める。
海　況	寒期。水温が低く、時化が多い。風が強く、海難事故が多い。1カ月のうち10日は海に出られない。	暖期。5～6月は凪が多い。	暖期。朝から雨が降れば出漁しない。途中で雨が降って、周囲が見えなくなると、帰漁する。	寒期。凪の日が多い。
漁　況	マハタ、アカハタ、イサキが沖合にいる。	マハタ、アカハタ、イサキが岸近くで釣れる。	潮とともに魚が地先に寄ってくる。マダコ漁のシーズン。	盛漁期。マハタ、アフリカチヌ、アカハタ、イサキなど商業価値の高い魚が多く獲れる。夜間に漁を行う場合がある。
対象魚種	アフリカチヌ、イサキ、マハタ、アカハタ、オオニベ	イサキ、コショウダイ、アジ、イトヒキアジ	ハマギキ マダコ	イサキ、コショウダイ、イトヒキアジ、アジ
市　況		漁獲物が増え、魚価が下がる。	魚価はよくない。	

カ月、落花生は四カ月を要する。海ではマハタやアフリカチヌなど価格の高い魚が多く獲れる盛漁期となる。

このように、農事暦と海の季節が重なりながら、ロム爺さんの一年がめぐっていく。

天然礁での手釣り漁

「風があれば帆走し、なけりゃ櫂を漕ぐ。二尋《ひろ》（約三・六m）ほどの長さのピログにいるのは、このわし一人。小舟を操って魚を釣り、何十年もこの腕一本で家族を支えてきたんじゃ。朝日が差せば目を覚まし、簡単なものを食って海に出る。持参するのは道具と餌よ。食べ物は持っていかん。飲み水くらいのもんじゃ。この沖には魚が集まる天然礁がいくつかあってのう、そこで魚を釣って夕方にはもどるのよ。婆さんや子どもたちは、『もう海へ出るな』と言うがな、家におっても退屈なんじゃ。じゃから、わしは海に出る。櫂を漕いで、魚を獲る。気分は最高じゃよ。そうして得た魚を売って、稼いだ金を家族のために使う。それが生きがいなんじゃ。

村の沖にどんな天然礁があるかって。そうじゃのう、ポンビ（pommebi）やウェケ（wekhe）、マクビ（makbi）はいい天然礁じゃよ。チョロンの時期になりゃ、これらの天然礁でヘダイやハタ、マハタが釣れるんじゃ。そのほかに、バイラー（baye rah）やムンドゥミ（mbeu demu）ちゅう天然礁もあるんじゃよ」

バルニー、ミナム、センドゥの三集落の手釣り漁民から聞き取りしたところ、彼らが帆走舟を用いて手釣り漁を行う魚礁は、図9と表2に示す①から⑰までの天然礁だ。岸からの距離は、およそ○・四kmから五・○km（⑭のみ一四・五kmと離れている）。水深は八～二二mの海域に分布する天然礁だ。ヘール(kherou)というのは岩礁の意味で、そのあとに発見した人の名をつけて呼ばれる魚礁が多い。たとえば、④はンジャイさん、⑦はアッサン・サンブさんが発見した魚礁という意味だ。そのなかに混じって、ロム爺さんが発見した魚礁もある（⑮）。

図9　バルニー沖の天然礁の分布

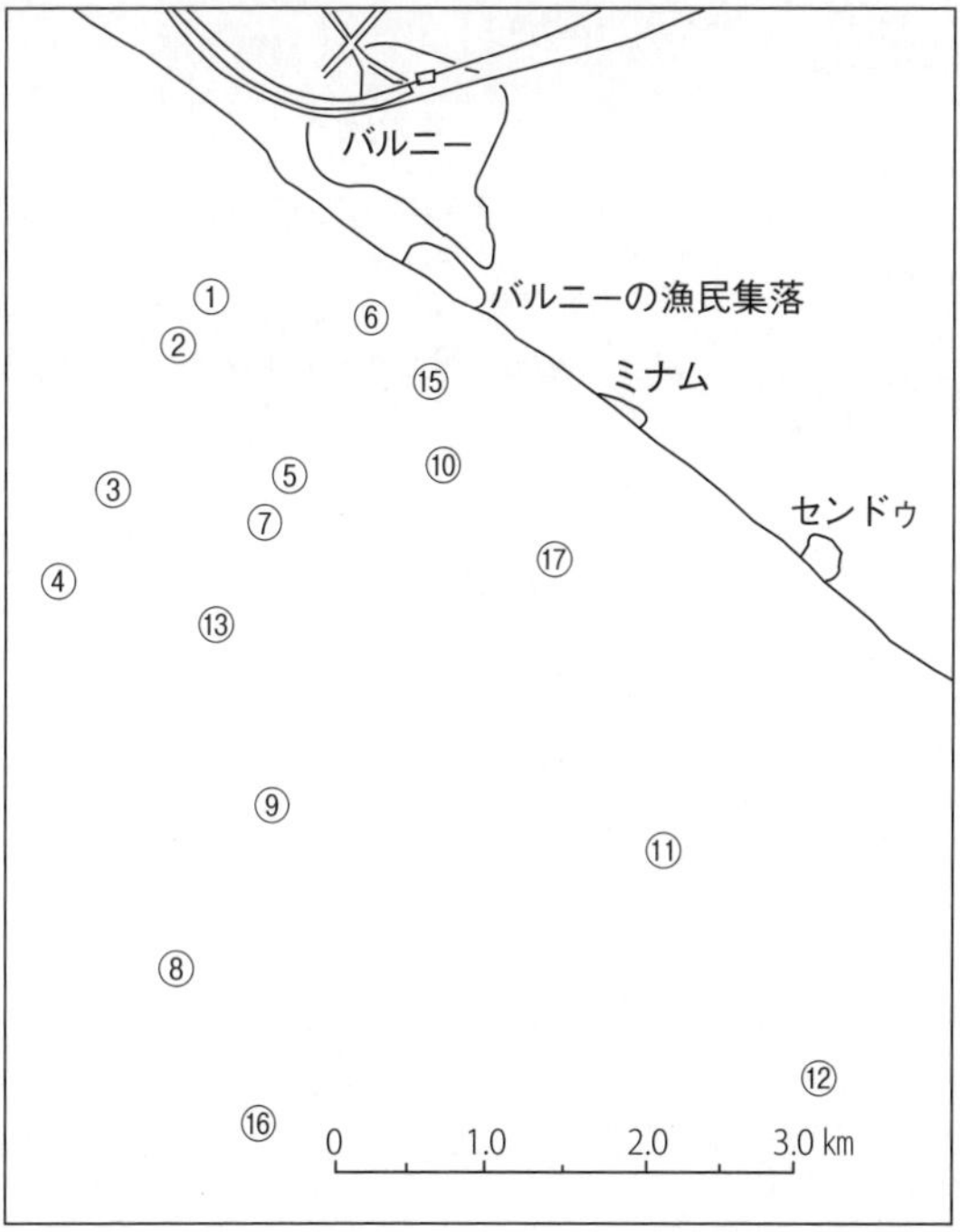

ノールの時期、ロム爺さんは一カ月に二〇日ほど漁に出る。向かうのは、ポンビ、ウェケ、マクビ、ピケッ、ムンドゥミなどの魚礁だ。岸からの距離は○・四～二・三km、水深は八～一三mの海域だ。これらの魚礁でアフリカチヌをねらう。昔はポンビ礁で盛んに釣ったが、最近はマクビ礁に移

表２　バルニー沖の天然礁

番号	天然礁の名称	水深	岸からの距離	漁獲魚種
①	ポンビ礁 (kherou pommebi)	10m	0.9km	アフリカチヌ、ヘダイ、ハタ、マハタ
②	ウェケ礁 (kherou wekhe)	11m	1.3km	アフリカチヌ、ヘダイ、ハタ、マハタ
③	マクビ礁 (kherou makbi)	13m	2.3km	コショウダイ、イサキ、シロカナフグ、アフリカチヌ、ヘダイ、ハタ、マハタ
④	ンジャイ礁 (kherou ndiaye)	10m	3.0km	—
⑤	バイラー礁 (kherou baye rah)	8m	1.5km	アフリカチヌ、ヘダイ、ハタ、マハタ
⑥	ピケッ礁 (kherou pickette)	8m	0.4km	—
⑦	アッサンサンブ礁 (kherou assane samb)	13m	1.8km	アカハタ、その他のハタ
⑧	アムルヤグル礁 (kherou amaul yagal)	14m	—	コショウダイ、ヘダイ、イサキ、シロカナフグ
⑨	ムンドゥミ礁 (kherou mbeu demu)	13m	—	コショウダイ、イサキ、シロカナフグ、アフリカチヌ、ヘダイ、ハタ、マハタ
⑩	バイミナム礁 (kherou baye miname)	—	1.0km	アフリカチヌ、ウツボ
⑪	バイオマールローブセンドゥ礁(kherou baye omar lo bou sendu)	16m	—	マハタ、ハタ、コショウダイ、イサキ、アフリカチヌ
⑫	デンバプイ礁 (kherou demba pouye)	16m	2.5km	コショウダイ、ヘダイ、イサキ、シロカナフグ
⑬	バイチャンセック礁 (kherou baye thiane seck)	13m	2.5km	—
⑭	ホンホレイエ礁 (khonkh reye)	22m	14.5km	—
⑮	ロム爺さん礁 (kherou baye l'homme)	8m	0.5km	—
⑯	サックミ礁 (kherou sakhemi)	19m	5.0km	マハタ、ハタ、アフリカチヌ
⑰	ヤラヤナ礁 (kherou yalla yana)	—	1.0km	アフリカチヌ、ウツボ

注：—は不明。kherou は礁の意。

っている。漁場はやや沖合化してきた。

暖かくなりチョロンの時期になれば、ヘダイ、ハタ、マハタをねらう。場所はポンビ、ウェケ、マクビの三魚礁だ。なかでも、ウェケ礁がもっともいい漁場になる。雨が降り出せば、櫂を漕ぎながら、表層近くを泳ぐ稚魚の群れを探す。一～二時間、櫂を漕ぐこともある。群れを発見したら、まず舟を錨留めし、群れの下へ仕掛けを入れ、稚魚をねらってやってくるアジなどの浮き魚を釣り上げる。うまくいけばこれで、一日一万～二万CFAフランの水揚げを期待できる(15)。

ところが、雨期の終わりころ、バルニー付近に魚がいなくなる時期があるとロム爺さんは言う。かつては、この時期に移動操業を行っていたが、いまはおっくうだ。いまでは近くの魚礁をまわって、いくらかの魚を釣り上げるだけ。一日の水揚げは三〇〇〇CFAフランにも満たない。そうしてローリーが再び巡ってきて、アフリカチヌが大きく育つ収穫の日を心待ちにする。

5 移動漁業の系譜

帆走舟時代のカヤル出漁（一九五一年～）

「カヤルへはじめて出漁したのは帆走舟の時代じゃった。六～九人が一隻に乗り、何隻かが帆を張り、連なって出かけたもんじゃ。バルニーからカヤルまで、風がよければ一日で着く。季節はローリーのあいだの二カ月間じゃった。この時期は、海況が穏やかで、移動操業には最適なんじゃ。

バルニーを出ると、ひたすらカヤルをめざした。途中で操業はせなんだ。乗組員には、舵取り、マスト役、帆役など、それぞれ役割があるんじゃ。舵取りが船長じゃった。

カヤルに着いたら、まず泊まる家を探す。サン・ルイから来て長くカヤルに住みついたゲンダリアンや、根っからのカヤルの住人のなかに、友達がおった。そうした友達のなかで、宿舎を提供してくれる人を探すんじゃ。宿舎が決まったら、そこを拠点にして、毎朝七時に出漁し、夕方に帰漁した。夜間は海に出ない。ヤボイの切り身を餌にして、手釣り漁でアジやスズキを釣った。カヤルからウンボロ(Mboro)やファスボイ(Fas Boye)の沖合まで出かけて操業することもあった。ただし、そうしたときでも、夜になればカヤルの宿舎に帰って眠ったもんじゃ。

海では恐ろしいめに何度もおうた。カヤルではピログが二回、転覆したことがある。カヤルの海は岸近くまで海底谷が深く入り込んでおってのう、危険な場所なんじゃよ。二度とも同じ場所じゃ。海が時化て、波が高かった。横波をまともにくらって横転したんじゃよ。八人が乗っておったが、幸い死者を出さんですんだ」

カヤルの漁場紛争

カヤルは過去から現在にいたるまで、グランコート有数の漁業生産地として栄えている。それは、なだらかで遠浅の海岸が続くグランコートのなかにあって、カヤルの前浜のみ、海底谷が海岸に向かって深く切り込む海底地形を有しているからだ(図10)。こうした地形をもつ海は、流れが複

図10　カヤルからカザマンス川までの海岸線と沖合の等深線

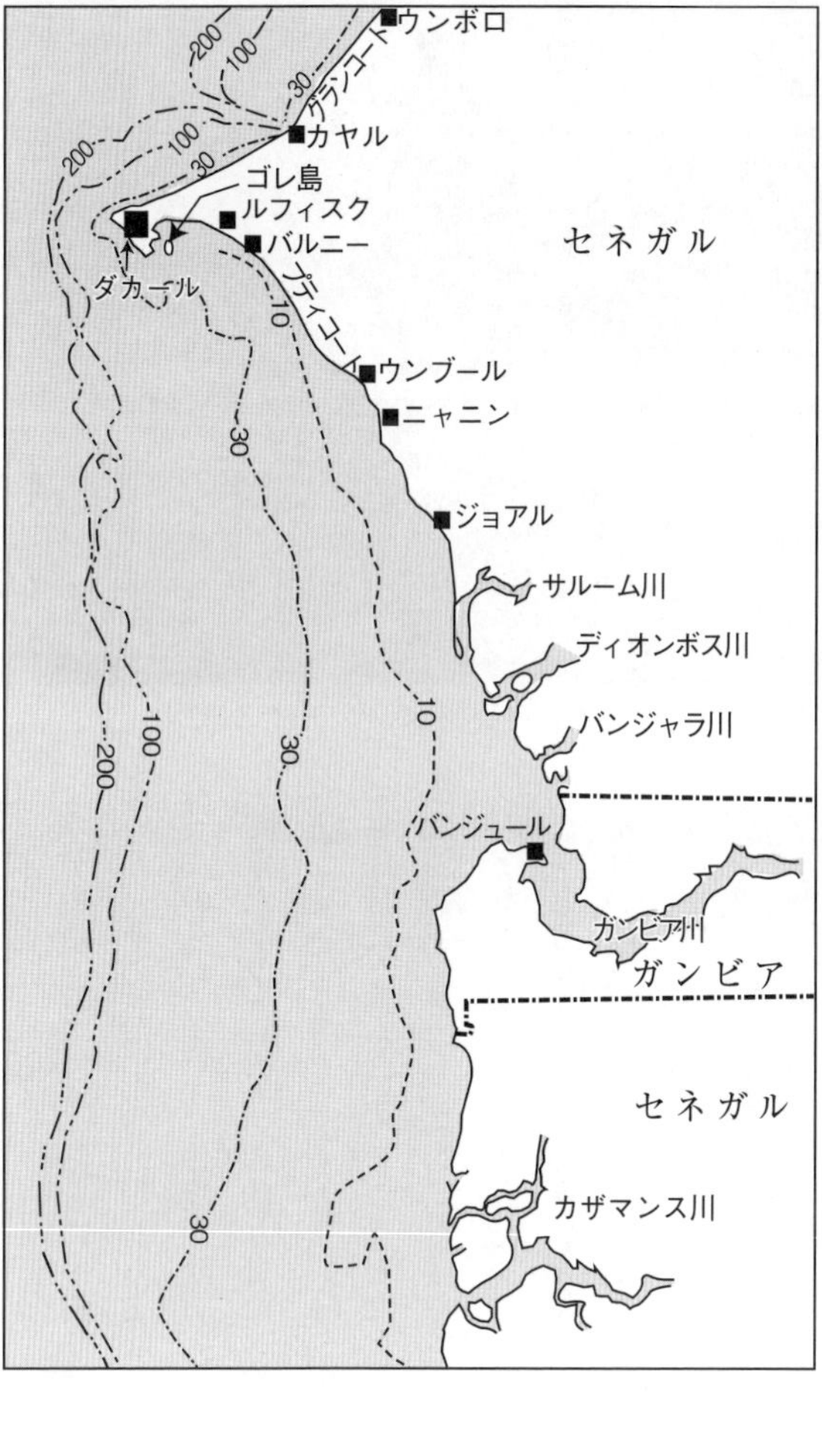

雑で危険をともなうものの、魚群が海底谷に沿って接岸してくるため好漁場を形成しやすい。[16] カヤルの前浜は天然の好漁場を形成しているのだ。この漁場をめざして、周辺地域から漁船が集まって来る。このため、カヤルの海は水産資源という富を奪い合う紛争と漁場管理の秩序づくりという歴

カヤルで水揚げされたイワシ(2003年10月26日撮影)

史を繰り返してきた。

カヤルの近海では、おもに手釣り漁が行われている。その数は五〇〇隻から七〇〇隻に達する。このうち、約一〇〇隻がサン・ルイからやって来たゲンダリアンの釣り舟だ。彼らはすでに五〇年近くもカヤルに住みつき、二世代目、三世代目になっている。こうしたゲンダリアンとは別に、毎年シーズンにだけやって来るゲンダリアンがいる。この外からやって来るゲンダリアンとカヤル漁夫とのあいだに、かつて大きな紛争が起こった。一九九一年九月一一日のことだ。

ゲンダリアンが乗り組む約二〇隻の刺網船がカヤル海域にやって来て、岸から一四kmの地点に刺網を仕掛けた。当時、カヤルの沖合一四km以内では、刺網を仕掛けてはいけない取り決めになっていた。海洋漁業局の職員がそれを見つけ、仕掛けられていた刺網を引き上げて押収する。それを浜に持ち帰ったところ、ぞくぞくとカヤルの人びとが集まってきた。それが引き金となり、カヤル漁夫とゲンダリアンとの大きな紛争に発展する。

ある日、ゲンダリアンの漁船が漁業管理委員の乗った舟に近づいて転覆させようとしたり、エンジンシャフトをはずすようないやがらせを行った。この紛争が契機となり、カヤル近海での刺網漁は全面禁止となる。サン・ルイからやって来た二〇隻あまりの刺網船は、彼らの地へ帰っていった。

手釣り漁民がメンバーとなる現在のカヤル漁業委員会は一九九四年に設立された。二〇〇三年当時のメンバー漁船は約五〇〇隻だ。この年CFAフランの切り下げが行われ、それが引き金となって経済が混乱する。[17]魚価は下落し、水揚げ金額が低迷した結果、故障したエンジンも修理できない事態となった。手釣り漁民は団結して委員会を設立し、仲買人による買い取り魚価の引き上げを勝ち取る。このとき委員会は、次の五点を決めた。①一隻一日あたりの水揚げ量を三箱(約四五kg)までに制限する、②三箱以上水揚げした場合は罰金を徴収する、③小型魚の漁獲を禁止する、④刺網漁を禁止する、⑤朝五時以降に出漁する。

その後、二〇〇五年六月に再び紛争が起こる。カヤルに住むゲンダリアンが手釣り漁の操業海域で刺網漁を繰り返したからだ。カヤル漁夫は海洋漁業局やティエス州知事に苦情を上申したが、取り上げられない。ある日、カヤルの若者集団がゲンダリアンの刺網船に火をつけた。ゲンダリアン側から報告を受けたティエス州の軍警察が駆けつけ、カヤル住民とのあいだで衝突。軍警察が発砲し、一人が死亡、一八人が負傷する惨事となる。負傷者には一人の女性と八人の子どもが混じっていた。ゲンダリアンの漁船は三隻が燃やされ、二隻が破壊された。いっぽう、カヤル側は八隻がゲンダリアンによって破壊されている。

当該大臣が紛争調停のためカヤルを訪問、三日間にわたって事情を聴取し、こう語った。

「一九九六年の県条例により当該海域は手釣り漁にのみ許可された水域と規定され、刺網漁は禁止されている。しかし、カヤルの人びとも暴力に訴える権利はない」(18)

カヤル在住のゲンダリアンの多くは一時的にカヤルを去り、サン・ルイへ帰った。

豊富な水産資源は人びとに富をもたらすとともに、あるいはそうであるがゆえに、紛争の歴史をももたらす。

動力船時代の南方漁場開拓(一九六五年～)

「そうさな、あれは四〇年も前になろうか。わしが三六～三七歳ころのことじゃ。長さ一五mほどのピログでジョアルとガンビアの間を行き来しながら、二カ月間ほどの基地操業を行っておった。一八馬力と三五馬力の船外機を二つ備え付けた大きな船に、八～九人の若い衆が乗っておったんじゃ。沖へ出ると四～五日は海の上で過ごした。夜も海の上じゃ。四角形の帆を持っておって、それで帆走することもあった。

あれは肌冷えするノールのころじゃから、一月じゃったろうか。一本の道糸[19]に針が何本も付いた仕掛けに、エトマローズ[20](*Ethmalosa fimbriata*)の切り身を餌にして釣っておったら、人より大きなマハタが釣れてのう。引き揚げるまでが大変じゃった。そのころは目方やのうて、数で魚を売っておったた。ピログに乗せられる魚には限りがあったから、あんまり大きな魚は釣れても逃がしたもんじゃよ。魚はジョアルやバンジュールへ揚げた。そこにマリエール(仲買人)がおったんじゃ」

セネガルでは、人口密度が高い北部の漁村から南部の沿岸地域への漁民の移動が、近年の社会現象になっている。それは船主層の漁業所得の格差に裏付けられる。私が参加したＪＩＣＡの漁業資源評価・管理計画調査で、地元のコンサルタント会社が全国二二漁村に居住する五六二船主を対象に実施したアンケート調査の結果、北部から南部へ向かうほど、船主層の年間所得が明らかに向上することが確認された。

それは、河口部にサン・ルイをもつセネガル川を過ぎたあと、川らしい川がないグランコートに比べ、サルーム、ディオンボス(Diomboss)、バンジャラ(Bandiala)の三河川をもつサルームデルタをはじめ、南部にはデルタ地帯があり、ガンビア川やカザマンス川など大きな河川が流れていることと無縁ではない。河川は内陸部の森と海を水の流れによってつなげる。とりわけ雨期になり降雨量が増すと、森の落ち葉ばかりでなく、田畑の栄養分や人家の生活排水など、さまざまなものを溶かし込んだ河川水は、大河となって大量の有機物を海に供給する[21]。マングローブ林と、その先に広がる海水と河川水が混じる河口域一帯は、栄養分に富んだ生産力の高い漁場となるからだ。

こうした南方漁場への漁場開拓の歴史を、バルニー南方のイエン(Yene)村落共同体のひとつ、ジャンハル(Ndianghal)村に住む延縄漁民の経験にみることができる。彼らはマハタ、アカハタ、その他のハタ、ユメカサゴなどの底魚を求めて、過去二〇年間に南方へ漁場を拡大してきた。その変遷は次のようなものだ。

ジャンハル村で延縄《はえなわ》漁が始まったのは一九八六年である。それまでは、ケル(Kelle)やトゥバブ・ジャラウ(Toubab Dialaw)など近隣村と同じように、村から日帰りで手釣り操業を繰り返していた。一九八六年当時の延縄漁場はジョアル沖で、魚は多かったが、魚価は安かった。一九九二年までジョアル沖で操業を続け、九三年からガンビアやカザマンス沖へ出漁した。ジョアル沖で魚が獲れなくなってきたからだ。二〇〇一年からはギニア・ビサウ沖へ出漁するようになった。ガンビアやカザマンス沖の漁獲量にさほど変化はなかったが、さらなる可能性を求めて、より南方の漁場へ進出したのだ。

一年の周期でみれば、寒いノールの時期にはギニア・ビサウ沖の水深五〇〇mまでの漁場へ向かう。ジャンハル村を出航して帰漁まで一〇日間の航海だ。三カ月間で六航海が可能で、寒い時期なので魚価がいい。四月からチョロンに入ると、一航海六日でガンビア沖の水深六〇mまでの漁場をねらう。ただし、暖期で魚が深みに潜るため、漁獲量は伸びないし、価格も低迷する。八～九月にはゴレ島からジョアルの水深二〇mまでの沿岸域でマダコ漁に従事する。一〇月には船を浜上げし、整備のため休漁して、一一月に再びガンビア沖へ出漁する。

ジャンハル村の延縄漁民は出漁地で水揚げせず、すべての漁獲物をジャンハル村へ持ち帰って水揚げする。仲買人を経由して、ダカールからウンブールに所在する水産物輸出会社へ引き渡すルートが確立しているからだ。一九八〇年代前半、セネガルの漁業は外国資本や技術の導入で急速に発展し、水産物や水産加工品は全輸出収入の約二〇％を占めるまでになった(22)。セネガルの現在の輸出農水産物の中心は、落花生よりも、むしろ水産物や水産加工品といえそうだ。

6　老漁夫の生活世界

ロム爺さん、結婚す

「二二歳で軍を除隊したあと、ジョアルとカヤル、二回の移動操業に参加して、再びバルニーへ帰った。その後、わしは帆走舟でバルニーからイエンへ行ったんじゃ。（イエン村落共同体のひとつである）ンディタ(Nditakh)村で、（その後第一夫人となる）一人の女性に出会い、一目ぼれしてしまったんじゃよ。ふぁははーっ。彼女の母親がンディタ村の出身でのう。彼女はそのとき一八歳じゃった。わしゃすぐ彼女に結婚を申し込んでのう、バルニーへさっそく引き返して両親の許しを乞うた。いまでこそ恋愛結婚が多なったが、その当時は親が息子の結婚相手を決めたもんじゃった。幸い両親はわしの申し出を許してくれたよ。

すぐにンディタ村にもどり、彼女の祖母と叔父に結婚の許可を求めた。両親はすでに亡くなっていたからのう。その後、子宝にも恵まれた。四男八女を生んでくれたんじゃ。じゃがのう、三人の息子と二人の娘は早死にしてしもうた。亡くなった息子の一人は、すでに三人の妻がいたし、娘の一人には子どもがいた。それぞれ病気で亡くなったんじゃ。子どもに先立たれる不幸はあったものの、結婚して五五年、婆さんとはあまりけんかもせず、仲睦まじくやってきたんじゃないかのう。

二度目の結婚は、いまから二〇年ほど前のことじゃ。次兄が亡くなったときに、義姉と結婚した。彼女はわしと同じくらいの歳じゃよ。三度目の結婚は、いまから五年前、親友が亡くなったので、その妻を引きとったんじゃ。その当時、三番目の妻は五五歳、親友とのあいだに二人の息子と四人の娘がおった。そのうちの何人かはすでに結婚しておった。今日まで五年連れ添い、三番目の妻も六〇歳になったようじゃ(23)。

一人生き残った息子と六人の(男の)孫たちは、全員海で働いておる。一人息子は動力ピログの船長を務め、その舟で三人の孫が働いとるんじゃ。残る三人の孫たちも、それぞれに動力ピログの船子として稼いじょる」

ロム爺さんの家族

ロム爺さんの二度目と三度目の結婚の話を聞いていて、「寡婦が夫なしで生計を立てることが難しい社会で、結婚が成人女性の生活安定のための救済策だった」という本から得た知識(24)が、ストンと胸に納まったような気がした。それは決して、男が鼻の下を長く伸ばすような浮かれた話ではない。ロム爺さんの説明に基づいて、彼の親族関係の図を作ってみた。それが図11だ。

ロム爺さんの長兄(イブラヒマ・チュンさん)と次兄(ムサ・チュンさん)はともに三〇歳代から、ダカールとバルニーを行き来するバスなど公共交通機関の運転手として働いた。イブラヒマさんは六年前まで現役だったという。ロム爺さんとはちょっと異なる人生を歩んだようだ。その長兄も二〇〇五年七月に亡くなる。享年八五歳だった。

図11 ロム爺さんとンジャガ・チュンさんの関係

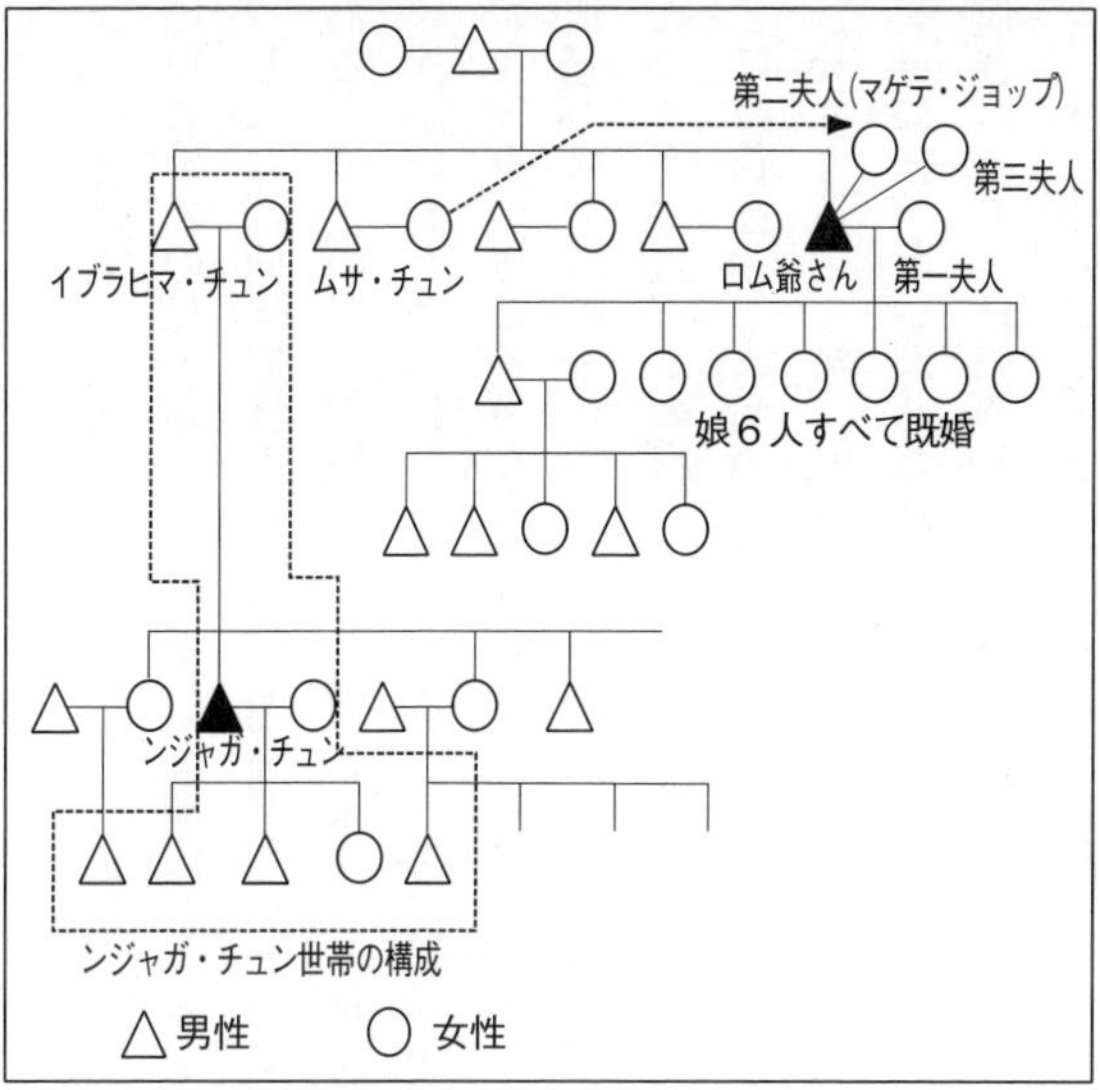

このイブラヒマさんの息子がンジャガ・チュン(Ndiaga Thioune)さんだ。一九六三年生まれの彼は、一四歳のころから舟で働きはじめた。すでに海での経験は二七年になる。彼はロム爺さんの長兄の息子だから、甥にあたる。だが、セネガルの年配層は、自分の兄弟の子どもを自分の息子だと言い、娘だと言う。一方、自分の姉妹の息子はあくまでも甥であり、娘は姪なのである[25]。だから、ロム爺さんにとってンジャガさんは自分の息子なの

だ。

ンジャガさんは夫人とのあいだに、一四歳と一二歳の二人の息子、その下に娘が一人いる。それに彼の姉妹の息子(甥)二人に母親を加えた八人が、同居家族である。ンジャガさんの家族のように、しばしば同居家族のなかに、前述したいわゆる甥とその家族(甥の妻とその子)が含まれる場合がある。多くの場合、祖父母の希望によって、彼(甥)は叔父家族と同居するようになる。結婚した娘家族が両親と疎遠にならないよう、甥(家族)は祖父母が同居する叔父家族と自分の父母家族のあいだを結びつけるくさびとなる。家族の系譜が父から子へ父系的にたどられる社会のなかで、両親が娘方の孫を同居させるこの慣習に、何かしら人間的な情を感じるのは、私だけだろうか。

ところが最近、この慣習に変化が起きつつあるという。娘夫婦が息子を両親の同居家族に預けることに難色を示しはじめたのだ。それは、自分の息子が同居家族の息子や娘と同じように教育を受けさせてもらえるか、あるいは両親が一緒に暮らしていないために、叱られるべきときに叱られず、祖父母に猫かわいがりされているのではないか、という娘夫婦の懸念の反映だ。両親の情を反映した慣習ゆえに、世相の移ろいに影響されやすいということなのだろうか。

ンジャガさんは、所有する一隻の動力ピログで刺網漁に従事する。ピログに搭載する一五馬力のエンジンはクレディット・ミュチュエルからの融資で購入した。[26] 融資を受けるため、クレディット・ミュチュエルに口座を開設し、四万CFAフランを手続き料として支払い、二五万CFAフランを口座に預金した。エンジンの入手後は、その価格に相当する一〇九万CFAフランを二年間で返済する。だから、毎月五日に六万二八〇〇CFAフランを返済しなければならない。返済総額は一五一万CFAフランほどになる。毎月の返済日に遅れるとペナルティを科され、最初に預けた二五万CFAフランから相殺される。魚が獲れず、これまでに一度ペナルティを払わざるを得なかった。漁業は水物だ。毎月の定額返済は、漁業専業のンジャガさんにとって、なかなかに難しいようである。

彼の家族八人が一年間に要する家計費を計算してみた。食費の七三万CFAフランを筆頭に、服飾費、教育費、公共料金(ガス、水道、電気)、慶弔費、喫茶費など合計一三五万CFAフランとなり、これにクレディット・ミュチュエルへの返済金が加わる。漁業収入から生活費を差し引けば、あとには何も残らないとンジャガさんはぼやく。六年前に父親が運転手の仕事を辞めるまで、彼は二軒目の家を建てていた。しかし、父親の収入が絶え、すべての家計費がンジャガさんの肩にのしかかって以来、彼の家造りは中断されたままだ。

7　変化する漁師町

地先の海の変化

「この村の沖で小舟に乗っていて三度転覆したことがある。あのときは刺網漁をしておっての、魚が獲れすぎて重うなり、転覆してしもうたんじゃ。腹をみせた舟の底に座って助けを待った。一〇年くらい前のことじゃ。昼ころ帰るはずの爺さんが帰ってこんもんで、家のもんが心配して、ピログで探しに来てくれたんじゃ。あんときゃ、獲った魚は全部なくしてしもうた。いまはわしも歳をとってしもうたから、無理はせん。この一〇年は転覆したこたあないよ。

この七〇年のあいだにバルニーも変わったのう。昔は家を木で造っておったが、いまじゃブロックを積み上げて造りよる。集落裏の池は、昔はもっと大きくて水が豊富じゃった。そのころ、人びとは海岸沿いに小屋を建てて暮らしておった。人が増え、集落は徐々に内陸側に広がっていったんじゃよ。いまじゃ、海岸と池のあいだに家屋がびっしりじゃ。地先の海も変わったのう。

ダカールのワカム(Wakam)やンゴール(Ngor)、ルフィスクのジョグール(Jogul)から、漁民集団がこの海にやって来よるんじゃ。奴らぁ、沖の天然礁を網で囲み、そのなかへアクアラングをつけて潜りよる。包囲された魚は一網打尽じゃ。奴らが去ったあとにぁ、なんもおらん。そうさなぁ、昔を一〇〇とすれば、いまの魚の状態は一〇以下じゃ。魚の種類が減ったし、獲れる量も減ったのう。おまけに魚が小そうなった。昔は大物を二尾釣ったら、一尾は逃がしたもんじゃ。大物を二尾も釣ってしもうたら、舟のなかぁ座るとこがのうなるからのう。古きよき時代じゃったよ」

世界観の世代間ギャップ

舟が転覆しても、ロム爺さんは慌てない。腹を見せた舟にどっかりと座り、家族の誰かが捜しに来てくれるのを待つばかりだ。それは、「家族の長《おさ》として、いつも家族みんなの平和と安泰を祈る

トゥバブ・ジャラウ村の浜に並ぶピログ群（2004年7月16日撮影）

んじゃよ」という彼の言葉に裏打ちされている。ロム爺さんのまわりには、家族や親族、あるいは村落共同体の網の目が広がっているからだ。そうした目に見えないセーフティネットのなかで、ロム爺さんは好きな海と関わって生きてきた。

だが、ロム爺さんの世界にも、変化がじわじわと、しかし確実に忍び寄っている。自分が海の生業につくことを喜んでくれた父親、自分の息子や孫たちが海で生きることを至極当然だと感じてきたロム爺さんたちの世代。そこには親から子の世代へ、生きるための技を伝える厳然とした社会の掟が存在してきたこともまた事実である。そのことを思うたびに、かつてイエン村落共同体のトゥバブ・ジャラウ村で見た光景がよみがえってくる。

そのとき私はトゥバブ・ジャラウ村の延縄操業に立ち会うために、ピログが並ぶ浜で準備作業を観察しながら出漁を待っていた。近くで一〇歳くらいの少年が父親のピログに乗りたがらず、ぐずぐずしている。父親が息子をピログに乗せると、息子はすぐにピログから逃げてしまう。そういうことを何回か繰り返した。業を煮やした父親は息子の頬を力任せに打ち、大泣きに泣く息子を無理やりピログに乗せて岸を離れていく。息子の泣き声が海をわたる風に乗って遠くまで響いていた。

バルニーのいまの若い漁夫層は、自分の息子たちが海の生業に携わることに必ずしも賛同していないようだ。ンジャガ・チュンさんはしみじみと語る。

「われわれの海にはもう資源がなく、漁業には将来がみいだせない。だから、自分の息子には漁業を継いでほしくない。でも、バルニーで生きていくかぎり、漁夫になる以外に生きる道がない。息子には漁夫になってほしくないが、おそらく漁夫になるだろう……」

古きよき時代を生きたロム爺さんの世代と、海の資源を見限りはじめた息子たちの世代。この二つの世代のあいだには、目に見える以上に大きなギャップがあるようだ。ともに海に関わって生きてきた二つの世代のあいだに存在する世界観の違いは、加速度的に進化するこの物質文明への警鐘のように思われてならない。

ロム爺さんから話を聞いて数時間が経つ。午後の日差しが傾き、老人たちが過ごすンバールの日陰も長く伸びてきた。ロム爺さんは少し疲れたのか、うつらうつらと舟を漕ぎはじめる。私が問いかけると、目をうっすら開けてぼそぼそと返答する。……と、孫娘が傍らにやってきて、ロム爺さんになにやら楽しそうに語りかける。ロム爺さんはそれに、やさしそうにうなずいてみせた。

さてそろそろ、私たちも腰を上げることにしようか。

（1）第1章の（51）で説明したように、ピログは全長六～八mの小型、九～一三mの中型、一五～二二mの大型に分類される。ロム爺さんが使うピログは、ここでいう小型よりもさらに小さく、全長三mあまりである。
（2）ダカールはセネガルの首都。フランスは一八五七年に、アフリカ西端のベルデ岬と沖合のゴレ島に住むフランス商人保護のため、この地に城砦を建設。これがダカールの母体になる（伊谷純一郎・小田英郎ほか監修『アフリカを知る事典』平凡社、二六一～二六二ページ）。セネガル北部のサン・ルイとゴレ島が一八七二年に、ルフィスクが一八八〇年に、ダカールが一八八九年にフランス本国の地方自治体と同じ地位をもつ「コミューン」と認められた（宮本正興・松田素二編『新書アフリカ史』講談社現代新書、一九九七年、三二六ページ）。
（3）マリ西部に居住するマンデ系の農耕民族（前掲（2）『アフリカを知る事典』三三八～三三九ページ）。セネガル国内にもバンバラ族の集落は多い。
（4）セネガル最南部のカザマンス川河口部一帯に暮らす稲作農耕民で、起源的にはセレル族に近いという説がある（綾部恒雄監修『講座 世界の先住民族05サハラ以南アフリカ』明石書店、二〇〇八年、三一八～三三〇ページ）。
（5）ティエス（Thies）州ティエス県に所在する郡（arrondissement）のひとつ。郡内に漁業水揚げ地であるカヤル（Kayar）の村落共同体（Communaute Rorale）をかかえる。
（6）西アフリカのサヘル地帯の降雨量が少ない地域でも生育する雑穀の一種。播種から収穫まで約三カ月を要する（小川了『世界の食文化⑪アフリカ』農山漁村文化協会、二〇〇四年、六四～七〇ページ）。

セネガルでは収穫後、臼と杵で搗いて粉にして、大鍋で蒸しあげる。それに牛乳か魚のスープをかけ、とろみをつけて賞味するクスクスが好まれる。

(7) セネガルの主要農産物であり、主要輸出品でもある。落花生の輸出は一八四〇年に殻付きで一トンを記録したのに始まり、一九三〇年には五〇万トンにまで伸びた(矢内原勝『アフリカの経済とその発展——農村・労働移動・都市』文眞堂、一九八〇年、一三七〜一五九ページ)。一九九二/九三年の生産量は五八万トン、輸出量が三四万トンである(*"Country Profile Senegal 1995-96"*, The Economist Intelligence Unit, United Kingdom, p.19)。また、二〇一一年の生産量(殻付き)は五二・八万トンである。

(8) この天然繊維が何を指すのか、現地の聞き取りでは確認できなかった。仏和辞典によれば、palmeは古語または古用法で「しゅろ」を指すとある。シュロは暖地の適切な湿潤地に野生化する常緑高木で、皮がシュロ縄、網、敷物、ハケなどの原料になる。いっぽう、地元でロニエと呼ばれるオウギヤシ(英名palmyra palm)は、周辺地域でふつうに見られる。これはやや乾燥した地域で栽培または野生化した常緑高木で、葉は屋根材やうちわ、敷物、籠、帽子など、編物の材料になる。また、葉柄基部の繊維はパルミラ繊維と称して、タワシ、ブラシ、縄を作るのに用いられる(『原色樹木大図鑑』北隆館、一九八七年)。サルームデルタ内のある村では、葉柄基部の繊維を編んで、籠や舟などの置物を作っている。おそらく、ロム爺さんがいう天然繊維は、そのどちらかを指すと思われる。

(9) 中村弘光『アフリカ現代史Ⅳ西アフリカ』山川出版社、一九八二年、九五〜九九ページ。

(10) 一九三〇年のセネガルにおける落花生輸出額は五億CFAフランであり、総輸出額の八三%を占めていた。なお、ここでいう季節労働者はナヴェタヌ(navetane)と呼ばれた。この語はウォロフ語の雨季(navete)を語源とする。彼らは農耕期間の雨期に農家の屋敷内に寄宿し、農耕作業に従事する代わり、扶養してもらう。彼らはまた、自分個人のための畑地をもらい、そこで収穫した収益を持って故郷へ帰る（前掲（7）『アフリカの経済とその発展』八八ページ、一三七ページ）。

（11）ダカールから南方のサンゴマール岬までの海岸をプティコート、北方のサン・ルイまでの海岸をグランコート（Grande Cote）と呼ぶ。

（12）世界中で広く栽培されるアフリカ原産の雑穀（前掲（6）、六一〜六五ページ）。

（13）海洋漁業局発行の漁業生産統計によれば、一九九二年から九八年まで一三〇〇〜四五〇〇トンで推移していたセネガルのタコ漁獲量は、一九九九年に一・三万トンに急増した。その後、二〇〇三年まで、三二〇〇トン、一六〇〇トン、八九〇〇トン、七四〇〇トンと推移している。九九年の前後で技術や投資面での顕著な変化は認められないから、この年の大漁は生物資源的な背景に起因したものと考えられる。

（14）日本は二〇〇三年に五・六万トンのタコを世界中から輸入しており、そのうち約七割が、モロッコ、モーリタニア、カナリア諸島、セネガル、西サハラ、ギニアなど西アフリカ諸国からとなっている（アフリカの旅と文化の情報サイト vol.04 アフリカ海産物の知られざるパワー http://www.dodoworldnews.com/060/000102.html）。

（15）周辺地域で聞き取りした一四世帯の平均でみると、世帯員数は一七人で、一世帯一日あたりの食費が五〇〇〇CFAフラン（二〇〇五年七月の為替レート四・七CFAフラン／円で一〇六四円）、一世帯の年間生活費が二四四万CFAフランだった。一世帯一日あたり、少なくとも六七〇〇CFAフランの収入が必要ということだ。

（16）宮本秀明『漁具漁法学（網漁具編）』金原出版、一九五六年、二二五〜二二九ページ。

（17）一九九四年一月に通貨のCFAフランが五〇％切り下げられ、一時的に物価が急騰し、国民の生活が圧迫された。一九九四年の物価上昇率は三二・二％だったが、翌年には沈静した（川田順造『アフリカ入門』新書館、一九九九年、五一一ページ）。

(18) 二〇〇五年六月一三日付けマティン(Matin)紙の記事"Hournee de feu et de sang a Kayar (Day of Fire and Brood in Kayar)"による。
(19) 釣り糸の主要部分。手釣りで、手元からハリス(道糸の先端から釣り針までの部分)までをいう。
(20) ニシン科エトマロサ属の魚。西アフリカからアンゴラまでのアフリカ西岸に分布。ヤボイに似ているが、より南方の浴岸域や気水域に生息し、最大体長は三五cmに達する。近年ギニア人がサルームデルタへやって来て、同デルタの水路を遡上して漁獲された魚を燻製加工する活動が活発化している。
(21) 中村武久・中須賀常雄『マングローブ入門――海に生える緑の森』めこん、一九九八年、一二九～一三〇ページ。
(22) 前掲(2)『アフリカを知る事典』二四六ページ。
(23) この地で男たちは二人以上の妻をもつことが許されている。この「複婚家族」では、妻の数に応じて複数の母子集団が形成される(前掲(17)、二三八～二三九ページ)。
(24) 黒田壽郎『イスラムの心』中央公論社、一九八〇年、七一～七二ページ。
(25) しかし、最近の若年層は、自分の兄弟の息子や娘も甥や姪と呼ぶようになりつつある。
(26) 農漁民向けの信用組合のようなもの。二〇〇四年七月に実施したイエン所在のクレディット・ミュチュエルでの聞き取りによれば、イエン周辺在住の漁民を対象とする融資が始まった一九九八年以降の六年間で、年間約五〇台のピログ用船外機をクレディットで引き渡したという。

第3章　漁家を営む

1　増加する零細漁民

都市への人口移動

ロム爺さんの世代から息子たちの世代へ、そして孫たちの世代へと、ダカール近郊の漁師町バルニーにも、時代の変化が訪れつつある。父親から息子へ、海での生業を受け継ぐのが当然と考えられていた時代から、海での生業を見限りはじめた息子の世代へ。その考え方の変化は、漁師町に生きる男たちの日々の生活に裏付けられた経験の反映だ。人口の増加にともなう漁獲努力量の拡大は沿岸資源への圧力を高め、漁船の動力化や大型化、天然繊維から合成繊維漁網への転換に代表される漁業の近代化は、その傾向に拍車をかけた。それに、水産物流通のグローバル化という現象が加わる。

セネガル共和国として独立した一九六〇年ころ、四五万人ほどだったダカールの人口は、二一世紀初頭に二〇〇万人を超えた。農村での生活に見切りをつけた多くの人びとが、収入を得る機会を求めて都市部へ流入する。その背景には、自然生態的な要因と政治経済的な要因の二つがある。

半乾燥からサバンナ気候帯に位置するセネガルでは、年間降雨量が一〇〇〇ミリに満たない地域が多く、国土の三〇%は作物が生育する最低降雨量(年間四〇〇〜五〇〇ミリ)地帯に属する。このため、降雨量の経年変化が農作物の豊凶に大きな影響を与える。ことに一九七〇年代以降、サヘル地域では干ばつが頻発し、セネガルでも農業生産は大きく減退した。たとえば、一九七〇年に一一・九万トンだった米の輸入量は、八四年に三六・〇万トンにまで増加している(1)。一九八四年は二〇世紀でもっとも乾燥した年であり、サハラ砂漠の南方への拡大は、砂漠全体の一五%にもおよんだという(2)。砂漠化のため農地を放棄した人びとは、都市部へ流入する。

加えてセネガルでは一九七一年以降、国家財政が悪化し、世界銀行とIMF(国際通貨基金)の主導で七九年から構造調整計画が実施された。国の財政状況を改善するため国家支出の削減が進められ、そのひとつとして農業用肥料への政府援助が廃止される。そのため、肥料を必要とする落花生栽培が困難となった農民は、現金収入の道を閉ざされ、肥料の前借りによる借金に苦しめられるようになる。こうした結果、農村を離れて都会に出る人びとが多くなった(3)。

インフォーマル・セクターとしての小規模漁家漁業

ダカールは、インフォーマル・セクターの領域で生きていく人びとであふれるようになった。ダカールの市街地を車で通りぬけるとき、渋滞で止まるたびに現れる行商人を見ていると、生活に必要なあらゆるものがそろうと思えるほどだ。インフォーマル・セクターの定義を明確にすることは、なかなか簡単ではないようだが、ある報告によれば、①参入のしやすさ、②地元資源の活用、③企業の家族所有、④小規模操業、⑤労働集約的でその地に適した技術、⑥公的教育システム外で獲得される技術、⑦規則のない競争的市場、などの特徴がみられるという[4]。

都市部で起こる人口増加の影響は、当然その周辺地域に波及する。とくに都市近郊の漁村は、後背地の農村部から流入する貧困層にとって、短期的な生活の手段を提供する社会的な安全弁の役割を果たす場合がある。アフリカ西岸海域の豊富な水産資源を利用する沿岸漁業は、内陸部の自然資源を利用する農牧業や林業以上に、人びとを受容する包容力を備えているからだ。都市人口が膨らみ、水産物需要が増大する都市の近郊では、資本や生産手段を何ら持たない人びとであっても、仲買業者の融資で漁船や漁具などの生産手段を比較的容易に入手できる社会システムがみられる[5]。

前述した七つの特徴でインフォーマル・セクターを定義するならば、都市近郊の漁村で漁家によって営まれる小規模漁業も、その範疇に入るにちがいない。こうして、都市の人口が増加するのに符合して、都市近郊の沿岸漁村の人口もまた増加する。小規模漁業に従事する漁民数は、一九八一～八六年に三・七万人前後だったのが、九三～二〇〇二年には五・二万人前後に膨らんだ。

このような大きな時代の流れにあって、都市近郊の漁村で海に関わって生きる人びとは、どのような問題や課題に直面しているのだろうか。ここでは、それを零細漁家の経営面からアプローチしたい。まず、セネガルにおける産業としての漁業を概観したのち、水揚げの中心地であるティエス州ウンブール県に位置する沿岸漁村のひとつであるニャニン（Nianing）村とその周辺村を対象として、代表的な複数の漁家を取り上げ、それらの経営面での実態解明を試みよう。すなわち、次の三つの観点である。

①村落内における漁家経営形態の変遷と漁家経営を支える構造とは、どのようなものか。
②漁家の経営形態に応じて収益構造はどのように異なり、それぞれの漁家経営において、漁業投資を可能にする経済余剰が発生しているか。
③沿岸資源との関わりのなかで、漁家はどのような経営環境に直面しているか。

2　セネガルの漁業の概観

拡大する小規模漁業

セネガルの漁業生産量は、二五万トン前後で推移した一九八一～八六年ののち増加傾向を示し、九三～二〇〇二年の一〇年間は三五万～四五万トンで推移した。増加傾向を支えたのは、小規模漁業サブセクターの生産増である。この期間に小規模漁業サブセクターの生産量は一五万トンから三〇万トンへ倍増し、総漁業生産量に占める割合は六〇％から八一％へ拡大した（図12）。

大規模漁業とは、ダカール周辺を基地に大型漁船でイワシ類、マグロ類、シタビラメやハタなど

図12　セネガルのサブセクター別漁業生産量の推移

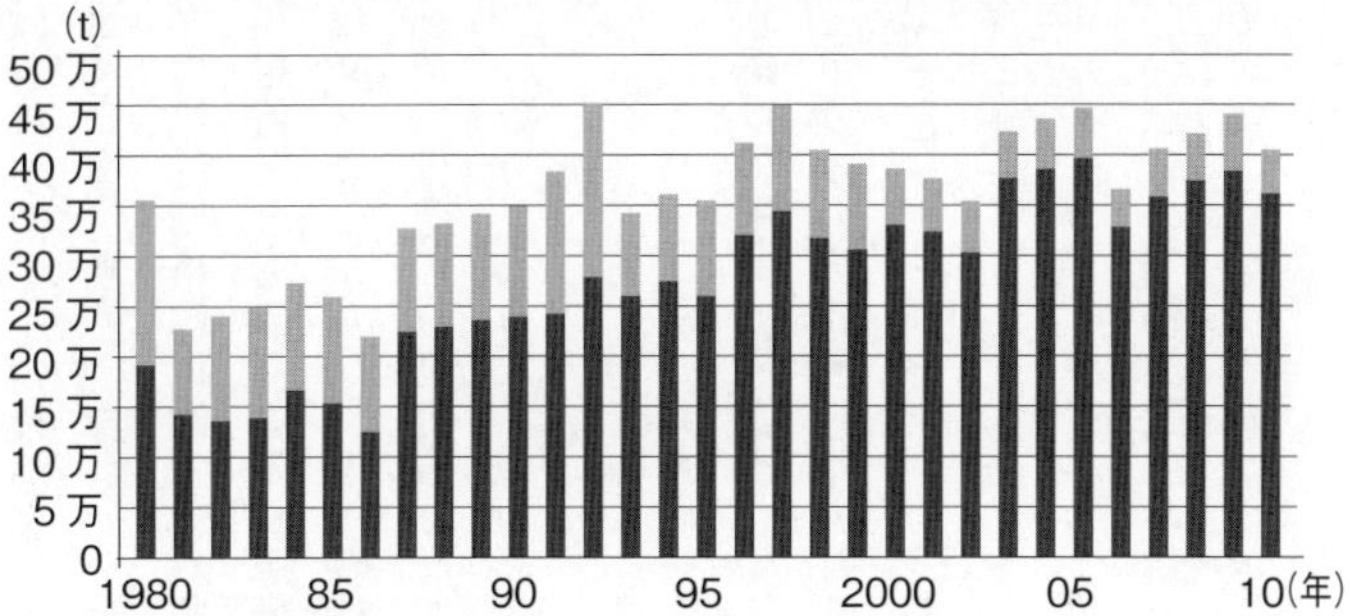

注：大規模漁業サブセクター、小規模漁業サブセクター。
資料：セネガル海洋漁業局(6)。

の底魚類を漁獲する企業経営による漁業であり、小規模漁業とは伝統型木造船ピログで、さまざまな沿岸性魚種を漁獲する漁家経営による漁業をいう。二〇〇三年以降もこの傾向は続き、四〇万〜四五万トンのレベルで推移した(〇六年を除く)漁業生産量の九〇%を小規模漁業が占めている。

小規模漁業が伸張した背景には、一九七〇年代以降に頻発した干ばつの影響による漁民人口の増加に加えて、小規模漁業に対する政府の優遇政策がある。セネガル共和国が独立した一九六〇年以前、動力ピログの数はわずかだった。ピログ用船外機に関する輸入関連税免除の政府決定が一九六六年に出され、七二年にはピログ動力化推進センター(CAMP)が設立された(7)。同年、カナダとの契約調印により三五〇〇台の船外機が輸入される。これがピログの動力化に弾みをつけた。一九八〇年の総ピログ数八四八五隻のうち、動力ピログは四六一六隻(動力化率五四%)を数えた。動力化はその後も進展し、一九八五年に六四%、九五年には八五%を占めている(8)。

政府はまた、小規模漁業用燃油の特恵価格での販売に着手する。輸入燃油のCIF価格（保険料と運賃を含む価格）に対して、関税（一〇％）と付加価値税（一八％）が免除されるため、漁業目的のピログ用燃油価格は市価の約八割となる。(9) 零細漁家経営に占める燃油コストの割合は高く、船外機の免税措置とともに、この特恵価格での販売は小規模漁民への有効なインセンティブになった。

政府による一九八〇年代の社会経済開発計画では、漁業、観光、工業部門の成長が期待され、漁業部門ではその行動計画として輸出主導型生産構造の実現、国内漁船団の近代化、零細漁業の振興などが盛り込まれた。政府による小規模漁業の優遇政策は、こうした潮流のなかで実施されたのである。

水揚げの中心、ティエス州

セネガルの行政区分は、首都のダカールと、サン・ルイ、ルガ（Louga）、ティエス、ファティック（Fatick）、ジガンショール（Ziguinchor）、カオラック（Kaolak）、ジルベル（Diourbel）、タンバクンダ（Tambacounda）、コルダ（Kolda）の一〇州からなる。そのうち海岸線をもつのはダカール、サン・ルイ、ルガ、ティエス、ファティック、ジガンショールの六州だ。小規模漁業サブセクターの二〇〇二年の州別漁業生産量では、ティエス州が全体の六五％を占め、圧倒的に多い（図13）。これはカヤル、ウンブール、ジョアルなど、セネガルを代表する小規模漁業の水揚げ地を多くかかえているからである。

ティエス州には二〇〇二年当時、全国の二三％にあたる一万二〇八六人の漁民が、二一四一隻のピログ（海面用のみ）で活動していた。一隻あたり平均乗組員数は五・六人である。これらのピログが一年間に二〇・三万トンを漁獲し、四〇四・六億ＣＦＡフラン（二〇〇四年七月のレート四・八ＣＦＡフラン／円で換算すると約八四億円）を水揚げした。

二〇〇二年にティエス州で水揚げされた魚種のうち、上位九種を示したのが図14だ。これでみると、全体の七割がイワシで占められ、その多くはまき網漁業で漁獲された。エトマローズもイワシ

図13　州別漁業生産量の割合（2002年）

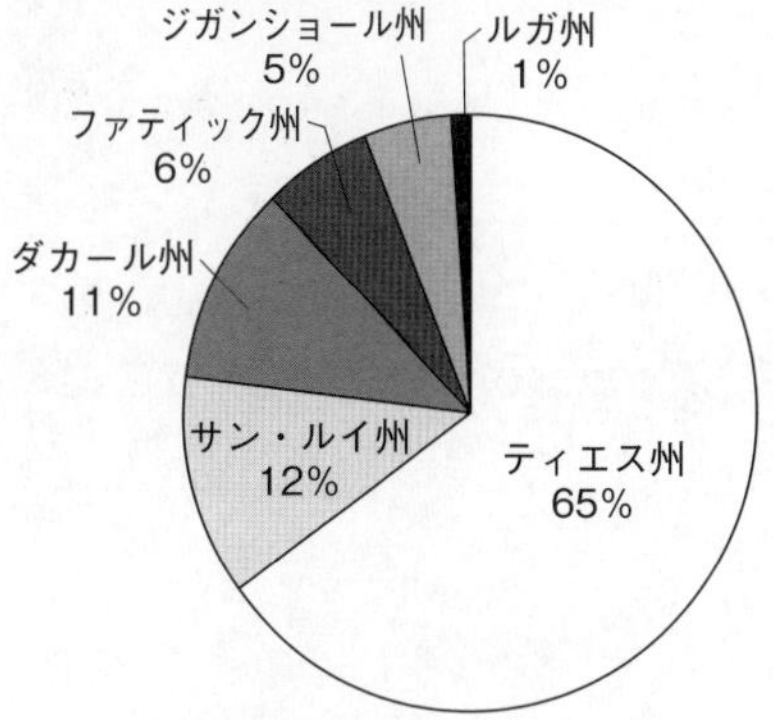

総漁業生産量：31万1,537 t

資料：セネガル海洋漁業局。

図14　ティエス州の魚種別漁業生産量（2002年）

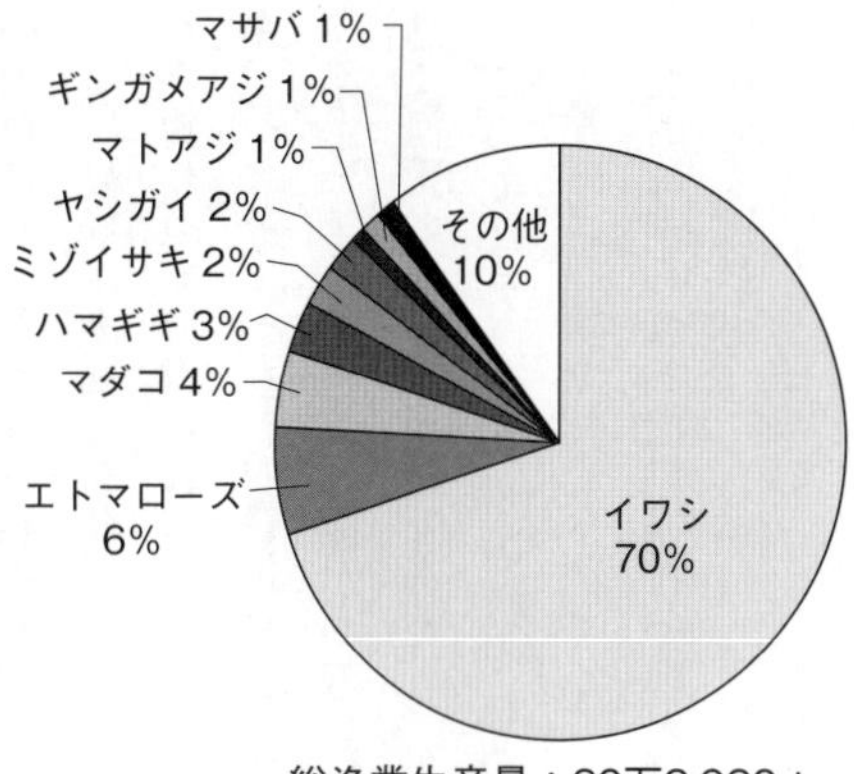

総漁業生産量：20万2,920 t

資料：セネガル海洋漁業局。

ニャニン村の浜に並ぶピログ（2004年7月28日撮影）

の近似種で、もっぱら巻刺網で漁獲される。マダコは夏場が漁期となり、おもに擬餌針を使った手釣り漁で漁獲される。ハマギギ、ミゾイサキ、ヤシガイ（大型の巻貝で、*Cymbium pepo* と *Cymbium cymbium* の二種がある）[10]などは、刺網漁で漁獲される水産物である。

ここではティエス州の村のなかから、ウンブール県ニャニン村を事例として、この地方で一般的にみられる沿岸漁村の漁家経営の実態を明らかにしよう。

3　ニャニン村はこんなところ

村の漁業活動

ニャニン村は、ティエス州の主要水揚げ地のひとつウンブールの南方に位置する沿岸漁村だ（五九ページ図6参照）。海岸沿いを走る幹線道

図15　ニャニン地域における漁獲量の月別変化(2002年)

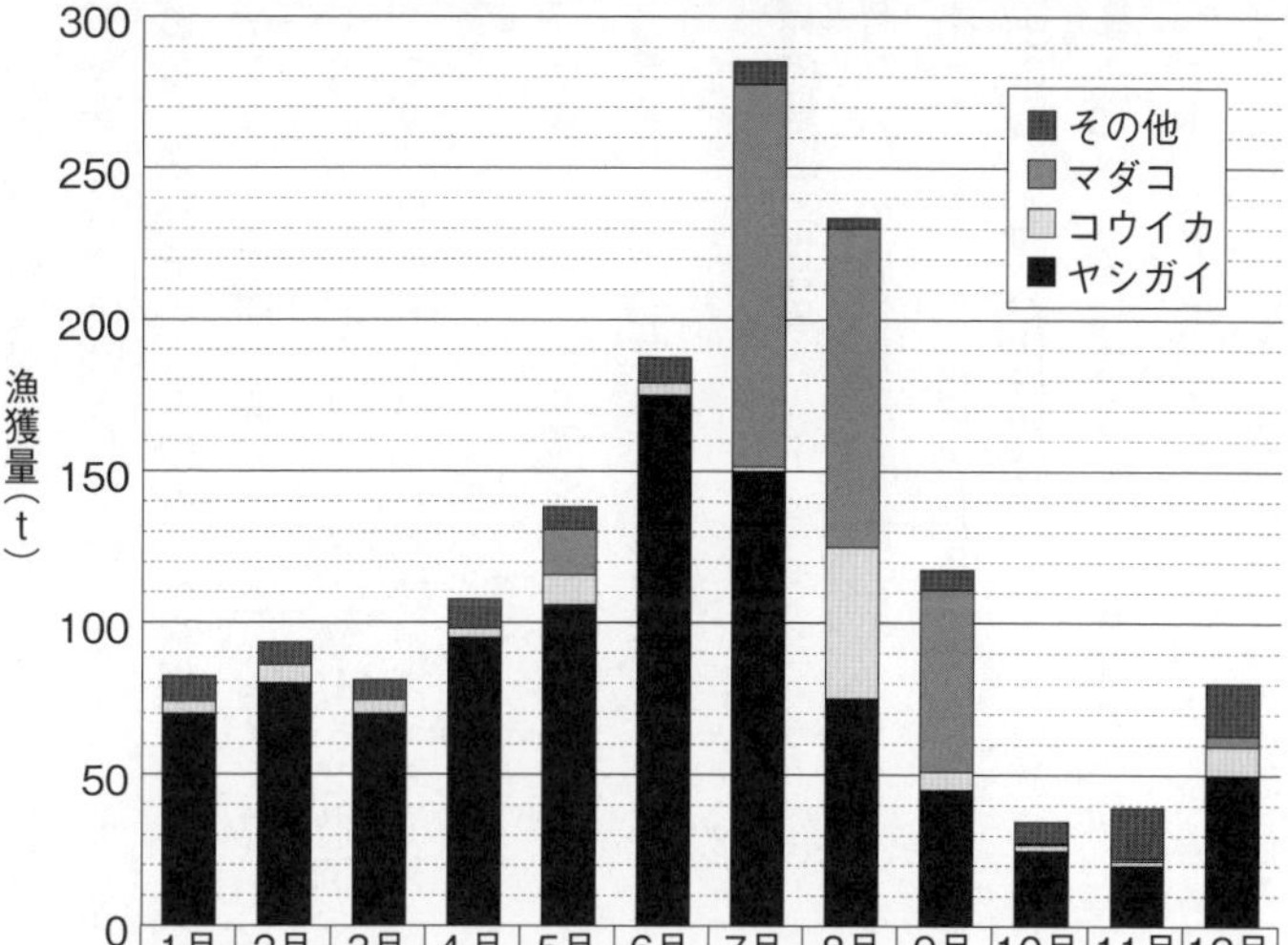

	1月	2月	3月	4月	5月	6月	7月	8月	9月	10月	11月	12月
その他	8.3	7.5	6.5	9.6	7.4	8.4	7.7	3.5	6.6	7.05	16.7	17.2
マダコ	0	0	0	0	15	0	126	105	60	0.5	1	3.5
コウイカ	4	6	4.5	3	10	4	1.5	50	6	2	1.5	9.5
ヤシガイ	70	80	70	95	105	175	150	75	45	25	20	49.9

資料：海洋漁業局ウンブール県事務所。

路に沿って集落が形成され、背後は砂浜海岸になっている。二〇〇四年三月当時、村には一七七隻の伝統型ピログがあり、村外への季節移動のため不在のピログが七〇隻、村に残って操業していたピログが一〇七隻だった。[11] ティエス州の一隻あたり平均乗組員数(五・六人)を乗ずれば、九九一人が漁業に従事していることになる。

ニャニン地域[12]では二〇〇二年に一四七九トンの漁獲があり、その六五%がヤシガイ、二二%がマダコ、七%がコウイカで占められた。これら三種がこの地域を代表する漁獲魚種だ。同年の漁獲量の月別変化を示したのが図15である。いずれの魚種も、六~八月の夏場に漁獲のピークがある。ヤシガイが年間を通して安定的に漁獲されるのに対し、マダコは七・八月に漁獲が集中し、それが両月の漁獲量を押し上げている。コウイカは年間をとおして漁獲されるものの、盛漁期はやはり八月にある。

ヤシガイは年間を通して、ニャラル方式の底刺網漁で漁獲される。ニャラル方式とは、動きの鈍いヤシガイを漁獲するため、網具を長時間(通常三日間)海底に漬けたのち揚網する操業方法をいう。コウイカはおもに三枚網漁(13)によって漁獲される。夏場のマダコ漁は擬餌針を使った手釣り漁である。日常的にヤシガイ漁を行いながら、マダコのシーズンになるとマダコ漁に転換するパターンと、日常的にコウイカ漁を行いながらマダコ漁に転換する営漁形態がある。また、九カ統(14)の地曳網が六漁家により営まれている。

村の地区と世帯

村は六つの居住地区(quartier)からなる。なかでもニャニン・ポスト(Nianing Post)地区に漁家世帯が多い。この地区の住民はセレル族が多く、レブやトゥクロール族が混じる(15)。ガンジョール(Gandiole)地区の住民は多くがセレル族で、牧畜と農業に従事する。シンチュウ・ケイタ(Sinthiou Keite)地区の住民はセレル族とフルベ族からなり、やはり牧畜と農業に従事している。ニャニン・ゴレ(Nianing Gore)地区にはセレル族が多く、ほとんどは農民だが、数名の漁業従事者が住む。グレル(Gourel)地区にはフルベ族が住み、牧畜業に従事する。ニャニン・サンチェ(Nianing

Santhie）地区には、さまざまな民族集団に含まれる人びとが混住している。退役者が多く、その子弟が漁業を営んでいる。

ここでは、漁業の中心地であるニャニン・ポスト地区にしぼって話を進めたい。現在、約一〇世帯の大家族と七〇〜九〇世帯の小家族が暮らしている。[16] 大家族世帯は父母、息子夫婦とその子ども、未婚の息子と娘を含む三世代同居の家族形態で、構成員は三〇人前後である。既婚の娘夫婦は別世帯となる。小家族世帯は父母と未婚の子どもからなる世帯で、構成員は一〇人前後が多い。大家族世帯では四〜五隻のピログを所有して漁家経営にあたるいっぽう、小家族世帯では一〜二隻のピログによる漁家経営がふつうだ。

村の変遷

ニャニン村では一九七〇年代なかばから、ピログで季節的に遠隔地へ移動し、寝泊まりする季節移動型の操業が始まった。ニャニン村周辺で年中漁獲があるわけではないので、魚群を追って、サルームデルタのジフェール（Djiffere）やさらに南方のガンビアを基地として、その周辺海域で操業する。たとえば二〇〇四年当時四五歳だったモドゥ・チャウさんは、一九七七年にピログの乗組員としてはじめてガンビアへ出漁した。一九八〇年には自船の船長としてガンビアで基地操業を行い、イセエビ、ヒラメ、サメなどを漁獲した。一九八六年以降はカザマンス沖へ漁場を広げ、九二年まで基地操業を続けたという。

一九七〇年代、ニャニン・ポスト地区の大家族世帯では、農業と漁業の兼業形態が一般的だった。当時チャウさん一家は幹線道路沿いに耕作地を持ち、農作物を栽培していた。一九八六年にそこで道路整備事業が始まり、政府が耕作地を収用したことを契機に、一家は漁業専業に転換する。同じ地区に住む他の世帯も、そのころから徐々に漁業専業へ転換していった。彼によれば、農業に比べ、漁業は収益性が高いというのがその理由である。降雨量の減少による農業収益の不安定化や、政府による小規模漁業への優遇策が、その流れを後押しした。

近年のニャニン・ポスト地区では、大家族制から小家族制へ移行する傾向がある。大家族世帯の構成員である息子夫婦とその子どもからなる単位が分離し、新たな家族として独立するケースが多くなってきたからだ。アフリカの家族は総体として、小家族を志向しながら再編することで、産業化に適応しようとしている、と指摘されている(17)。その文脈でニャニン・ポスト地区の状況をとらえれば、漁業専業化により加速する商品経済の浸透など、近代化の潮流が大家族制から小家族制への移行を促している、と説明できる。

ニャニン・ポスト地区の約九〇世帯のなかから大家族四世帯、小家族三世帯を選び、漁家経営について調べた。その際、村の主要漁業であるヤシガイ刺網漁、コウイカ刺網漁、マダコ手釣り漁、コウイカ篭漁、地曳網漁の経営実態がバランスよく理解できるよう、村の有力者へ調査世帯の選択を依頼した。母集団の数に対して小家族の聞き取り世帯数が少ないのは、限られた時間のなかで、比較的漁家経営の把握が容易な小家族よりも、経営漁船数が多く、さまざまな要因が混在する大家

図16　チャウ家の家族構成と運用ピログ

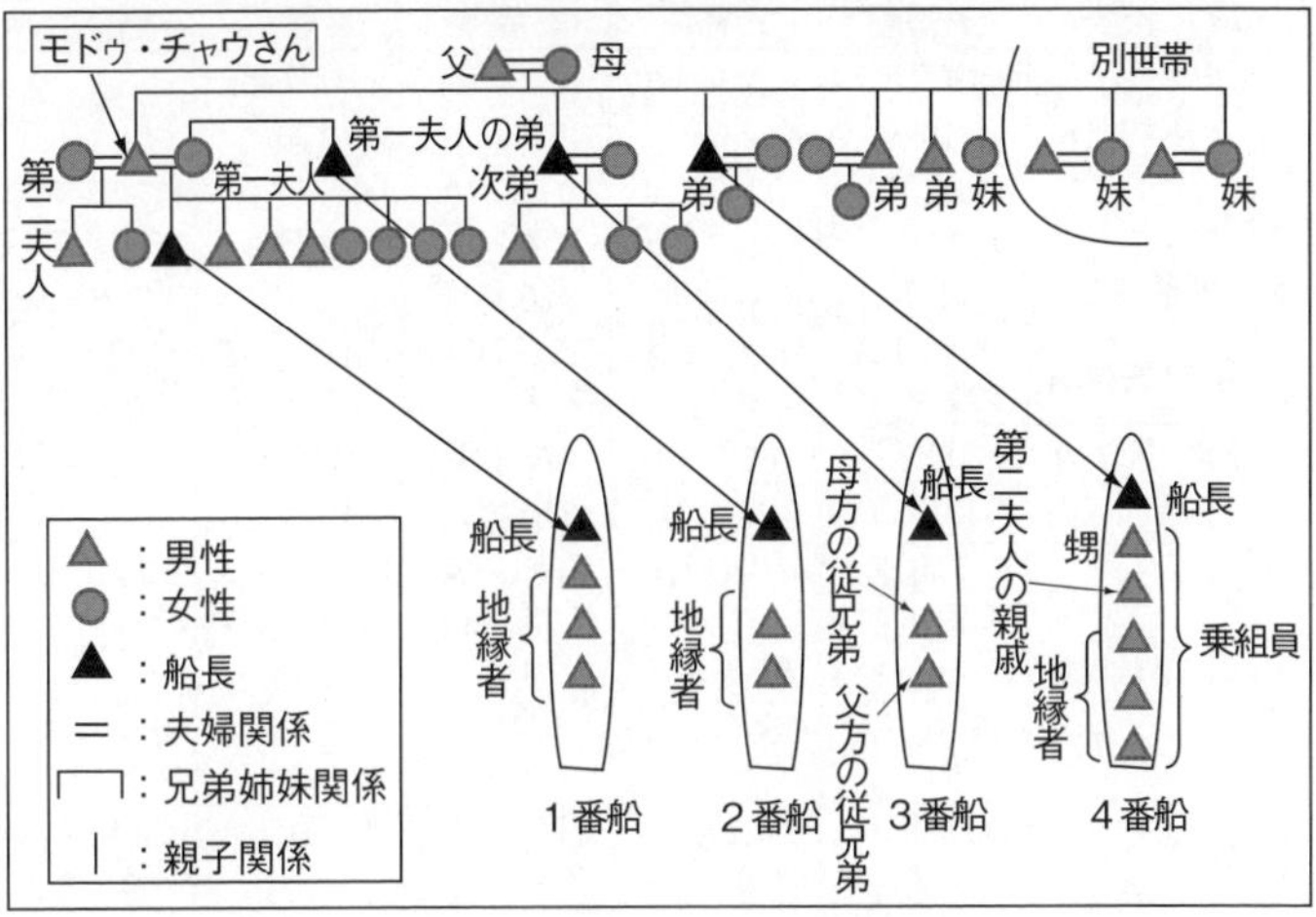

族経営の把握をより重視したからだ。大家族漁家経営の実態を理解することで、その一部が独立したと考えられる小家族経営をより正確に理解できると考えた。

ここでは、聞き取りした漁家世帯のうち、漁家経営の実態をよく反映していると思われる大家族のチャウ家、小家族のジュフ家、および地曳網漁家のンジャイ家について検討する。

4　大家族の漁家経営

世帯と経営の規模

モドゥさんを中心とするチャウ家の家族構成を図16に示す。父母と彼の第一夫人、第二夫人とその子どもたち、四人の弟とその妻子、未婚の妹、第一夫人の未婚の弟という、合計三世代三〇人からなる。既婚の妹二人は生計が別のため、別世帯とした。こ

表３　チャウ家の生産財と操業形態

	項　目	１番船	２番船	３番船	４番船	４船経費合計
ピログ	建造年	1997年	2002年	2002年	2004年	
	寸法（全長）	10m	8m	8m	11m	
	価格	45万CFAフラン	10万CFAフラン（中古）	30万CFAフラン	90万CFAフラン	175万CFAフラン
	耐用年数	4年	4年	6年	5年	
	年間維持費	6.4万CFAフラン	7.5万CFAフラン	7.5万CFAフラン	8.8万CFAフラン	30.2万CFAフラン
船外機	購入年	2001年	2000年	2002年	2003年	
	馬力	15馬力	16馬力	8馬力	15馬力	
	価格	87.5万CFAフラン	無償（中古）	40万CFAフラン（中古）	111.9万CFAフラン	239.4万CFAフラン
	耐用年数	5年	最高5年	4年	5年	
	年間維持費	15万CFAフラン	15万CFAフラン	15万CFAフラン	15万CFAフラン	60万CFAフラン
漁具	総コスト	187.2万CFAフラン	207.2万CFAフラン	70万CFAフラン	208万CFAフラン	672.4万CFAフラン
	耐用年数	1〜6年	1〜6年	2年	1〜6年	
	年間維持費	82万CFAフラン	90万CFAフラン	35万CFAフラン	91.1万CFAフラン	298.1万CFAフラン
操業形態	漁法	コウイカ三枚網漁＋マダコ手釣り漁	コウイカ三枚網漁＋マダコ手釣り漁＋コウイカ篭漁	ヤシガイ刺網漁＋マダコ手釣り漁	コウイカ三枚網漁＋マダコ手釣り漁	
	水揚げ地	ガンビア、ジフェール	ソモン	ニャニン	ガンビア、ジフェール	
	操業タイプ	季節移動型	季節移動型	定着型	季節移動型	

の大家族世帯で四隻の動力ピログによる漁家を経営する。

一番船はモドゥさんの長男が船長を務め、三人の乗組員はいずれも村の地縁者だ。二番船の船長は第一夫人の未婚の弟であり、二人の乗組員は村の地縁者である。三番船はモドゥさんの次弟が船長を務め、二人の乗組員は世帯を別にする血縁者だ。四番船の船長はその下の弟で、五人の乗組員のうち二人が血縁者、三人が地縁者となっている。

一番船から四番船までの

詳細と操業形態を表3に示す。ピログの耐用年数は操業形態や稼働率、維持管理方法によって異なるものの、おおむね四～六年である。これはおもに舷側板《げんそくばん》の耐用年数で、竜骨は一〇年ほどの使用に耐える。[18] 舷側板が耐用年数に達すると、船体を解体し、竜骨を残して新たな船体を建造する。竜骨には天然木を刳《く》り舟のように削りだしたものが用いられ、その上に舷側板をせり上げていき、内側からＵ字型の板を張って補強する。船体維持のため、半年ごとに船体を乾燥させ、ペンキを塗り直す。船外機の耐用年数は四～五年だ。二週間ごとにオイルの交換、一カ月ごとにプラグの交換、三カ月ごとに定期点検が必要であり、それだけで年間一〇万ＣＦＡフランを要する。

コウイカ三枚網漁の漁具は、ナイロン二一〇ｄ／九本、[19] 目合(網目の大きさ、結節から結節までの長さ)九㎝の身網(網具の本体となる網)の両側に、目合四四㎝の外網を張り付けたものだ。一反二四ｍの網具八反を一カ統とし、一番船と二番船で各九カ統、四番船で一〇カ統の網具を備える。一反あたり製作コストは二・六万ＣＦＡフラン、耐用年数は身網が一年、外網が二年、付属具(ロープや浮きなど)が六年だ。コウイカ三枚網漁具の年間維持費は、一番船と二番船で各八二万ＣＦＡフラン、四番船で九一・一万ＣＦＡフランとなる。

ヤシガイ底刺網漁には、対象種に応じて二種の漁具がある。小型のヤシガイ‐2用はナイロン二一〇ｄ／六本　目合九㎝の網を一反あたり二三ｍに仕立て、大型のヤシガイ‐1用はナイロン二一〇ｄ／四八本　目合二〇㎝の網を一反あたり二四ｍに仕立てる。三番船では、後者の網具四反を一カ統とし、二〇カ統の漁具を備える。一反あたり製作コストが八七五〇ＣＦＡフラン、耐用年数が

図17　チャウ家の各船の年間操業カレンダー

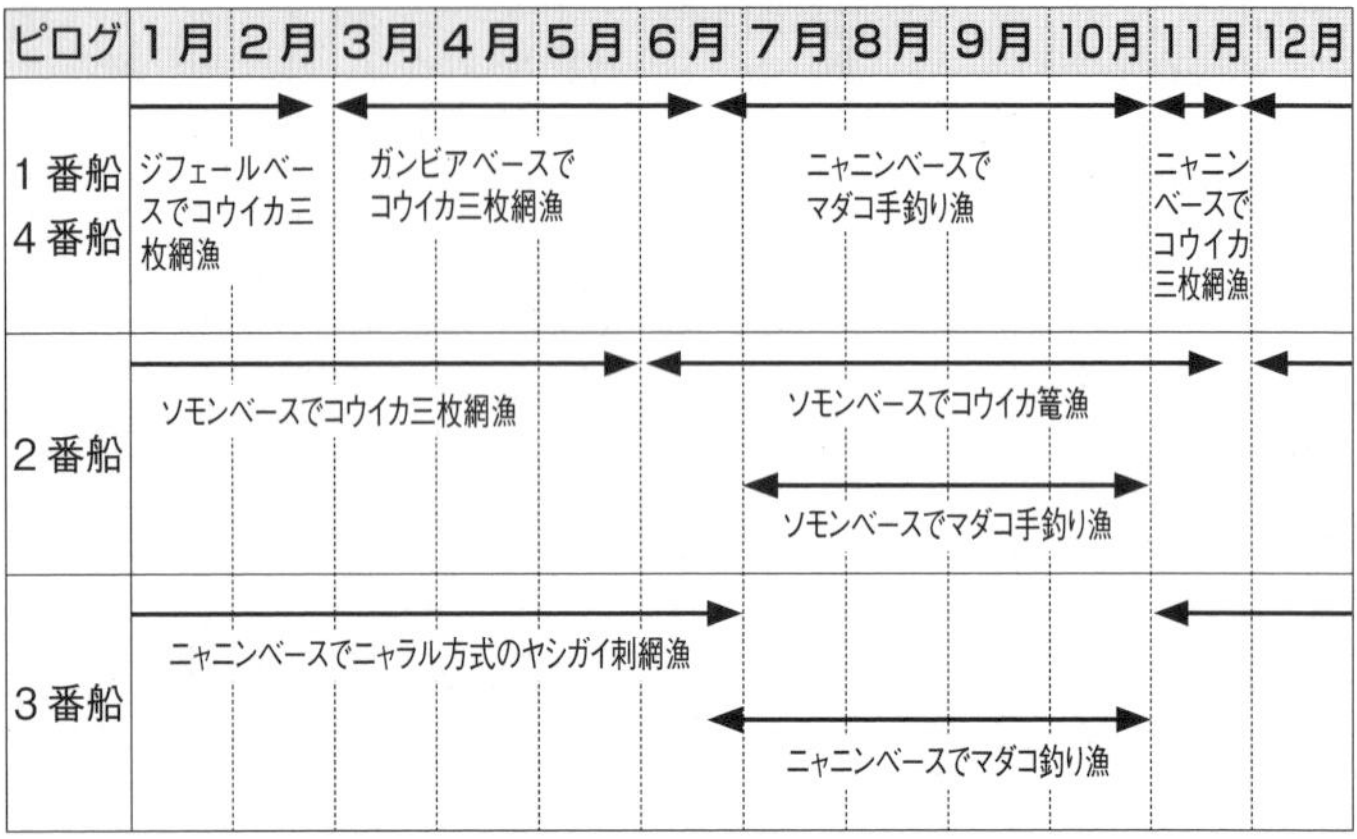

二年、年間維持費は三五万CFAフランである。

まとめると、チャウ家の生産財への投資額はピログ一七五万CFAフラン、船外機二三九・四万CFAフラン、合計四一四・四万CFAフラン(約八六万円)である。年間維持費は、ピログ三〇・二万CFAフラン、船外機六〇万CFAフラン、網具二九八・一万CFAフラン、合計三八八・三万CFAフラン(約八一万円)となる。ここでは、漁具コストを生産財の投資額ではなく、年間維持費に計上した。漁具は全体を一度に転換するというより、部分的に取り替えていくのがふつうだからだ。なお、マダコ釣りに用いられるジグ(錘《おもり》に釣針を植え込んだ分銅針。一一三ページの写真参照)の製作コストは少額のため省略した。

操業の形態

四隻のピログのうち一、二、四番船の三隻は季節的にソモン(Somone)やジフェール、ガンビアへ移動して基

底刺網漁でヤシガイを獲る(2004年7月31日撮影)

地操業を行い、三番船のみは周年ニャニン村にとどまって操業を続ける(図17)。

一番船と四番船は、一二〜二月の寒期にジフェールを基地にコウイカ三枚網漁を行い、三〜六月にガンビアへ移動する。基地操業のあいだに漁獲した水産物は、ジフェールやガンビアなど出漁地の浜で水揚げを行う。六月末、マダコの漁期が始まると、ニャニン村に帰ってマダコ手釣り漁に従事し、一一月にはコウイカ三枚網漁に転換する。

二番船は年間を通してソモンで基地操業する。一二〜五月はコウイカ三枚網漁に着業し、六〜一一月にコウイカ篭漁に転換する。この時期はマダコ手釣り漁を併用する。ニャニンからさほど遠くないソモンで、周年にわたって基地操業するのは、仕事に集中して水揚げを伸ばすことができるからだ。本拠地であるニャニン村では雑事[20]が多く、出費がかさんでしまう。

三番船は他のピログと異なり、周年ニャニン村に定着して操業し、マダコの漁期に手釣り漁に転換する以外、ニャラル方式でヤシガイ底刺網漁に従事する。操業形態が他船と異なるのは、両者のあいだに運用目的の違いがあるからだ。この点について次に説明しよう。

各船の役割と収益の分配

チャウ家ではヤシガイ用の網具を二〇カ統所有し、これとは別に、乗組員である二人の従兄弟がそれぞれ八カ統と六カ統を独自に所有している。たとえば、今日チャウ家の二〇カ統を網揚げしたとすれば、明日は従兄弟の一四カ統を網揚げし、明後日は休漁するというパターンが繰り返される。チャウ家の二〇カ統で漁獲される生産物は同家の収入となり、二人の従兄弟がそれぞれの網具で収獲した生産物は従兄弟世帯(生計は別)の収入になる。

三番船の船長である次弟は、ヤシガイ漁の収益で大家族三〇人の日々の生活費をまかなう責任を負う。家族の一カ月の生活費は二二・三万CFAフランと見積もられる[21]。次弟はこの責任を果たすため、ときにピログに観光客を乗せて日銭を稼ぐこともあるが、それだけでは十分でないため、大家族の家計を裁量するモドゥさんは、三カ月ごとに一〇万CFAフランを他船の収益から補充しなければならない。

マダコ漁の時期になると、チャウ家のすべての船がニャニン村の地先でマダコを釣る。この時期

マダコ釣り用の手製ジグ(2004年8月10日撮影)

の家族の生活費は、すべての船から均等に供出される。この時期三番船でも大仲歩合制[22]が採用され、毎日の水揚げ金額から燃油代などの大仲経費を差し引き、残額をピログ一代《しろ》、船外機一代、船長一代、乗組員二人に各一代、合計五代で分配する[23]。

チャウ家が得る収入は、ピログと船外機の二代に船長の歩合一代を加えた三代である。この三代のなかから一カ月あたり九万CFAフランを家計費として供出する。一番船と二番船からも同様に各九万CFAフランを供出し、合計二七万CFAフランとして、家族一カ月分の家計費に充当する(二〇〇四年六月に新造された四番船は、調査時点でマダコの漁期を経ていないため、ここでは含めていない)。

季節的に移動して基地操業する三隻は、各船の操業期間に要した大仲経費を差し引き、三隻分の収益金を一括して、年に数回、操業の区切りで分配する。その方法は、ピログ一隻につき一代(計三代)、船外機一台につき一代(計三代)、船長と乗組員各一代(計一三代)、合計一九代で分配する。チャウ家が得る収入は、ピログ三隻と船外機三台と船長三人の歩合を合わせた合計九代となる。船長と乗組員の歩合に差はなく、全船均等分配となっている。

年に数回の分配は、イスラムの祝祭日[24]にあわせて行われることが多い。これらの時期には衣服が新調され、ご馳走が振る舞われる。こうした現金収入の必要性に対応する形で、季節移動型の三隻は運用される。

操業経費と収益

大家族漁家が年間に要する漁業経費と見込まれる収益を漁船ごとにみてみよう。操業経費と水揚げ金額の算定では、断片的な経営帳簿と水揚げ記録にモドゥさんからの聞き取り結果を加味し、推定値を求めた(表4)。

一番船――二〇〇三年一二月初旬から二〇〇四年二月下旬までジフェールを基地に操業し、その後六月二〇日までガンビアに出漁。水揚げ金額が不明なため、操業経費と粗利益額からコウイカ三枚網漁の水揚げ金額を算定した。

二番船――帳簿上の収支が明確な二〇〇四年三月初旬から六月二〇日までに要した操業経費と水揚げ金額にマダコ漁期の水揚げを加味して[25]、年間の操業経費と水揚げ金額を求めた。この間の

表4　チャウ家の操業経費と収益

（単位：CFA フラン）

項目		1番船		2番船		3番船			4番船		4船合計
		コウイカ三枚網漁	マダコ手釣り漁	コウイカ三枚網漁	マダコ手釣り漁	ヤシガイ刺網漁		マダコ手釣り漁	コウイカ三枚網漁	マダコ手釣り漁	
		基地操業	ニャニン	ソモン基地操業		従兄弟の操業	チャウ家の操業		基地操業	ニャニン	
操業日数		160日	80日	160日	80日	75日	75日	90日	160日	80日	240日
操業経費	燃油代	1,135,800	480,000	560,000	480,000	247,500	247,500	540,000	1,135,800	480,000	5,059,100
	食費	720,000	80,000	480,000	240,000	22,500	22,500	90,000	720,000	80,000	2,432,500
	船体・船外機維持費	227,000	113,500	150,000	75,000	70,313	70,313	84,375	158,700	79,300	958,188
	漁具維持費	820,000	57,152	900,000	42,864	245,000	350,000	48,222	911,000	85,728	3,214,966
	家賃	50,400	0	40,000	20,000	0	0	0	75,600	0	186,000
	入漁税	100,000	0	0	0	0	0	0	140,000	0	240,000
	その他	0	0	320,000	160,000	0	0	0	0	0	480,000
	合計	3,053,200	730,652	2,450,000	1,017,864	585,313	690,313	762,597	3,141,100	725,028	12,570,754
操業利益	水揚げ金額	5,479,600	1,280,000	2,974,000	1,280,000	1,087,500	1,522,500	1,440,000	5,567,500	1,280,000	20,823,600
	粗利益	2,426,400	549,348	524,000	262,136	502,187	832,187	677,403	2,426,400	554,972	8,252,846
	利益率	44%	43%	18%	20%	46%	55%	47%	44%	43%	40%
	漁業粗収入	1,213,200	274,674	314,400	157,282	0	832,187	757,442	1,213,200	277,486	5,039,871

ソモンでの操業が失敗に終わったため、利益率は一八%と落ち込んだ。

三番船――ニャニン村に定着して操業し、チャウ家の日々の家計費を担う。ヤシガイ漁の水揚げ金額の算定には、二〇〇四年五月一四日～七月二九日の七二日間にニャニン村で水揚げした漁船の漁獲記録を用いて推定した(26)。

四番船――調査時点で就航後二カ月と日が浅く、一番船と同じ操業形態が計画されていることから、一番船の収支に準じて算定した。

図18　操業経費の内訳

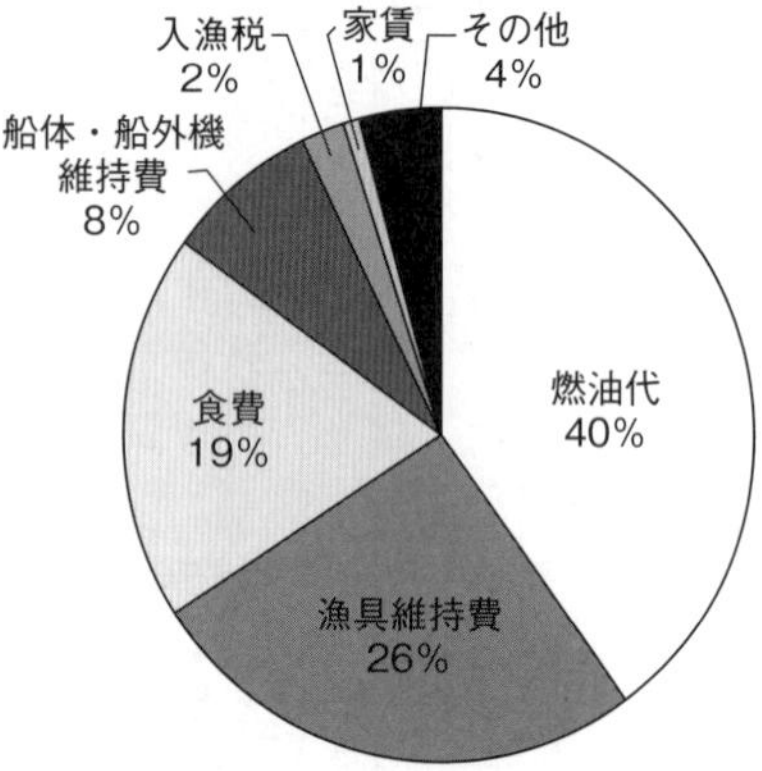

年間操業経費：1257万CFAフラン

資料：2004年の聞き取り調査による。

各操業経費の全体に占める割合をみると、燃油代が四〇%でもっとも高く、次いで漁具維持費(二六%)、食費(一九%)、船体と船外機の維持費(八%)、入漁税(二%)、家賃(一%)の順になっている(図18)。燃油代では、一番船と四番船がジフェールとガンビアへ出漁する八カ月間の出費が多く、四五%を占める。漁具維持費では、コウイカ三枚網の占める割合が八二%と高い。食費には、基地操業中の日々の食費とニャニン村で操業するときの船上でのおやつ代(27)を含んでいる。入漁税は、四カ月で乗組員一人あたり二万CFAフラン(ピログ一隻も一人分に計上する)をガンビア政府へ支払う。

チャウ家が運用する四隻のピログによる年間の操業経費は一一五七万ＣＦＡフラン（二六二万円）、水揚げ総額は二〇八二万ＣＦＡフラン（四三四万円）であり、粗利益は八二五万ＣＦＡフラン（一七二万円）、利益率は四〇％である。分配後チャウ家が得る粗収入は五〇四万ＣＦＡフラン（一〇五万円）となり、ピログと船外機の減価償却費（年間八六・六万ＣＦＡフラン）を差し引くと、四一七・四万ＣＦＡフラン（八七万円）が家計費に充当できる純収入となる。(28) いっぽう年間家計費をみると、三番船が家計費を負担する八カ月間が毎月二二一・三万ＣＦＡフラン、マダコ漁期の四カ月間が毎月二七万ＣＦＡフランなので、年間で二八六・四万ＣＦＡフラン（六〇万円）である。したがって、純収入から年間家計費を差し引いた残額の一三一万ＣＦＡフラン（二七万円）が経済余剰となる。

5　小家族の漁家経営

世帯と経営の規模

ジュフ家の家族構成は、夫婦と未婚の子ども九人の二世代一一人からなる。この小家族世帯で一隻の動力ピログを所有し、ヤシガイ底刺網漁とマダコ手釣り漁に着業する。船に乗るのは家長のジガンさんと、ともに一七歳になる年長の息子二人の合計三人である。他の子どもは幼く、就労年齢に達していない。

図19 ヤシガイ底刺網漁の漁具

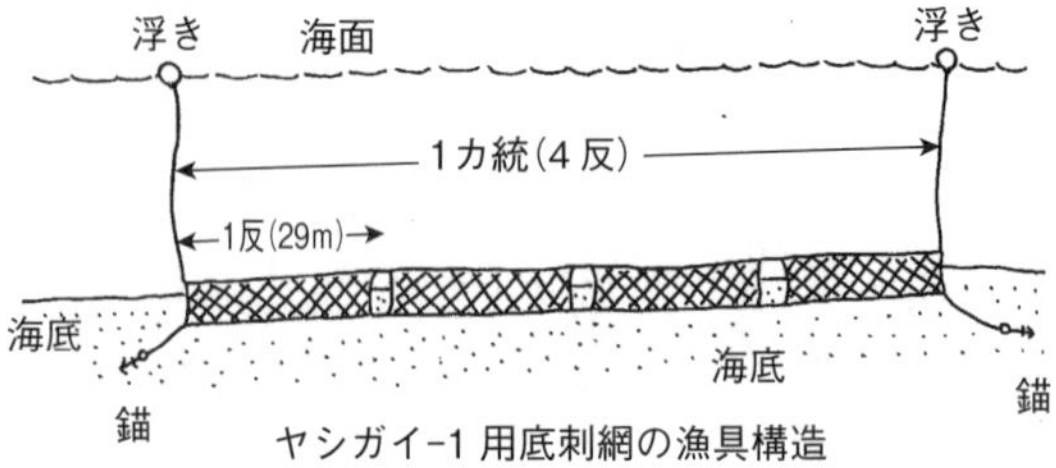

ヤシガイ-1用底刺網の漁具構造

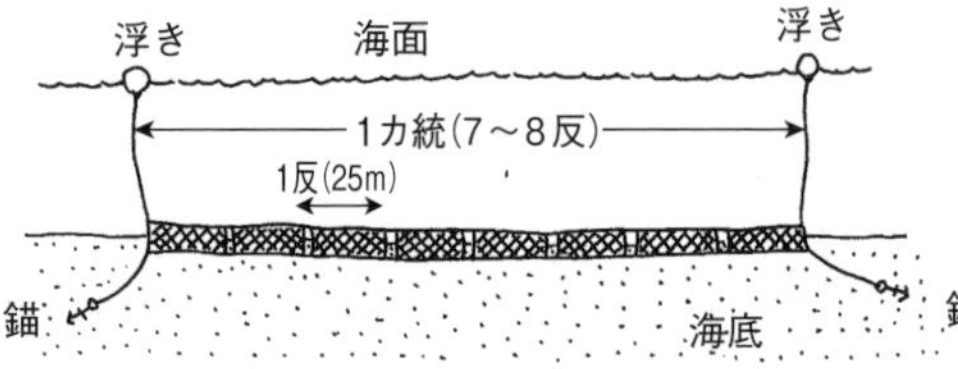

ヤシガイ-2用底刺網の漁具構造

ジガンさんは全長七mのピログを二〇〇一年に三七万CFAフランで新造した。船体の定期的な保守管理はいっさい行わず、維持費をかけない。このため、船体の耐用年数は三年と短い。一五馬力船外機は二〇〇二年に三六・五万CFAフランの中古品を購入した。船外機の年間維持費はオイルやプラグの交換と修理費に三五・四万CFAフランを要し、耐用年数は四年である。

ヤシガイ-1用とヤシガイ-2用二種の底刺網を用いる。前者は、一反二九mを四反つないで一カ統とし、二三カ統を所有する(図19)。一反の製作コストは一万CFAフランなので、製作コストは九二万CFAフランだ。二年間の使用に耐えるので、年間維持費は四六万CFAフランとなる。後者は一反二五mを七〜八反つないで一カ統とし、四カ統を所有する。一反あたり製作コストは一万一五〇〇CFAフラン、四カ統で三四・五万CFAフラン、耐用期間は一年である。マダコ釣りのシーズンになると、一〇ユニットのジグ(疑似餌釣具)を毎日持参する。一ユニットの製作コストは一〇〇〇C

ＦＡフランで、一シーズンあたりの釣り具経費は三・四万ＣＦＡフランとなる。

操業経費と収益

年間を通してニャニン村をベースに、ニャラル方式でヤシガイ底刺網漁に着業し、夏場のマダコシーズンになると手釣り漁を併用する。ちょうどチャウ家の三番船と同じ操業パターンである。年間操業日数をヤシガイ底刺網漁一五二日、マダコ手釣り漁六〇日、合計二一二日として、操業経費と収益を算定したものが表5である。水揚げ金額の算定にあたっては、既述（一四一ページ（25）（26）参照）の標準生産量に漁具の使用量（一反あたりの長さと反数）と操業日数を加味した。

表５　ジュフ家の操業経費と収益（単位：CFAフラン）

項目		ニャニン定着型		合計
		ヤシガイ底刺網漁	マダコ手釣り漁	
操業日数		152 日	60 日	212 日
操業経費	燃油代	684,000	270,000	954,000
	おやつ代	0	60,000	60,000
	船体・船外機維持費	253,811	100,189	354,000
	漁具維持費	805,000	34,000	839,000
	その他	76,000	30,000	106,000
	合計	1,818,811	494,189	2,313,000
操業利益と分配	水揚げ金額	3,589,368	960,000	4,549,368
	粗利益	1,770,557	465,811	2,236,368
	利益率	49%	49%	49%
	２人の息子への小遣いと分配金	142,000	232,906	374,906
	漁業粗収入	1,628,557	232,906	1,861,463

ヤシガイ漁では、操業経費一八二万ＣＦＡフラン（三八万円）、水揚げ金額三五九万ＣＦＡフラン（七五万円）、粗利益一七七万ＣＦＡフラン（三七万円）である。乗組員である二人の息子への分配はせず、帰漁ごとに一人五〇〇ＣＦＡフランの小遣いを与え

る。残った収益は家計費に充当される。

いっぽうマダコ手釣り漁では、息子に分配金が与えられる。シーズンあたり操業経費四九万CFAフラン(一〇万円)、水揚げ金額九六万CFAフラン(二〇万円)、粗利益四七万CFAフラン(一〇万円)のとき、ピログ一代、船外機一代、二人の息子に各一代、合計四代で分配されるので、息子一人あたりの分配金は一一・六万CFAフランとなる。このとき、父親である船長への分配はない。ジュフ家に限ったことではなく、自分の息子でも分配金がないと労働意欲が湧《わ》かず、船に乗りたがらない風潮にある。

以上の結果から、ジュフ家の漁業粗収入は一八六万CFAフラン(三九万円)になり(表5)、ピログと船外機の減価償却費(年間二一万CFAフラン)を差し引くと、一六五万CFAフラン(三四万円)が家計費に充当できる純収入である。

家計の黒字戦略

一一人家族の年間家計費は、一七七・二万CFAフラン(三七万円)と見積もられる。その内訳は食費一二七・八万CFAフラン、学費二万CFAフラン、祝祭費一二・五万CFAフラン、慶弔費二万CFAフラン、嗜好品費三三万CFAフランとなっている。純収入から年間家計費を差し引くとマイナス一二・二万CFAフラン(二・五万円)で、経済余剰はマイナスとなる。

そこで、一家の漁業外収入をみてみよう。ジガンさんの妻は家庭内での食事の準備や掃除、洗濯、

ニャニン村の浜で天日干しされるヤシガイ（2003年12月2日撮影）

育児などのシャドーワークのほかに、ヤシガイの加工・販売に従事している。夫の船ではヤシガイ－1用の網具を二三カ統所有しているが、そのうち四カ統の網具は妻に帰属する。妻の網具で漁獲されたヤシガイは船上で分別され、帰漁後に妻へ引き渡される。妻はそれを乾燥加工して販売し、自らの収入とする。妻は家計費の担い手にはならず、彼女の収入は表5に含まれていない。妻はその収入で自分や子どもたちの衣服を新調し、仲間うちの講(29)や日々の交際費として用いる。

ジガンさんは自らの網具（一九カ統）で漁獲したヤシガイを通常、生鮮状態で仲買商や加工業者へ販売する。しかし、大量のヤシガイが漁獲された場合は、その一部を妻に渡し、加工と販売を依頼する。ここでは、夫の漁労と妻の加工・販売に要した労働が等価交換されている。

地元でイェットと呼ばれるヤシガイ－１は、そのままではえぐ味があるらしく、貝殻を割って身を取り出したあと、地面を掘った穴に数日間埋めて発酵させる。こうすることで、えぐ味が抜けるという。その後、土を洗い落として身を切り開き、日干し乾燥させて、商品になる。この発酵工程ゆえか、独特の臭いがある。セネガルの国民食といえるチェブジェン（魚とご飯の意）や、オクラと肉や魚を煮込んで作ったねっとりと、とろみの強いスープを白いご飯にかけていただくスープ・カンジャ（カンジャはオクラの意）など、さまざまなセネガル料理の調味料の一種として、イェットの乾燥品は欠かせない(30)。

ヤシガイの乾燥加工品は通常、身を切り開いて二～三日間日干し乾燥させるが、長期間の乾燥工程を経たものほど高値で取り引きされる。たとえば、二～三日の乾燥工程を経た製品が四五〇ＣＦＡフラン／kgで取り引きされるのに対し、四カ月の乾燥工程を経た製品は七五〇ＣＦＡフラン／kgになる。

ジガンさんは二〇〇三年、四カ月間保存加工したヤシガイ製品六六七kgを七五〇ＣＦＡフラン／kgで販売し、五〇万ＣＦＡフラン（一〇万円）の漁業外収入を得た。四カ月間に何％の水分が蒸発するのか不明だが、仮に三〇％とすれば、漁獲後二～三日加工した製品九五三kgが四三万ＣＦＡフランで販売されるところ、四カ月間保存加工して五〇万ＣＦＡフランで販売されたので、価値が一六％上昇したことになる。

ジガンさんはこれまで、ピログや船外機の更新をすべて自己資金でまかなってきた。金融機関や仲買商に融資を申し込んだことは一度もない。私が聞き取りした二〇〇四年には、保存中の製品を販売することで、七五万CFAフランの漁業外収入を見込んでいた。その収入でピログを新造するのだとジガンさんは語った。

6 地曳網漁家の経営

世帯と経営の規模

ンジャイ家は一九五〇年代にルフィスク近郊のバルニーからニャニン村へ移り住んだレブ族の一家である。そう、あのロム爺さんが住む漁師町だ。三人の兄弟がニャニン村に移り住んでから五〇年が経過し、家族は七世帯一四〇人に膨らんだ。七世帯のうち漁業に従事するのは四世帯で、他の三世帯は木工業や洋裁業を営んでいる。漁業を営む四世帯のうち、三世帯はヤシガイ底刺網漁とコウイカ三枚網漁を兼業し、残る一世帯が地曳網漁に着業している。ここでは、地曳網漁を営むアルブリ・ンジャイさん一家の漁家経営を検討する。

ンジャイ家の家長アルブリさんは、一九五〇年代にニャニン村へ移り住んだ父親の長男である。彼の一家は現在二隻のピログを保有し、二人の息子がそれぞれの船長を務める。一隻はエビ地曳網漁、一隻は魚地曳網漁に着業する。前者の乗組員数は二〇人、船長を除く三人が世帯を別にする血縁者、残る一六人は地縁者である。後者の乗組員数は三〇人、船長を除く三人が世帯を別にする血

表6　アルブリ・ンジャイ家の生産財と操業形態

項目		エビ地曳網船	魚地曳網船	2船経費合計
ピログ	建造年	2002年	2002年	
	船寸法(全長)	8 m	11 m	
	価格	70万CFAフラン	80万CFAフラン	150万CFAフラン
	耐用年数	5年	5年	
	年間維持費	10万CFAフラン	10万CFA フラン	20万CFAフラン
船外機	購入年	2004年	2003年	
	馬力	8馬力	15馬力	
	価格	30万CFAフラン(中古)	15万CFA フラン(中古)	45万CFAフラン
	耐用年数	2.5年	3年	
	年間維持費	15万CFAフラン	33.2万CFAフラン	48.2万CFAフラン
漁具	総コスト	260万CFAフラン	391万CFAフラン	651万CFAフラン
	耐用年数	2〜10年	2〜10年	
	年間維持費	67万CFAフラン	101万CFAフラン	168万CFAフラン
操業形態	漁法	地曳網	地曳網	
	水揚げ地	ニャニン、ジョアル	ニャニン、パルマレン	
	漁獲対象	エビ類	底魚類	

縁者、残りの二六人が地縁者となっている。

アルブリさん一家が所有する生産財を表6に示す。地曳網漁は網具が大きく、乗組員数も多いため、ピログや船外機の耐用年数が短いと認識されている。地曳網具は、エビ用が長さ四〇〇m、深さ一二mなのに対し、魚用が長さ六〇〇m、深さ一六mと大きい。耐用年数は網地二年、綱類六年、付属具一〇年と、部位により異なる。アルブリさん一家が二カ統の地曳網漁を実施するための生産財投資額は、動力ピログに一九五万CFAフラン(四一万円)、網具に六五一万CFAフラン(一三六万円)、合計八四六万CFAフラン(一七六万円)である。また、それらの年間維持費として二三六万CFAフラン(四九万円)を要する。

図20 アルブリ・ンジャイ家の年間操業カレンダー

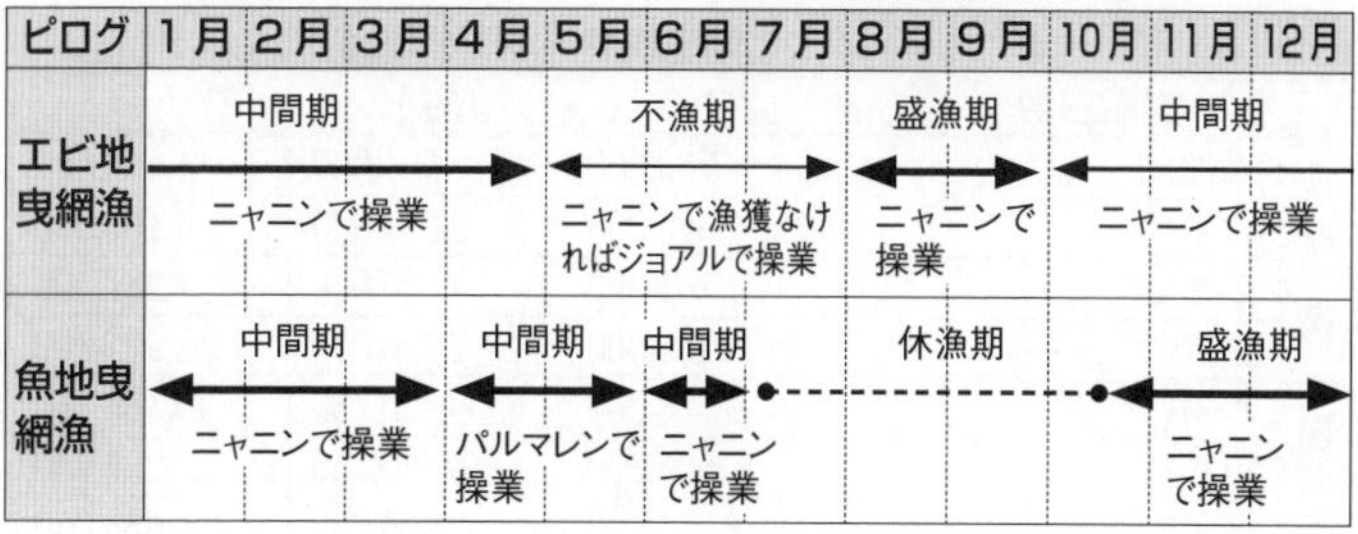

操業の形態

エビ地曳網漁は周年ニャニン村近郊の漁場で操業する。ただし、不漁期の五～七月に漁獲がないと、ジョアルへ移動する場合がある。この時期のエビは小さいが、八～九月の盛漁期を迎えると大きくなり、漁獲量も増える。一〇月以降の漁獲量は減少するものの、漁獲されるエビは大きくなる。五～六月は乾期の終わりから雨期の始めにあたり、八～九月は雨期の最盛期になる。一〇月になると、雨期は終わりを告げる。降雨量とエビの漁獲には相関関係があるようだ(図20)。操業は一日四～五時間、干潮の時刻にあわせて四～五回の投・揚網を繰り返す。

魚地曳網漁は一〇月下旬～六月に行い、雨期が始まる七月から休漁する。これは、乗組員の多くが農業にも従事しており、雨が降り出すと農作業に忙しくなるからだ。ニャニン村近郊の水深七mまでの沿岸域が漁場となり、一一～一二月が盛漁期、一～三月が中間期に位置づけられる。四～五月は南方のパルマレン(Palmarin)へ移動し、寝泊まりしながら基地操業する。パルマレン沖は浅瀬が沖合に伸び、操業可能な水域が広がっている。操業は一日六～七時間、数回の投・揚網

表7　アルブリ・ンジャイ家の操業経費と収益　（単位：CFAフラン）

項目		エビ地曳網漁	魚地曳網漁	合計
操業日数		261日	169日	
操業経費	燃油代	783,000	691,000	1,474,000
	食事代	2,088,000	2,079,000	4,167,000
	その他	261,000	20,000	281,000
	合計	3,132,000	2,790,000	5,922,000
操業利益と分配	水揚げ金額	9,738,000	9,420,750	19,158,750
	粗利益	6,606,000	6,630,750	13,236,750
	網主配当額	2,754,000	2,900,250	5,654,250
	乗組員配当額	3,852,000	3,730,500	7,582,500
	1乗組員あたり配当額	192,600	124,350	316,950
	漁業粗収入	2,946,600	3,024,600	5,971,200

を繰り返す。

操業経費と収益

アルブリさんからの聞き取りに基づいて、一家の操業経費と利益を算出した（表7）。年間操業経費五九二万CFAフラン（一二三万円）のうち、七〇％を占める食費がもっとも大きい。チャウ家やジュフ家の場合、燃油代が四〇％を占め、最大の費用項目になっているのと異なっている。これは、地曳網漁が労働集約的な作業であり、作業後に全員で食事をとる習慣があるからだ。

乗組員メンバーの入れ替わりが頻繁なため、水揚げ金の分配は毎日行われる。水揚げ金額からその日の大仲経費を差し引き、残額の三分の一を網主へ、三分の二を乗組員へ配分する。網主の取り分が三分の一になったのは、一九九九年以降である。それ以前は、残額の二分の一だった。そのころ、ピログと船外機の所有者への歩合金がなくなる。乗組員への十分な歩合金を確保できなくなってきたからだ。その代わり、盛漁期には網主の取り分を従来どおり二分の一にもどす調整が行われる。通常、エビ地曳網漁の八〜九月、魚地曳網漁の一一〜一二月が、その時期にあたる。

エビ地曳網漁も魚地曳網漁も分配方法は同様であり、船長と乗組員への配当はすべて均等分配だ。不漁のため水揚げ金額で経費をまかなえない場合、網主がその損失を負い、翌日の分配に持ち越さない。乗組員が毎日入れ替わるためである。沿岸資源の悪化にともなう漁獲量の減少は、地曳網漁家に厳しい経営対応を迫っている。

アルブリさん一家の漁業粗収入は、網主配当と船長を務める二人分の配当をあわせた五九七万CFAフラン（一二四万円）である。そこから、網具の維持費一六八万CFAフラン（三五万円）と動力ピログの維持費および減価償却費となる一一五万CFAフラン（二四万円）を充当しなければならない。家計費へ充当可能な純収入は三一四万CFAフラン（六五万円）と算定される。

7　漁家経済の環境と課題

三層構造の営漁形態

ニャニン村の漁家経済は三層構造の営漁形態を擁し、それが安定した漁家経営を支えている。

第一は、定着操業型のヤシガイ底刺網漁である。ニャニン村の地先海域は水深二・三〜五mの浅瀬堆が広がり、ヤシガイの好漁場を形成している。ジョアルやウンブールなど周辺の漁民もニャニン沖の漁場で操業する。ヤシガイは、遊泳力のある魚類に比べ定着性が強いから、漁家にとって安定収益が見込める資源である。このためヤシガイ底刺網漁は、漁家の日々の家計費をまかなう重要な生計手段となっている。チャウ家で家計費調達の役割を担うのは、周年ニャニン村に定着してヤシガイ底刺網漁にたずさわる三番船である。かつてニャニン・ポスト地区の漁家の多くが農業を兼業していたころ、世帯内部で食料の自給が可能だった。一九八〇年代に漁家の専業化が進むなかで、世帯内での自給は困難となり、家計費調達船の役割が拡大する。現金経済の浸透も、その傾向を助長した。それを支えたのが定着操業型のヤシガイ底刺網漁である。

第二は、季節移動型のコウイカ三枚網漁である。セネガルでは人口稠密の北部から南部への漁民移動が社会現象化している。河川水の流出が多い南方海域が、水産資源の豊富な漁場を形成しているからだ(八一ページ参照)。モドゥさんが一九七〇年代なかば以降にガンビアやカザマンス沖へ出漁したのは、その現象のひとつである。イスラム祝祭日が近づくと季節移動型の出漁船は一斉に村へ帰漁し、家族のメンバーが顔をそろえて無事を祝う。衣服が新調され、ご馳走が用意される。そうした生活の節目を支えるのが、季節移動型のコウイカ三枚網漁である。

第三は、夏場のマダコ手釣り漁である。マダコの漁期が始まると南方海域へ季節移動していたピログも村へ帰漁し、輸出商材となるマダコにねらいをしぼって、地先の漁場で漁獲する。この時期は、日頃漁業に携わらない人びとまでもピログに乗り、小遣い銭稼ぎに奔走する。漁村のキャッシュフローが増す時期である。漁具にほとんど元手がかからず、年によってマダコが大量発生し、一攫千金をねらうチャンスであることが、この傾向に拍車をかけている。日頃わずかな小遣い銭をもらって働くジュフ家の二人の息子が、この時期に限って歩合制による配当を受けられるのも、この風潮と無縁ではない。漁家にとっては、経営のキャッシュフローを嵩上げする好機となる。

ニャニン村の漁家は営漁計画にこの三層構造を組み込むことで、年間を通して安定した経営を実現するとともに、生活の節目で必要となる現金支出に備える体制を整えている。三層構造を可能にする背景として、いくつかの理由が考えられる。

第一は、漁場生態的な特質である。前浜に豊富なヤシガイ漁場が広がる立地、南方に河川水が流出するガンビア沖やカザマンス沖という底魚資源の豊富な漁場をひかえるセネガル特有の漁場配置、さらにマダコが夏場に沿岸一帯で大量発生するアフリカ西岸域の海域特性。これら三つの自然特性が重層的に存在し、特有の漁場生態を形成している。

第二に、村落経済的な理由があげられる。政府による輸出主導型生産構造への後押しもあり、国内ではコウイカやマダコ、白身の底魚類など、輸出向け水産物を生産現場から首都近郊の水産物輸出会社へ結びつける流通網が整備されてきた。漁村内部では、鮮魚を取り扱う魚商人（鮮魚仲買人）と漁民とのパトロン―クライアント関係が形成され（第4章参照）、漁民は輸出向け魚種の漁獲によって現金を入手できる環境が整ってきたことである。もちろん、それは輸出向け水産物に限らず、ヤシガイなど国内消費向けの水産物流通でも、異なる流通経路を介して同時に存在してきた。

第三は、村落社会的な理由である。セネガル社会への商品経済の浸透と、その流れのなかで進行する漁業専業化により、漁民は年間を通した漁船の稼働が可能になったと同時に、そうせざるを得ない状況に立ち至ったことが、結果的に三層構造の営漁形態をつくり出してきたと言えるのではないだろうか。

漁家の資本蓄積

大家族漁家と小家族漁家の家計収支を比較し、漁業投資を可能にする経済余剰がどのように発生しているかを考えてみよう。

四隻のピログを運用する大家族漁家のチャウ家では、年間一三一万CFAフラン(二七万円)の経済余剰が発生している。二番船の経営収支の算定に用いた二〇〇四年三〜六月の基地操業で、利益率が一八%と落ち込んでいることを加味すれば(その他のピログでは四三〜五五%)、通常の経済余剰はさらに上増しして考えてもよさそうだ。いっぽう一隻のピログを運用する小家族漁家のジュフ家では、年間の経済余剰は一二・二万CFAフラン(二・五万円)のマイナスになっている。四隻のピログを運用するチャウ家で、三番船がニャニン村に定着して操業することで家計を安定させ、他の三隻が現金収入の向上をめざして移動操業を行う分業体制の合理性が理解できる。

年間の操業経費と減価償却費の合計を漁業経費とし、家族構成員一人あたりの①漁業経費、②水揚げ総額、③家計費に充当できる漁家の純収入を求めると、大家族のチャウ家(家族構成員三〇人)では①四四・八万CFAフラン、②六九・四万CFAフラン、③一三・九万CFAフランである。

同様に小家族のジュフ家(家族構成員一一人)では、①二二・九万CFAフラン、②四一・四万CFAフラン、③一五・〇万CFAフランとなる。家族構成員一人あたりで換算すると、小家族漁家のジュフ家は大家族漁家チャウ家の五一％の漁業経費で六〇％を水揚げし、ほぼ同額の純収入を得ていることになる。(31)

ジュフ家で経済余剰がマイナスに落ち込んでいるのは、一人あたり年間家計費が一六・一万CFAフランと膨らんでいるからである(チャウ家では九・五万CFAフラン)。仮にチャウ家の一人あたり家計費をジュフ家の構成員数一一人で換算すれば一〇五万CFAフラン(九・五万CFAフラン×一一人)となり、ジュフ家が家計費に充当できる純収入が一六五万CFAだから、年間六〇万CFAフランの経済余剰が生まれる。

とはいえ、一人あたりの家計費を安く抑えられるのは大家族世帯のメリットだとも考えられるから、小家族漁家の家計費が大家族漁家に比べコスト高になることは避けがたい。いっぽうで小家族漁家ジュフ家は息子との共働きであり、前述の純収入のほかに、三七・五万CFAフランが二人の息子に支払われていて世帯内収入になっている点は、その相殺要素である。

漁家の資本蓄積に重要だと思われる水産物加工についても、ふれておきたい。熱帯の開発途上国では、往々にして水産物加工品が生鮮品より安価で取引される。それは水産物の保存性が極度に低く、日々の生産量の増減が著しい漁業特性にあって、余剰漁獲物を腐らせず、商品性を維持させるための行為として、水産物加工が行われてきた側面があるからだ。(32)ところが、ヤシガイの乾燥加工品には、それがあてはまらない。数日間乾燥させた製品より、長期間乾燥させて石のように固くなった製品が高値で取引されるからだ。

たとえば、小家族経営のジュフ家での聞き取りによれば、二〜三日乾燥させたヤシガイの加工品が一kgあたり四五〇CFAフランなのに対し、四カ月の乾燥工程を経た加工品が七五〇CFAフランで取引されている。乾燥による重量の減少分を勘案した四カ月後の付加価値の上昇率は一六%だ（一二二ページ参照）。これはジュフ家に限った現象ではなく、ニャニン村で行われるヤシガイ加工品の取引全般に言える。

当然、長期間保存の製品といえども価格は変動するから、漁家の経営者は高値の時期を見込んで自家のストックを放出する。そうして得られた収入で生産財が更新される場合が往々にしてある。好漁時に漁獲物の一部を加工してストックし、価格変動の好機に製品を放出できるヤシガイ加工品は、漁家経営にとって貯蓄の役割を果たしていると言えないだろうか。このことは、これまで増減する水産物出荷の調整機能として語られてきた伝統的な水産物加工に、新たな光をあてるものだ。たとえ伝統的な加工技術であっても、その用い方によって付加価値を高めることが可能だという点において。

漁家経営形態の変容

商品経済の浸透、漁業の専業化、個人主義の波及などで語られる近代化の潮流が、大家族制から小家族制への移行を促しているとすれば、漁村内部で進行する漁家の経営形態の変容はどのように位置づけられるのか。すでに分析したように、小家族漁家経営の資本蓄積が大家族漁家経営のそれに比べ、優れているとは必ずしも言えない。むしろ、世帯内で家計費の調達と現金収入の獲得という分業体制をとりやすい大家族漁家経営のほうが、資本蓄積の観点からすれば合理的なのではないか。この点について、私は漁村内部における漁民と魚商人の関係性を検討する必要があると考える。

ニャニン村の魚商人は、二〇〇一年には二人だったが、二〇〇四年八月時点で七人に増えている。そのなかでも有力なママドゥ・ジョップさんは、一七人の船主が所有する一七隻に対し、漁獲物を全面的に自らに販売することを条件に融資している。融資の対象は網具の更新費であり、動力船の更新費は対象外だ。一隻あたりの融資額は一二・五万～四〇万CFAフランであり、一七隻の総額で四四五万CFAフランになる。返済は、買い付ける漁獲物から一kgあたり一〇〇CFAフランを天引きする。

一七人の船主のうち三人は複数船の所有者であり、一四人は一隻の所有者だ。複数船の所有者である三人は大家族漁家の構成員と思われるが、ママドゥさんはその家長と必ずしも結びついているわけではない。大家族漁家の構成員の一人として、運用する複数船のうちの一隻を任される個人と結びついている。同じ大家族漁家に含まれる他船が、別の魚商人から融資を受けることもあり得る。つまり、魚商人と漁民の関係はピログという生産単位であって、漁家経営単位ではない。

漁村で活動する魚商人の数が増えることで、融資を受けて漁獲物を全面的にその魚商人へ販売する義務を負う傘下漁船の囲い込みが漁村内部で進行する。それは大家族漁家経営の枠組みを薄め、ピログという生産単位の責任者と魚商人の結びつきを強化させる方向に作用する。これが個人主義の波及とも結びついて、大家族漁家の一部が切り離されて小家族漁家に移行する傾向を助長している。

直面する沿岸資源の悪化

地先漁場の権利意識が未発達で、オープンアクセスの状態が続いてきたセネガルの沿岸漁村において、漁民は移動という手段によって経営対応を図ってきた。それは、地先の浅瀬からさらに沖合へという方向と、南方漁場へのシフトという形をとった。対象魚の回遊に応じて移動するまき網船や、高価格魚を求めて南方の河口域へ漁場シフトする延縄船や刺網船が、その好例である。ニャニン村では営漁の三層構造のなかに、南方漁場へのシフトを組み込む形で、経営の安定化を図った。しかし、漁業特性から漁場シフトが困難な漁業もある。その好例は、漁場が地先海面に限定される地曳網漁業であろう。したがって、地曳網漁家の経営環境を検討することで、その地域の沿岸資源の状況を類推できるのではないか。

地曳網漁家のアルブリ・ンジャイさん一家の経営環境は、年々厳しくなっている。同家の地曳網操業で網主への歩合が三分の一に減少したのは、一九九九年以降である。それ以前は現在の盛漁期と同様、操業経費を差し引いた残額の二分の一だった。そのころからピログと船外機の所有者配当がなくなる。乗組員への分配金が、あまりにも少なくなってしまったからだ。「五年以上前ならポケットにいつも五万CFAフランは入っていたものだが、いまはそういうわけにいかなくなった」というのは地曳網主の述懐である。その主因は日々の漁獲量の減少にある。

こうした資源の悪化を訴える沿岸零細漁民はセネガルに多い。JICA調査団が二〇〇三年に実施したアンケート調査（八一ページ参照）によれば、九八％の船主が「過去一〇年間に水産資源は減少した」と答えている。また、過去に発生した漁業紛争は、保護水域への侵入、資源の乱獲、禁漁期や禁漁区への侵犯など、水産資源の減少に対する危惧が原因になっている場合が多い。沿岸資源の状態をもっとも敏感に反映する地曳網漁家の現在の苦境は、漁場シフトで対応してきた他の多くの沿岸零細漁家の明日の姿かもしれない。

外部不経済をもたらす漁業構造

干ばつによる農業の不安定化や政府による漁業優遇策を背景に、セネガルの沿岸漁村では農業と漁業の兼業形態から漁業の専業化が進んできた。政府による輸出主導型生産構造への後押しもあり、漁獲物が生産現場から水産物輸出会社へ向かう流通網が整備され、漁村内部では漁民と魚商人のパトロン―クライアント関係のなかで傘下漁船の囲い込みが進行した。加速する商品経済の浸透や個人主義の波及など近代化の潮流は、漁村内部にさまざまな影響を及ぼしつつある。大家族漁家から小家族漁家への経営形態の変容もそのひとつだ。

漁家における経済余剰の分析結果から言えば、家計費の調達と現金収入の獲得という分業体制を漁家経営に組み込む大家族漁家のほうが、漁業操業が村の地先漁場にしばられがちな小家族漁家に比べ、経済余剰を生み出しやすい条件を備えている。この現実を考えれば、小家族漁家への経営形態の変容は、経済的合理性というよりも、むしろ漁村内部における漁民と魚商人のパトロン—クライアント関係の深化によって、ピログという生産単位の責任者と魚商人の結びつきが、大家族漁家経営の紐帯を凌駕した結果だと言えるのではないか。

このことが、今後どういう結果をもたらすだろうか。小家族漁家においても、営漁計画に南方漁場への出漁やマダコ手釣り漁への転換を組み込むことで、家計費の調達と現金収入の獲得という分業を取り入れることは可能だ。しかし、家族がひとつの漁村に住み続け、その漁村を拠点に活動する魚商人との関係が続くかぎり、その分業は不完全なものにならざるを得ない。

とすれば、大家族漁家経営による分業体制のなかで、運用漁船の南方漁場へのシフトが計画的に進められる状況に比べて、小家族漁家経営への移行には、地先漁場への漁獲圧力がより強化される危険性が含まれる。漁業管理体制の整備が遅れ、沿岸資源の悪化が危惧される現状を考えあわせるとき、政府が進める輸出主導型漁業構造への邁進が、資源生態的に外部不経済をもたらす可能性がある。

だからといって、私は大家族漁家経営への再転換や南方漁場への漁場シフトを強いて奨励しているわけではない。南方漁場へのシフトも、南方漁場を地先漁場とする地元漁民の視点に立てば、問題の所在は同じだからだ。根本的な問題の解決には、沿岸の水産資源を持続的に利用していくために必要な漁業管理の方策を見極め、それを有機的に機能させていく以外に方法はないのだろう。

（1）JICA国際協力総合研修所『開発途上国技術情報データシート　セネガル』一九九三年。
（2）ブライアン・フェイガン著、東郷えりか訳『古代文明と気候大変動——人類の運命を変えた二万年史』河出書房新社、二〇〇八年。
（3）小川了「農村から都市に出てきた女性たちはいかにして生活を防衛するか——セネガルの首都ダカールの場合」和田正平編著『アフリカ女性の民族誌——伝統と近代化のはざまで』明石書店、一九九六年、三八五～四二三ページ。
（4）嶋田義仁・松田素二・和崎春日編『アフリカの都市的世界』世界思想社、二〇〇一年、二六六ページ。
（5）『漁村振興計画における開発調査手法の研究　報告書』JICA農林水産開発調査部、一九九七年、二七ページ。筆者は第2章と第3章の執筆を担当した。
（6）図を作成するにあたり、以下の資料を用いた。一九八〇～二〇〇三年および二〇一〇年：海洋漁業局発行“Resultats Generaux des Peches Maritimes”(『海洋漁業生産統計』)、二〇〇四～二〇〇九年：国立統計局発行“*Situation Economique et Sociale du Senegal en 2009*”(『二〇〇九年のセネガル社会経済状況』)。
（7）『セネガル共和国零細漁業振興計画基本設計調査報告書』JICA、一九八八年、六ページ。
（8）一九九六年の動力化率は八〇％となっている。九七年以降、水産統計の分類方法が変更になったため、動力化率は不明である。二〇〇二年の国連報告によれば、九〇％に近いという(Dahou, K., and Deme, M., "*2002: Support Policies to Senegalese Fisheries*", United Nations Publication, UNEP/ETU/2001/7(Vol. II), p.31)。なお、免税措置の結果、零細漁民は小規模漁業目的の船外機を市価の八割で購入できる。

(9) ピログ用燃油に一般税を課すと、①関税一〇％、②付加価値税一八％、③特殊税三八・五六CFAフラン／ℓ、④統計料一％、⑤荷物輸送協会への支払い〇・二％となる。これらのうち、二〇〇四年八月当時ピログ用燃油に適用されたのは③～⑤である。同時期のピログ用燃油価格は三五九CFAフランだった。この価格には③～⑤が含まれるから、ダカールのリットルあたりCIF価格をXとすれば、X+38.56+0.01X+0.002X=359の式が成り立ち、X＝三一七CFAフランとなる。関税はCIF価格の一〇％(三二CFAフラン)、付加価値税は同一八％(五七CFAフラン)なので、一般燃油価格との差は八九CFAフランとなり、ピログ用燃油価格は一般燃油価格の約八割となる(359÷(359+32+57)≒0.80)。

(10) 以下、*Cymbium pepo* をヤシガイ－1、*Cymbium cymbium* をヤシガイ－2として記述する。

(11) 調査時点で村に滞在していた一〇七隻のなかにも、その後季節移動して操業するピログが含まれている。また、一七七隻のなかに八隻の帆走ピログが含まれる。

(12) ニャニン地域の水産統計にはニャニン村、ポワント・サレーン村、ウンバリン村が含まれており、ニャニン村単独の統計は存在しない。

(13) 網目が大きな二枚の外網と、そのあいだに挿入される網目が小さな一枚の身網の、合計三枚で仕立てられる刺網を三枚網という。一般に沿岸部の海底に設置して、底生の魚類やエビ、イカなどを漁獲する。一枚仕立ての刺網より漁獲効率はよいが、魚の取りはずしに時間がかかったり、修理が面倒なことなど、取り扱いが難しい(水産百科事典編集委員会編『水産百科事典』海文堂、一九八九年、二二四～二二五ページ)。

(14)「統」は網漁具一式または刺網などの反数を示す単位(鶴田三郎編『漁業用語英和・和英辞典』蒼洋

社、一九六六年、三二三ページ)。本書では、刺網漁具一式を一カ統、そこに含まれる漁網の枚数を反で表示する。

(15) セレル族は中西部シン・サルーム地方を本拠地とする人びと、トゥクロール族は北部セネガル川中流域を本拠地とする人びと、フルベ族は西アフリカの広範囲に居住する牧畜民である。また、レブ族はウォロフ語を母語とするため、一般的にはウォロフ族の下位集団とみなされている(伊谷純一郎・小田英郎ほか監修『アフリカを知る事典』平凡社、一九九九年、盛恵子「セネガルのイスラーム教団ライエン——親子として転生した予言者ムハンマドとイエス・キリスト」『アフリカ研究』Vol.62、日本アフリカ学会、二〇〇三年、参照)。四二ページに記したように、ウォロフ族のなかで、沿岸部に住み、海に関わって生きる人びとがレブと呼ばれる。

(16) ここでは、夫婦と未婚の子どもからなる家族単位を小家族、複数の夫婦単位を含む家族単位を大家族とした。しかし、セネガルで男性は二人以上の妻をもつこと(複婚)が許されており、家族構造の詳細な把握は困難である。現時点でニャニン村について言えるのは、大家族では複数の小家族が一人の配偶者を軸に複合し、さらに世代の異なる家族単位が重なっていることだ。本書で小家族と分類したなかにも、複婚家族が含まれている可能性がある。また、複婚家族では夫婦が同居している場合と別居している場合がある。ここでいう世帯とは、家族が同居し、生計を同じくする家族単位を示している(川田順造編『アフリカ入門』新書館、一九九九年、二三五〜二四六ページ、石川栄吉・梅棹忠夫ほか編集『文化人類学事典』弘文堂、一九九四年、一四四〜一四五ページ、参照)。

(17) 前掲(15)『アフリカを知る事典』家族・親族組織の項(八一〜八四ページ)を参照。

(18) 船底を船首から船尾まで貫通する部材を竜骨、船体の外板を舷側板という。東南アジアでは、樹幹から刳《く》り出した舟状の材を竜骨とし、それに外板をはぎ合わせて舷側を完成させたのちに、内側から板を張って造船するプランクファーストと呼ばれる技法が用いられる(出口晶子『日本と周辺アジアの伝統的船舶』文献出版、一九九五年、二八ページ、鶴見良行『東南アジアを知る――私の方法』岩波新書、一九九五年、二〇七～二〇八ページ）。本書の対象地域で見られるピログも、これに準ずる技法で造船されている。

（19）二一〇d／九本は漁網用のナイロン撚糸の太さを示す。二一〇デニールの九本と読む。デニールは糸の太さを表す単位のひとつで、繊度ともいう。九〇〇〇mある繊維の重さが一gあるとき一デニールとする。ナイロン製の漁網の場合、一四デニールのごく細い繊維を一五本引きそろえて一定の撚りをかけたものが二一〇デニールの単糸（ヤーン）。これを三本あわせて、一定の撚りをかけて片子糸（ストランド）を作り、これをさらに三本ずつ撚り合わせて網糸（トワイン）としたものが二一〇d／九本となる（野村正恒『最新漁業技術一般』成山堂書店、二〇〇〇年、七～一三ページ、参照）。

（20）村落共同体の性格を色濃くもつニャニン村では、村内の冠婚葬祭、家族や親戚の事故や病気、村の寄り合いなど、出漁を見合わせる所用が多い。ここではそれらをまとめて雑事とした。

（21）内訳は、食費一六・五万CFAフラン、電気代一・五～二万CFAフラン、固定電話代九五〇〇CFAフラン、医療費一・五万CFAフラン（乾期）または二・五万CFAフラン（雨期）、慶弔費一・一万CFAフランとなっている。

（22）水揚げ代金から漁業操業のための直接経費（大仲経費、つまり燃油代や氷代などの操業経費）を天引きした残金を、船主と乗組員が一定の百分比で分配する制度。

（23）漁獲物の分配制度を代分《しろわけ》制度といい、船代、網代、乗り代などに分ける。たとえば、水揚げ金額から大仲経費を差し引いた残額が一〇〇CFAフランだとする。ここでは、合計五代で分配するのだから、一〇〇CFAフランを五で割った二〇CFAフランが一代ということになる。

（24）イスラムの祝祭日は、ウォルフ語でコリテ（Korité）、タバスキ（Tabaski）、タムハリット（Tamkharite）、ガンム（Gamou）と呼ばれる。コリテは断食明けの祭り、タバスキは犠牲祭（牡羊を神に捧げる祭り）、タムハリットは任意の断食の日、ガンムは予言者ムハンマドの生誕祭をいう（前掲（14）「セネガルのイスラーム教団ライエン」二七ページ）。

(25) ニャニン村では二〇〇四年七月二六日から八月三日までの九日間に、のべ一三九隻のピログが一四〇〇kgのマダコを水揚げし、水揚げ金額は二二三万CFAフランであった。平均水揚げ量／水揚げ額は、一日一隻あたり一〇kg／一・六万CFAフランである。

(26) この間にニャニン村では、のべ一七五六隻のピログが一七・六トンのヤシガイ-2を水揚げし、水揚げ金額は七一二万CFAフランだった。一隻一日あたりの平均水揚げ量／水揚げ額は一〇kg／四〇五五CFAフランである。同時にヤシガイ-1が漁獲されているはずで、漁獲量比率をヤシガイ-1：ヤシガイ-2＝八五：一五、ヤシガイ-1の販売価格を二〇kgあたり三五〇〇CFAフランとすると、一日一隻あたりの水揚げ量／水揚げ額は、五七kg／一万CFAフランになる。

(27) 船によっては、バター付きのフランスパンやマンゴーなど季節の果物を持参し、操業の合間に船上で食する。

(28) 聞き取りした多くの船主層にとって、毎年の現金支出をともなわない減価償却概念は希薄なため、彼らが答える粗収入には減価償却費が含まれている。本稿では、漁業投資を可能にする内部蓄積が行われているかを検証するため、生産財の購入価格を償却年数で割って求めた年間の減価償却費を減じて、家計費に充当できる純収入を求めた。

(29) セネガルでトンティンと呼ばれる講は、とくに女性グループによって広く行われている（『セネガル国北部漁業地区振興計画調査事前（予備・S／W協議）調査報告書』JICA、一九九六年）。銀行など金融機関にアクセスできない女性はグループをつくり、一定の掛け金を出して、所定の金額を順次融通できるようにする。トンティンによって一度にまとまった現金が入手でき、それを頭金にして魚の加工販売などの小商いを始める事例がみられる。

(30) イエットと呼ばれるヤシガイのセネガル料理での位置づけについては、小川了『世界の食文化⑪アフリカ』(農山漁村文化協会、二〇〇四年)一四五~一四六ページを参照のこと。

(31) 二〇〇一年におけるセネガルの一人あたりGNI(国民総所得)額は、四九〇米ドル(当時のレートで三二・八万CFAフラン)だった。当地における零細漁民層の所得は、その半分程度だと言える。

(32) 前掲(5)、四五ページ。

第4章　魚を商う

1　漁村の社会関係

漁民と魚商人の関係

漁村とは、海や河川、湖沼など水界を生産の場とする漁業景観が広がり、主たる生業として漁業を営む人びとが多く住む村をいう。漁業の生産物である魚介類は米のように主食にはならないから、漁業の発展は商品生産を前提としており、市場経済と深く結びついている。このため漁村では、水産物を生産する漁民とそれを買い付ける魚商人との関係が広くみられる。それは、米やサゴヤシ[1]（*Metroxylon sagu* Rott.）を主食とする東南アジアであれ、米やトウジンビエなどを主食とする西アフリカであれ、何ら変わることはない。漁民は魚商人との水産物取引を介して、主食をはじめとする生活消費財を手に入れる。

魚商人と漁民の関係は、世界中の漁村に広くみられる基本的な社会関係だといえる[2]。前章で述べたニャニン村の有力魚商人であるママドゥ・ジョップさんが、漁獲物を優先的に買い付けることを条件に、村内の一七人の船主に融資しているのは、その好例である。

この二者関係は、これまで魚商人による漁民の支配とか搾取という言葉で説明されてきた。魚商人は漁獲物を独占的に買い占めるため、漁具資材や操業経費、生活消費財を前貸しすることで、漁民を常に債務農奴に等しい状態にとどめているという見方である。(3) いわゆる魚商人による漁民の仕込み支配と言われるものであり、こうした状況にある漁民と漁村が存在することは事実にちがいないが、アジアやアフリカなど開発途上国のすべての漁民と漁村がそうだというわけではない。むしろ、漁民が主体的に自らの経済活動に関わっている事例も多い。私はかつて、魚商人と漁民の関係は可変的であり、両者の関係性を決定する要因として、魚商人間の競合関係や漁民の生計戦略があることを、海域東南アジアの漁村社会を事例として指摘した。(4)

これまでアジアの多くの開発途上国では、魚商人の仕込み支配で債務農奴に等しい立場におかれ、自主的な自治能力を失った漁民と漁村を解放する手段として、協同組合による漁民の組織化が進められてきた。たとえばインドネシアにおいて、スカルノ体制下の協同組合政策は華僑資本の排除を動機として展開し、末端の配給・集荷機構を華僑商人から協同組合へ肩代わりする方針がとられた。(5) しかし、その後の経緯をみれば、多くの場面で末端の協同組合は有効に機能していない。

インドネシアの農村で協同組合活動を分析した坪田邦夫は、仲買人が古くから農民に深く関わり、強い人間関係を築いてきたのと対照的に、協同組合は村落コミュニティとの関係が希薄で、組織や活動が村落社会に根を下ろしていない弱さに加え、末端を担う人びとの経営能力と意欲が不足していると指摘した(6)。

同じような状況はアジアの他の国でもみられる。バングラデシュの零細漁民は、仲買人による高利貸しのシステムにあえいでおり、その鎖を断ち切るため、政府は協同組合のもとに漁民を組織化し、融資制度や新技術を導入し、生産物の販売などを進めた。だが、成功事例はほんのわずかであり、組合活動は停滞している。インドの協同組合運動は、零細漁民の救済を目的に進められ、海面漁業セクターで八〇〇〇組合、八〇万人の組合員を擁する。仲買人を排除し、組合主導の販売活動が軌道に乗る成功事例も報告されるようになった。しかし、組合運動が漁民生活に与えるインパクトは、全体からみればわずかなものにすぎないという(7)。

漁民の組織化

零細漁業は経営規模が小さく、漁業活動が漁家単位で行われるために、漁民個々の集団化や組織化は常に困難な課題となってきた。漁民と魚商人のつながりが基本的な社会関係である漁村において、零細漁民の自立を図るため、魚商人との関係を排除して、協同組合のもとに漁民を組織化する戦略には、可能性と同時に、常にリスクがともなう。魚商人と協同組合の活動が往々にして競合するからだ。

それでは、本著が取り扱うセネガルの状況はどうだろうか。セネガルの漁業協同組合は、独立直後の一九六〇年に設立され、漁船の動力化を推進する政府の施策や海外からの援助の受け入れ母体となった。一九八四年までに海面漁業部門では、八一の漁業協同組合と一九の水産物加工協同組合があり、五つの地域連合と一つの全国連合のもとに組織された。漁業協同組合は、漁船動力化の過程で地域の漁民と政府を結びつける役割を果たしたとされる(8)。

一九八五年になって「経済利益グループ(groupement d'interet economique)に関する政令」が発令され、農業、牧畜業、林業、水産業など各生産分野の協同組合は、経済利益グループとして再編されることになる。漁業分野では、漁業協同組合の組織変更ならびに新たなグループの設立という形で進められた。経済利益グループによる組織化再編の目的は、諸分野の経済活動の活性化だった(9)。一九九〇年にジョアルで設立された漁業者経済利益グループ全国連合(Federation Nationale des Groupements d'Interet Economique de Pecheurs: 通称 FENAGIE PECHE)は、漁業者、水産物販売業者、水産物加工業者からなる全国二五〇〇の経済利益グループ(会員数四万五〇〇〇人)を擁する(10)。

この説明に従えば、セネガルにおいて漁業分野の組織は地方レベルから全国レベルにいたるまで網羅され、何ら問題はないかのように映る。ところが、私たちが二〇〇三年から〇五年にかけて、現場レベルの漁家経営に関する聞き取り調査を実施した印象で言えば、水産関連の生産活動は、いくらかの事例を除いて、ほとんどが漁家単位で行われており、特筆するようなグループ単位の活動はなかった(11)。漁業者は漁獲物を最寄りの魚商人に引き渡し、水産物加工業者や販売業者にしても、個人的に水産物を販売することがほとんどだ。

西アフリカにおいても漁民の組織化というのは、一朝一夕にはいかないのが現実のようだ。そうであればまず、魚商人と漁民の関係性に焦点をあててみる必要があるのではないか。漁村の基本的な社会関係であるこの二者関係のなかにこそ、海に関わって生きる人びとの社会を読み解くヒントが隠されているにちがいないと思えるからである。

2　魚商人世界の価値観と戦略

魚商人世界の階段

魚商人と漁民の関係を読み解く前に、魚商人とはどのような背景をもった人びとであり、彼らがどのような価値観をもち、どのような動機に基づいて行動しているのかを考えてみよう。

プティコートの沿岸漁村で水産物仲買業に従事する魚商人は、その村で生まれ育った人以上に村外出身者が多い。彼らの多くは、アフリカ西部で進行する砂漠化で耕地を放棄せざるを得なかった人びとや、よりよい生活を求めて内陸の出身村から沿岸村へ移り住んだ人びとである。少額の水産物商いで生活の糧を得ながら、少しずつ資金を蓄え、商量を増やし、魚商人の地歩を築いてきた。

魚商人のキャリアは、当地でラグラグル(laglagal)と呼ばれる小口取引者から始まる。ラグラグルの生活で着実に資金を蓄えた人や幸運な人間関係に恵まれた人が、特定の水産物輸出会社に

図21　魚商人への階段

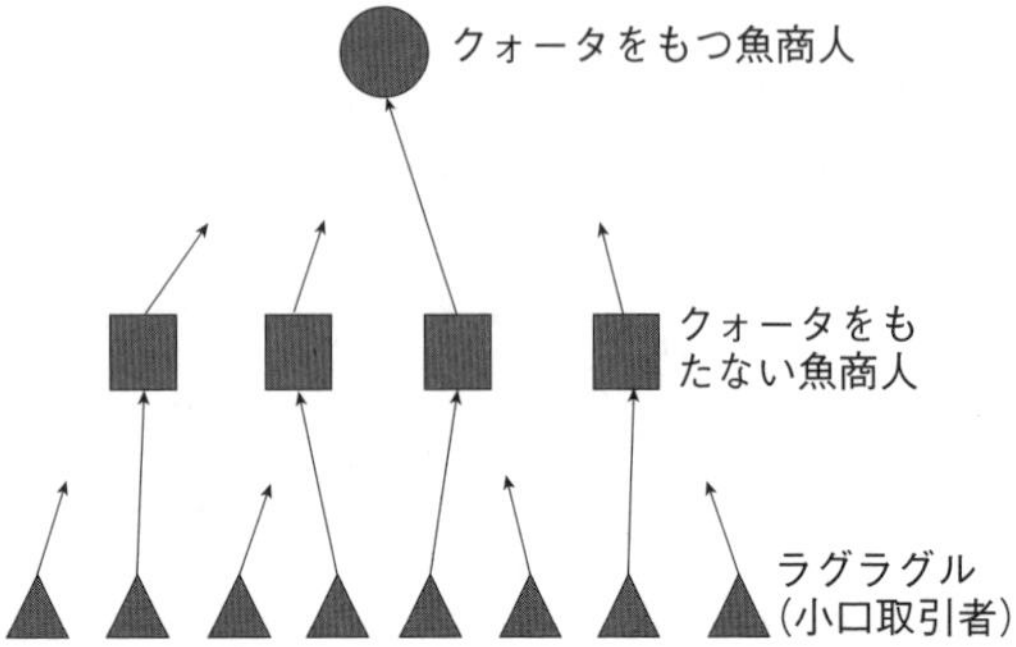

クォータをもつ魚商人への階段を上る（図21）。ここでいうクォータとは、水産物輸出会社が特定の魚商人に与える取引許可証のようなもので、多くの場合、取引量についての規定はない[12]。

　ラグラグルは一日の漁を終えて浜に帰り着いた漁船に素早く近づき、漁獲物の内容と量を確認する。経験で漁獲物を目測し、魚商人への販売価格を算出して、自らの利益を当て込んだ価格で漁民と交渉する。たとえば、ある水産物の漁獲量を目測で一〇kgとみなした場合、その水産物の魚商人への販売価格は一kgあたり一〇〇〇CFAフランであれば一万CFAフランとなるので、漁民から九〇〇〇～九五〇〇CFAフランで買い付けるべく交渉する。それに成功すれば、一回の取引で五〇〇～一〇〇〇CFAフランの利益を得る。

　ラグラグルは一つの村に二〇人程度いるのがふつうなので、現金を持っての即決が買い付け競争に勝つ要件のひとつになる。毎日一〇隻ほどの帰漁漁船にアプローチしても、一日あたり一五〇〇～二〇〇〇CFAフランを稼ぐ程度だ。アプローチしても交渉が常に成立するわけではないし、目測を誤って損益を出す場合もあるからだ。

　ラグラグルとして成功するためには、いくらかの自己資金と、漁獲量を瞬時に目測する経験と勘、漁民との交渉を成立させる弁舌と人間関係が求められる。とはいえ、沿岸漁村でラグラグルとして働く機会は、その村の住民であれ、外部者であれ、すべての人びとに開かれている。

たとえば、ニャニン村北方のウンバリン村で水産物仲買業を営むマタール・ブッソさんは、サルームデルタのソコン出身だ。彼はその地に妻を残し、二〇年ほど前にウンバリン村へやって来た。最初は村近くの店舗に勤めたが、トラブルに巻き込まれて辞職し、浜でラグラグルとして魚を買い付けるようになる。少しずつ資金を蓄えて商量を増やし、いまでは直接水産物輸出会社へ鮮魚を卸すようになった。

イエン村落共同体の浜で漁獲物を計量する
(2004年7月15日撮影)

クォータをもつ魚商人

バルニー南方のイエン村落共同体で水産物仲買業を営むムール・ファイさんは、この仕事を始めて一〇年になる。一貫して、水産物輸出会社のイカ・ゲル(Ika Gel)社にクォータをもつ魚商人のウスマン・ンジャイさんの配下として働いている。最初の五年間はラグラグルとして、そ

漁獲物を買い付けて出荷する（イエン村落共同体にて2004年7月15日撮影）

の後の五年間はクォータをもたない魚商人として、ウスマンさんを補佐してきた。クォータをもたない魚商人は、それをもつ魚商人のクォータを借りて、水産物輸出会社に納入する。

内陸部出身のママドゥさんが、セレル族が多いニャニン村で鮮魚商いを始めたのは、一九九四年のことだ。当時一八歳の彼は、ラグラグルとして浜で漁民相手に取引し、一日八〇〜一〇〇kgの鮮魚を村の魚商人に納めた。そうして少しずつ資金を蓄え、六年後に魚商人として独立した。現在では一七隻の傘下船[13]と七人のラグラグルを配下にかかえ、ニャニン村で影響力をもつ魚商人のひとりに成長した。集荷した水産物のうち、コウイカ、マダコ、シタビラメはクォータをもつイカ・ゲル社へ出荷し、ヤシガイなどの貝類は別の二社へ出荷する。

魚商人がクォータを得ることのメリットは、

①水産物を安定して販売できる、②水産物輸出会社から融資を受けられる場合がある、③支払いを早く受け取ることができる、の三点だ。

①に関しては、かつてアフリカ西岸でマダコが大量に発生し、多くの魚商人が販売先の確保に奔走したとき、水産物輸出会社の多くがクォータを与えた魚商人から優先的に買い付けた事例がある。クォータをもたない魚商人は、そのとき販売先を確保できなかった。

②については、すべての水産物輸出会社が魚商人に融資制度を設けているわけではないが、融資対象は少なくともクォータをもつ魚商人という意味である。

③については、水産物輸出会社は常にクォータをもつ魚商人を支払い対象とするため、クォータをもたない魚商人は、クォータをもつ魚商人経由で支払いを受ける。このため、クォータをもたない魚商人は、出荷から入金までの期日が相対的に長くなる。これは、漁民と現金商売をしている魚商人にとって切実な問題だ。

通常の魚商人は複数の水産会社に販売チャンネルをもつものの、クォータをもち、融資を受けられる水産会社は、ふつう一社に限られる。他社は、その会社が買い付けない魚種の販売先と位置づけられている。水産会社からクォータを受ける魚商人の配下として、水産物を実際に納入する若手魚商人は、水産会社の担当者と日常的に接することで信用を得る。ある期間を経て、彼はその水産会社から直接クォータを取得し、新たな魚商人への階段を昇る。水産物輸出会社と魚商人の信頼関係は、クォータを介して維持されており、水産物仲買業を営む魚商人は、クォータをもつ魚商人になることをめざす。

魚商人の囲い込み戦略

魚商人が安定的に水産物を取引するためには、二つの関係を築かねばならない。一つは納入先である水産物輸出会社との良好な関係の維持であり、もう一つは水産物の仕入れ先である村の漁民たちとの良好な関係の維持である。魚商人は漁民を経済的に支援し、漁獲物を優先的に買い付ける二者関係を築くことで、それを実現する。ここでは、その行為を魚商人による漁民の囲い込みと呼ぼう。囲い込まれた漁民は、魚商人の傘下漁民と位置づけられる。その具体例をママドゥさんの場合で確認しよう。

ママドゥさんは魚商人として独立した二〇〇〇年から二年間、イカ・ゲル社とアフリカ・フィッシュ社へ鮮魚を販売した。その後、後者との関係は途切れ、新たにエリム・ペッシュ社へヤシガイなどの貝類を販売するようになる。イカ・ゲル社には継続してコウイカ、マダコ、シタビラメを販売した。また、イセエビは近在のホテルへ直接販売する。イカ・ゲル社のクォータを保有するものの、同社から融資を受けたことはなく、自前の資金で買い付け事業を営んできた。

二〇〇四年の一年間にママドゥさんが買い付けた水産物は一六三トンで、コウイカ三三%、ヤシガイ二七%、マダコ二二%、シタビラメ一四%、アフリカガンゼキボラ五%だ。一七隻の傘下漁船からの買い付け量が七〇%を占め、七人のラグラグルからが残りの三〇%である。漁民からの買い付け価格は魚種と寸法によって異なり、常に変動している。仮に一kgあたりの単価をマダコ二二〇〇CFAフラン、アフリカガンゼキボラ一二〇〇CFAフラン、コウイカ九五〇CFAフラン、シタビラメ九〇〇CFAフラン、ヤシガイ三五〇CFAフランとすれば、年間買い付け総額は一・七億CFAフラン(二〇〇五年七月の為替レート四・七CFAフラン/円で換算して約三六〇〇万円)に相当する。

村の漁民が生産活動を維持するためにもっとも苦慮するのが、消耗材である網具をどのように更新するかだ。この点で、漁獲物の優先的な買い付けを条件として、漁民に網具を提供し、傘下漁民として囲い込もうとする魚商人と漁民の利害が一致する。

ママドゥさんが一七隻の傘下漁船に与える融資枠は、六隻が四〇万CFAフラン、三隻が二五万CFAフラン、四隻が二〇万CFAフラン、四隻が一二・五万CFAフラン、合計四四五万CFAフラン(九五万円)になる。彼は傘下漁船が水揚げするごとに、水揚げ代金から返済金として一〇〇CFAフラン/kgを引き落とす。傘下船が遠隔地で基地操業するときは、大漁であれば遠隔地で水揚げされた漁獲物をトラックでニャニン村へ運び、自らが販売する。漁獲がわずかな場合は、その水揚げ地を本拠とする魚商人に買い付けと販売を委託する。

傘下の一七隻のうち、五〜七隻が遠隔地での基地操業に従事している。一七隻のなかには、基地操業の失敗で負債が焦げ付いている船がある。四〇万CFAフランの融資枠をもつ六隻のうちの三隻がそうで、一隻あたり平均二〇万CFAフランの返済目処が立っていない。不良債権率は一三・

ニャニン村の浜で漁獲物を計量し記録する(2004年7月28日撮影)

五%にあたる。

すでに述べたように、一七隻のうち一四隻は一隻所有の小家族経営漁家であり、三隻は複数船所有の大家族経営漁家である。ニャニン村では、一世帯で複数の漁船を経営する大家族漁家経営がみられるが、ママドゥさんは必ずしもそれら漁家の家長と結びついているわけではない。前章でも説明したが、重要な点なので繰り返すと、鮮魚を集荷したい彼は、家長よりむしろ、一船の運用を家長から任される各漁船の責任者(多くの場合、船長)と関係を結んでいる。だから、同じ漁家に属する他の漁船の責任者が別の魚商人から支援を受け、漁獲物をその魚商人に販売する場合もある。

支援の対象は網具の補修や更新に限られ、漁船や船外機の更新費は対象外だ。これは、プティコートの周辺漁村で聞き取り調査を行った

図22　魚商人・水産物輸出会社・漁民の三者関係

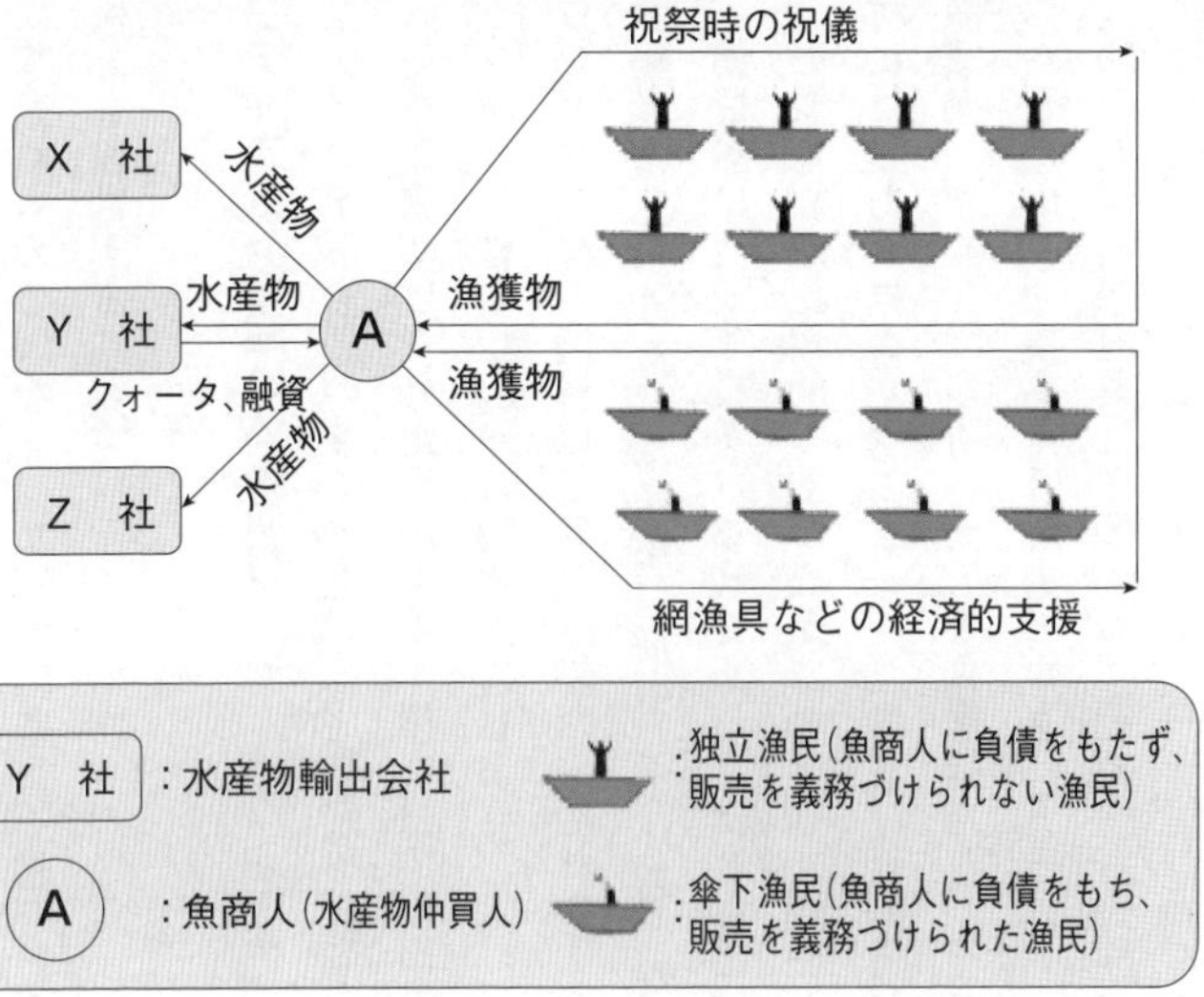

範囲で言えば、一般的な状況のようである。スマトラ島東岸の漁民が中古漁船の購入費や漁具資材費、操業経費から生活費にいたるまで、魚商人に依存して暮らしている状況[14]があるのとは異なる。魚商人の資本力の違いと言えばそれまでだが、おそらくその背景には、あまりに大きな社会格差を回避しようとする社会システムが、西アフリカの沿岸社会にあるように思える。

ママドゥさんは、漁具が安価なマダコ手釣り漁主体の夏場には融資を行わない。その代わり、返済を求めない小遣い銭を傘下漁船に一隻あたり一万二五〇〇CFAフランていど与える。それによって、漁民はこの時期に漁獲したマダコをママドゥさんに販売する義理を感じるようになる。こんなふうに、漁具の更新費がかさむ刺網漁のシーズンと漁具が安価な手釣り漁のシーズンで、魚商人が漁民を囲い込む手法は異なっている。それは必ずしも経済的な貸借関係だけに基づくものではなく、互酬性に基づく贈与とそれによって派生する義務（あるいは義理）という関係をも包含する（図22）。

プティコート沿いの囲い込み漁村

プティコート沿いの多くの漁村は、特定の魚商人から経済的な支援を受け、その魚商人への漁獲物販売を義務づけられた漁民が多く住む、いわゆる「囲い込み漁村」である。ここでは、その現状をウンバリン村の状況から明らかにしよう。

ウンバリン村の開村は一九五五年だ。それから半世紀が経ち、人口はおよそ二万人となった。成人労働者の九割近くは水産業に従事している。なかには耕地を所有して農業に従事する人もいるが、漁民層に農業兼業者はまれである。ほとんどは漁業専業で、女性は水産物加工や販売に従事する。セレル族が比較的多く、ほかにウォロフ族やトゥクロール族が混じる。

村には動力ピログが一二五〜一三〇隻、無動力ピログが一五〜一七隻あり、三隻の漁船を所有する漁家が二家族、二隻所有が五〜六家族ある。それ以外はすべて一隻所有で、漁船の占有化はさほどみられない。一隻あたり動力ピログに五〜六人、無動力ピログには一人が乗り組むので、六五〇〜八〇〇人が漁船漁業に従事する。そのうち一〇〇人前後が外部からの移入労働者だ。

動力ピログの多くは、雨期の六〜一〇月にマダコ手釣り漁に従事する。一一〜二月は底刺網漁の不漁期にあたる。とくに一～二月のヤシガイ底刺網漁は振るわず、三月以降に回復する。コウイカ三枚網漁は二月に盛漁期を迎え、六月まで続く。無動力ピログの多くは、村の地先に広がる浅瀬の岩礁地帯に刺網を仕掛け、岩場に棲むイセエビを漁獲する。漁獲されたイセエビは、村周辺のホテル向けに販売される。周辺にはホテルが多く、観光地になっているから、観光客向けのイセエビ需要は大きい。無動力ピログで操業する漁民の多くは、年間を通してイセエビ刺網漁に従事する。

ウンバリン村で水揚げされる輸出用水産物の多くは、魚商人の手を介して、イカ・ゲル社へ出荷される。同社のクォータをもつ魚商人は村に三人いる。

その最大手がシェール・ウンバイさんで、彼のクォータを使って村で集荷する魚商人がウスマン・ジョンさんだ。この二人が漁獲物を買い付ける村の動力ピログは、八〇隻以上に及ぶ。その半数近くが、彼らから経済的支援を受ける傘下漁船である。村内でイカ・ゲル社のクォータをもつ残る二人の魚商人は、それぞれ八～一〇隻の傘下漁船をかかえ、水産物を集荷する。村内には二〇人近いラグラグルがいて、魚商人に負債をもたない独立漁民から漁獲物を買い付ける。したがって、ウンバリン村の動力ピログ一二五～一三〇隻のうち、約半数は魚商人に負債をかかえ、特定の魚商人への販売を義務づけられた傘下漁船であり、残る半数が特定魚商人に負債をもたない独立漁民である(図22)。

傘下漁民は魚商人から網具更新時に支援を受け、見返りとしてシタビラメ、コウイカ、マダコなどの販売を義務づけられる。網具の支援は現物や現金で受け取る。その頻度は年間一～二回であり、支援額は一回あたり二〇万CFAフランを越えない。負債を返済するため、水揚げごとに一kgあたり一五〇CFAフランが差し引かれる。ある傘下漁民は、魚商人の買い付け価格が安く、常に負債を返済しなければならないと嘆く。魚商人に対し、不満や抑圧を感じているのだ。

にもかかわらず、漁民と魚商人の関係は維持されてきた。シェールさんとウスマンさんのタッグチームの勢力が、他の二人の魚商人に比べ圧倒的に大きいため、魚商人間の競合関係が成立しにくい。それが傘下漁民への強い支配関係として現れている。私がスマトラ島東岸の漁村で観察したのと同じメカニズムが、ここにもある[15]。

漁具は消耗品であり、商業漁船にひっかけられて網具を流失する事故はあとを絶たない。漁業が構造的にかかえる季節的な生産の不規則性と、自然を対象とするゆえに突発的な事故に遭遇しやすい産業特性のため、漁民にとって銀行や信用組合など金融機関へのアクセスは容易ではない。そこに魚商人の存在基盤がある。

3　漁民が魚商人になる村

プティコートの多くの漁村では、前述のニャニン村やウンバリン村のように、魚商人による零細漁民の囲い込みが進行している。そのなかで、ニャニン村南方のポアント・サレーン(Pointe-Sarène)村には、漁民魚商人(pecheur mareyeur)と呼ばれる漁家の利益代表が存在する[16]。彼らは、自家や親戚、あるいは友人の漁家が運用する漁船の漁獲物を取りまとめ、クォータをもつ魚商人を介して水産物輸出会社へ販売することで、販売手数料を得る。得た利益は、自らの漁家経営に充当される。結果として、彼らの存在は魚商人による漁民の囲い込みを防ぐ防波堤の役割を果たしている。漁民魚商人の存在と彼らの活動に着目し、その現状を明らかにしよう。

漁民魚商人の属地的要因

周辺の村でみられない漁民魚商人による取引形態が、なぜポアント・サレーン村で始まったのか。ここでは、ニャニン村とウンバリン村を比較の対象として、ポアント・サレーン村で漁民魚商人の活動が活発な理由を考えてみよう（五八ページ図6参照）。

これらの三村はいずれも、地域の中心的な漁業水揚げ地であるウンブールの南方に位置する。三村ともにセレル族の村であり、ウォロフ族、トゥクロール族、フルベ族などが含まれる。ニャニン村では漁業世帯中心の地区と農・牧畜業主体の地区が分かれているのに対し、ウンバリン村とポアント・サレーン村では村内のすべての地区が漁業世帯中心だ。

漁船数でみれば、ニャニン村とポアント・サレーン村はほぼ同数の一八〇隻前後であり、ウンバリン村は一五〇隻足らずである。漁業活動の内容では、三村ともにヤシガイを対象とする底刺網漁やコウイカを対象とする三枚網漁など、各種の底刺網漁を主体に、夏場にマダコ手釣り漁へ転換する漁船が多い。漁船数と漁船漁業に従事する漁業者数や漁業種でみれば、ほぼ同じような規模と内

表８　ポアント・サレーン村周辺三村の比較

項目＼漁村		ポアント・サレーン村	ニャニン村	ウンバリン村
村の位置		幹線道路からはずれる	幹線道路沿い	幹線道路沿い
主要種族		セレル、ウォロフ、フルベ、トゥクロール	セレル、ウォロフ、フルベ、トゥクロール	セレル、ウォロフ、トゥクロール
生業形態		ほとんどが漁業従事者	漁民地区と農牧畜民地区がある	9割が漁業、漁業専業者が多い
主要漁業		底刺網漁、マダコ手釣り漁	底刺網漁、マダコ手釣り漁	底刺網漁、マダコ手釣り漁
漁船漁業従事者		700人程度	956人	650〜800人
漁船数	動力ピログ数	167隻	169隻	125〜130隻
	無動力ピログ数	14隻	8隻	15〜17隻
	合計	181隻	177隻	140〜147隻
魚商人数	クォータ有	6人	4人	3人
	クォータ無	8人	3人	1人
	合計	14人	7人	4人
魚商人1人あたりの動力ピログ数		12隻	24隻	31〜33隻

資料：2005年7月と11月の調査による。

容の漁村である（表8）。

ニャニン村のなかで漁家世帯が多いニャニン・ポスト地区をみると、一九七〇年以降に農漁業兼業から漁業の専業化が進んだ。近代化の潮流とともに現金経済が浸透し、大家族漁家のなかで一船の運用を任される漁民（船長）と魚商人の結びつきが深化するとともに、大家族漁家の紐帯が薄れ、その一部が切り離されるようにして、小家族漁家に移行してきた。村の成立が一九五五年と比較的新しく、漁船の占有形態が希薄なウンバリン村とは、この点が異なっている。

いっぽうポアント・サレーン村では、三〜七隻の動力ピログを一漁家が所有し、運用する大家族漁家が、少なくとも八経営体以上ある。そのなかに、従来海に出て漁業に従事していた者が船を降り、自家所有船の漁獲物の販売によって手数料収入を得るようになった漁民魚商人をかかえる五世帯が含まれる。なぜ、ポアント・サレーン村で漁民魚商人の商活動が活発なのか。この質問に対し、家族関係の紐帯の強さを理由にあげる漁民魚商人は多い。漁村の成立が比較的新しいウンバリン村や魚商人との関係の深化で大家族制から小家族制への移行が進みつつあるニャニン村に比べ、ポアント・サレーン村では大家族漁家の紐帯がいまも強いのだという。

村の立地条件

このような地域差が生じているひとつの仮説として、ポアント・サレーン村とその他二村との立地条件の違いをあげよう。幹線道路沿いに位置するウンバリン村やニャニン村と異なり、ポアント・サレーン村の立地は幹線道路からはずれ、約四㎞海岸部に入り込んでいる。海岸沿いを北から南へ走る幹線道路が、ニャニン村を過ぎたあと、いく分内陸よりを走るからだ。また、この地域における漁業水揚げの中心地であるウンブールから、相対的に遠い。この立地条件の違いがもたらす影響は、いろいろな場面に及ぶ。

たとえば、動力ピログの給油ステーションが村内にあるニャニン村と異なり、ポアント・サレーン村とウンバリン村では、連日出漁前に村外の給油所に燃油を買い出しに行かねばならない。幹線道路沿いのウンバリン村では、漁家単位で個別に、幹線道路を行き来するバスなどを用いて、ウンブールかニャニンへ出かけて購入する。ところがポアント・サレーン村では、バスなどの公共交通手段にアクセスできる幹線道路まで距離があるため、何軒かの漁家が集まって車をチャーターし、燃油を共同購入しなければならない。とくに、雨期には幹線道路までの道が悪路となり、大きな労力を要する。

燃油の共同購入は動力ピログで操業する漁家にとって、連日欠かせない。こうした日々の共同作業は、漁家世帯の紐帯を強めるひとつの要因になるのではないか。漁民魚商人の活動が成立する要因のひとつとして、漁村の立地条件が影響した可能性を指摘しておこう。

次に表8で示した各村の魚商人の数に着目しよう。ニャニン村が七人、ウンバリン村が四人であり、これらを魚商人一人あたりの動力ピログ数に換算すると、前者が二四隻、後者が三一〜三三隻になる。これに対し、ポアント・サレーン村では魚商人数(漁民商人を含む)が一四人と多く、一人あたりの動力ピログ数は一二隻と少ない。ニャニン村とウンバリン村では、少数の魚商人が多くの漁船を囲い込んでいるのに対し、ポアント・サレーン村では、漁民魚商人に代表される人びとが、より小さなブロックを形成して、そのなかで商活動を充実させている。

表9はポアント・サレーン村の魚商人および漁民魚商人の一覧表である。この表に示す一四人の(漁民)魚商人が取り扱う漁獲物が、村の動力ピログ数全体(一六七隻)の八三〜九〇%を占める。一四人のうち、明確な他村出身者は少数であり、多くは村内出身者だ。他の二村に比べ、漁船数に対する(漁民)魚商人の数の多さ、一般の魚商人と漁民魚商人の別を問わず自村出身者の占める割合の高さが、特徴となる。そこに、漁家を経営する人びとが自家の漁家経営をベースとして、商活動を

介在した数漁家単位の小規模なブロックを築き、連携を保つことで外部変化への対応を図る、ひとつの生き残り戦略をみることができる。

漁民魚商人の属人的要因

漁民魚商人の活動は、いつ、だれが、どのように始めたのだろうか。ポアント・サレーン村で中心的な漁民魚商人のひとりとして活動するンバイ・サールさんによれば、その起こりは一九八〇年代なかばだという。

そのころ、ンバイさんはアダマ・バールさんが船長を務める動力ピログの乗組員として、カザマンス地方で基地操業していた。アダマさんは一隻の漁船を入手し、さらに一隻を得て、二隻の船主になる。ンバイさんは、その一隻で船長を務めた。その後、ンバイさん自身も二隻の漁船を手に入れる。アダマさんはこれら四隻の統括をンバイさんに任せ、自らは船を降りて、四隻が漁獲した水産物の販売活動に専念する。カザマンスのキャプスキリング(Cap Skiring)周辺の地中海クラブやホテルへイセエビやカニ、その他の魚介類を販売した。

一九八七年にポアント・サレーン村へ帰り、ンバイさんが統括して漁獲したマダコをアダマさんがダカールの水産物輸出会社へ販売するようになる。ンバイさんは漁民魚商人となったアダマさんの活動を船方として支えた。ンバイさんが知るかぎり、ポアント・サレーン村において、漁業に従事していた者が船を降りて水産物仲買業に従事する、いわゆる漁民魚商人のパイオニア的存在がア

村の（漁民）魚商人一覧

魚商人歴（年）	転身の契機	活動歴
16	ウンブールの商人に頼まれて	ンバイ・ジョップのクォータで出荷。
3	—	1970年生まれ。村外魚商人のクォータで出荷。ファトゥ・ンジャイと結婚。32歳まで20年間漁業に従事。
5	船でケガをして	ポアント・サーレン村生まれの25歳。17〜21歳に漁業に従事。姉（ファトゥ・ンジャイ）からクォータを譲渡される。
7	体調を崩し、船を降りる	5年前までマス・ンジャイのクォータで出荷していたが、支払い面のトラブルでンバイ・ジョップに乗り換える。
10	家族に漁獲物を販売する者がいなかった	1962年、ポアント・サレーン村生まれ。95年まで漁業に従事。現在、最大の魚商人。96年にクォータを取得。
29	—	他村の出身。1976年以降、ポアント・サレーン村で水産物仲買業に従事。95年にクォータ取得。
16	—	10〜14歳で漁業に従事。その後ダカールで8年間大工業に従事。22歳から3年間ラグラグルとして資金を蓄え、25歳から漁船の支援を始め、傘下船をかかえるようになる。
—	—	ポアント・サレーン村生まれの女性。クォータを弟のアブライに譲渡し、アッサン・ニャンと結婚。
—	—	ポアント・サレーン村生まれ。漁民出身。現在ジフェールで活動。
—	—	ポアント・サレーン村生まれ。学生から魚商人になる。現在ジフェールで活動。
—	—	ポアント・サレーン村生まれ。学生から魚商人へ、サルームデルタでエビの買い付け事業に着手。ビラム・ジャンのクォータで出荷。
—	—	1943年にティエスで生まれる。34年間、ポアント・サレーン村で暮らす。
—	—	1952年生まれ。イセエビ専門の魚商人。
8	経済的事情から学業を断念	1970年生まれ。大学中退後に鮮魚仲買業に従事。98〜2003年ラグラグル、03年以降ンバイ・ジョップのクォータで出荷。

表9　ポアント・サレーン

分類	名前	取り扱い漁船数(隻)					販売先	クォータの有無
		自家所有船	親戚所有船	傘下船	その他買付船	合計		
漁民魚商人	ンバイ・サール	3	3	0	0	6	イカ・ゲル社	無
	アッサン・ニャン	6	0	4	0	10	イカ・ゲル社	無
	アブライ・ンジャイ	4	4	4	0	12	イカ・ゲル社	有
	マス・ディエン	4	1	2	0	7	イカ・ゲル社	無
	ンバイ・ジョップ	6	0	30～40	0	36～46	イカ・ゲル社	有
魚商人	マス・ンジャイ	3	0	17	7	27	イカ・ゲル社	有
	イブ・ディエン	0	0	6～7	0	6～7	イカ・ゲル社	有
	ファトゥ・ンジャイ	0	0	0	0	0	イカ・ゲル社	無
	アッサン・ンボイ	0	0	5	0	5	イカ・ゲル社	有
	ビラム・ジャン	7	0	0	0	7	イカ・ゲル社	有
	ラシドゥ・ジャロ	3	0	0	0	3	イカ・ゲル社	無
	アブライ・グゥエ	0	0	4	0	4	イカ・ゲル社	無
	マッスール・ファル	1	0	6～7	0	7～8	イカ・ゲル社	無
	パック・ディエン	2	3	3	0	8	イカ・ゲル社	無
	合　計	39	11	81～93	7	138～150		

資料：2005年7月と11月の調査による。—は不明。

ダマさんだという。

ンバイさんが船を降り、アダマさんにならって販売手数料を稼ぐようになるのは、一九八九年のことだ。水産物輸出会社のアフリカ・メール社とアメルジェ社へ水産物を販売するウンブールの魚商人に依頼されて、その魚商人が債権をもつ漁船の漁獲物を取り扱い、債権の回収を行うのがンバイさんに課された仕事だった。その業務に対し、ンバイさんは漁獲物一kgあたり一〇CFAフランの手数料収入を得る。同時に、自らの所有船の漁獲物をその魚商人に販売して、一kgあたり五〇CFAフランの販売手数料を得た。現在ンバイさんは、自ら所有する二隻と弟が所有する一隻、親戚が運用する三隻を含め、合計六隻の動力ピログが漁獲した水産物をとりまとめ、販売手数料を得ている。

漁民魚商人のポアント・サレーン村でのパイオニアとなるアダマさんの場合、本人の商業活動への志向や顧客との関係を築く能力を背景に、漁獲物をキャプスキリングのホテルなどへ直販する機会があり、商取引を学ぶ場が与えられた。ンバイさんの場合は、ウンブールの魚商人からの依頼で、手数料収入を得る漁民魚商人になった。漁民から魚商人へ転身する契機については、ケガや病気などの体調不良で海に出られなくなる場合や家族の意向で転身する場合もある(表9)。いずれも、当人が所属する家族が一隻以上の漁船を所有し、漁船の運用を家族内の他者に任せられること、商取引を学ぶ機会があること、当人の素養や能力・適性、やる気があることが前提条件になる。

図23　ンバイ・サールさん世帯の家族構成と運用船

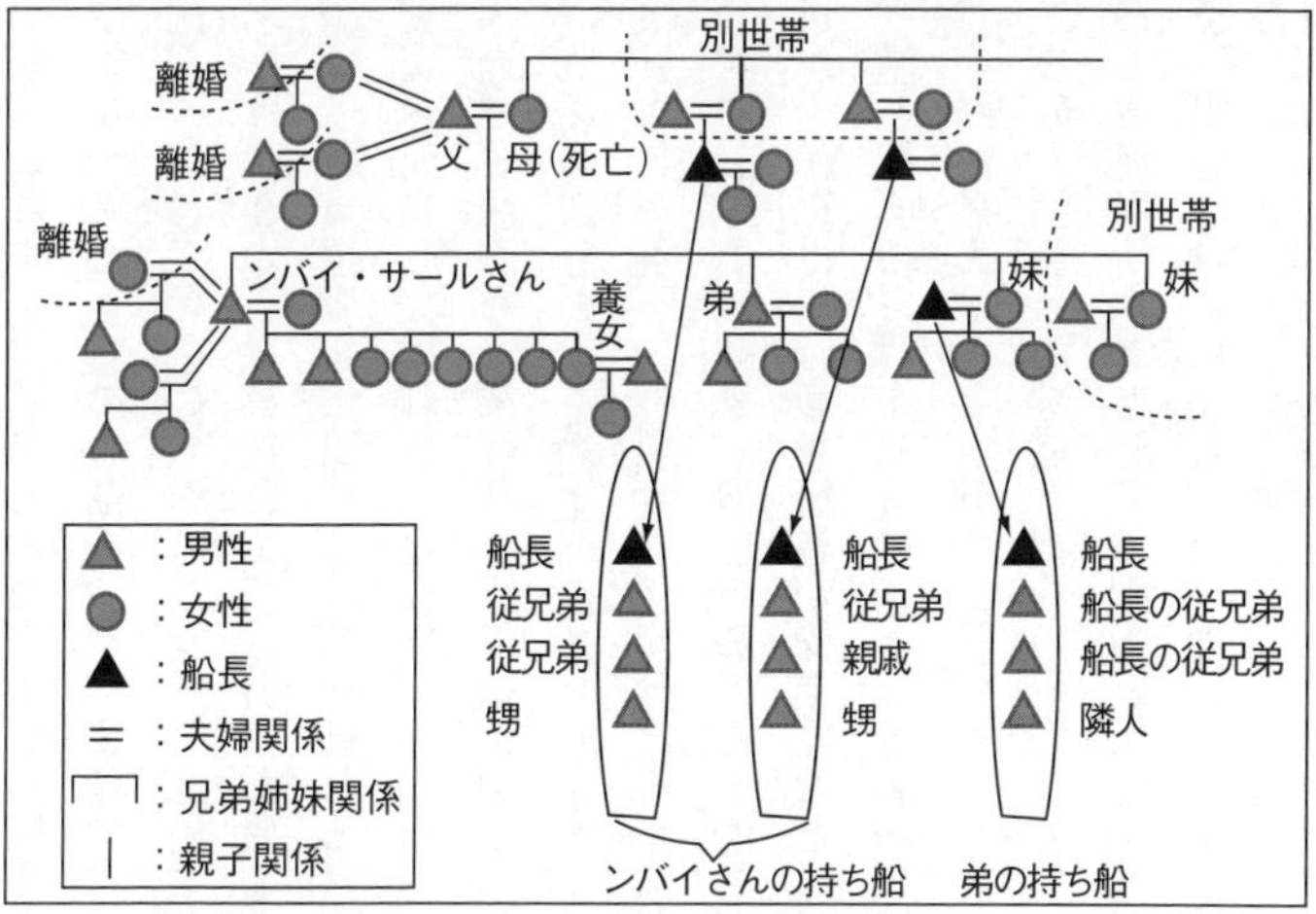

漁家経営における漁民魚商人の立場

ここでは、ンバイさんを事例として、漁家経営における漁民魚商人の位置づけを明らかにしよう。同じ敷地内に住み、生計を同じくする人びとをひとつの世帯と定義すれば、ンバイさん世帯の構成員は、彼の三人の妻（うち一人は離婚）とその子ども、実弟とその妻子、妹夫婦とその子ども、父親と二人の義母を含む、総員三七人である。三隻の動力ピログを運用し、うち二隻はンバイさん、一隻は弟が所有する。一隻あたり四人が乗り組み、底刺網漁とマダコ手釣り漁に従事する。各船の船長は実母方の二人の従兄弟と義弟で、彼らとその妻子はすべてンバイさんと同一世帯の構成員である。その他の乗組員は一人を除きすべて親戚であり、二人が同世帯、七人が別世帯に属する（図23）。

ンバイさん所有の二隻は、その日の収益金から、それぞれ二〇〇〇CFAフランを家計負担金として供出し、これにンバイさんの販売手数料収入からの二〇〇〇CFAフランを加えた六〇〇〇CFAフランを一家の一日の生活費(おもに食費)とする。弟が所有する一隻は、同船の船長を務める義弟の両親一家に二〇〇〇CFAフランの家計負担金を供出している。船が出漁しない日や、出漁しても水揚げ金額から操業経費[17]を差し引いた残額が一万三〇〇〇CFAフランに満たない場合、これらの船は家計負担金を供出する義務を逃れる。この場合、ンバイさんは自らの才覚で、その日の家族の食費を充当しなければならない。

水揚げ金額から操業経費と家計負担金を差し引いた残額は、次のように分配される。底刺網漁では、残額の四分の一を網主であるンバイさんへの分配金とし、四分の三を漁船一代、船外機一代、乗組員四名が各一代の合計六代で分ける。漁船配当の一代はさらに半分に分け、ンバイさんと船長で分配する。その結果、漁船と船外機の所有者であるンバイさんと船長が各一・五代、その他の乗組員が一代を得る。漁具経費が操業経費として差し引かれるマダコ手釣り漁では、残額を六代で割り、漁船配当の一代を三分の二と三分の一に分け、ンバイさんが前者、船長が後者を得る。その結果、ンバイさんが一と三分の二代、船長が一と三分の一代、その他の乗組員が一代の分配を得る。

二隻分の漁船と船外機と網具の所有者であり、漁民魚商人でもあるンバイさんは、水揚げ金額から得る生産財所有者としての配当と販売手数料収入で、日々の家計負担金を供出し、生産財の更新費を捻出しなければならない。加えて、不漁時の対策など、漁家世帯全体の日々の諸経費に対処しなければならない立場にある。

4　漁民魚商人の役割

魚価の交渉力維持

漁民魚商人が所属する漁家世帯を代表して運用漁船の漁獲物を取りまとめ、それを任意の魚商人に販売するには、少なくとも漁船運用上、特定の魚商人に負債をもたず、漁家経営の独立性が保たれていなければならない。漁民魚商人は、かつて船方として自家の漁船で漁業生産に従事していた者が船を降り、シニアとして漁獲物の販売活動に移行した人びとである。魚商人と魚価の交渉にあたるだけではなく、漁家世帯全体の構成員に配慮し、漁家経営の健全性を保つ見識が求められる。

ポアント・サレーン村で漁民魚商人が活動できる重要な要因のひとつは、家族関係の紐帯が強いことである。基本的な家族関係が他村の場合と異なっているわけではないが、少なくとも、一船の運用を任される船長が自家の漁民魚商人に漁獲物の販売を委託する意思の統一は図られている。それがなければ、漁民魚商人の活動は成り立たないからだ。この点が、ニャニン村の魚商人の話に出てきたように、魚商人に代表される市場システムの浸食によって、大家族漁家であっても、必ずしも意思統一が図られない状況が増えつつあるのと対照的である。

網具の更新費などで経済的支援を受ける傘下漁民は、魚商人に対して魚価の交渉力をもち得ない。これに対して、運用漁船の漁獲物を取りまとめる漁民魚商人は、外部の魚商人に対して強い魚価交渉力を保持している。

たとえば、二〇〇五年三月当時、ポアント・サレーン村の魚商人によるヤシガイ‐2の買い付け価格は、一kgあたり三〇〇CFAフランだった。同時期、ニャニン村で一kgあたり四五〇CFAフランで買い付けられていることを知ったポアント・サレーン村の漁民魚商人は、その魚商人と交渉し、四〇〇CFAフランでの販売に成功した。その魚商人は、一kgあたり五〇CFAフランの販売手数料を漁民魚商人に支払わねばならないので、ニャニン村での取引価格と同じレベルになったことを意味する。漁民魚商人は魚商人に負債をもたない独立漁家の利益を代表しているうえに、複数漁船の漁獲物販売権を保持していることが、魚商人に対する魚価交渉力を支えているのである。

グローバル化する水産物流通の拡大という世界的な傾向のなかで増加する魚商人は、漁家のなかで一船を任される個人と結びついており、漁家経営単位で結びついているわけではない。それは、魚商人の築く関係が市場システムを介した経済関係に限定されるからだ(もちろん、ニャニン村の魚商人が夏場のマダコ手釣り漁期に傘下漁民に与える贈与のように、いくらかの例外はある)[18]。

魚商人と漁民の関係が深化するほど、魚商人に漁獲物を販売する義務を負う傘下漁船の囲い込みが漁村内部に浸透する。その結果、大家族漁家における家族の紐帯は断ち切られ、希薄化する。ポアント・サレーン村では、大家族漁家の紐帯が維持されているがゆえに漁民魚商人の活動が可能だと言えるし、漁民魚商人の存在が魚商人の漁家への介入を阻止し、大家族漁家の紐帯を維持する原動力になっているとも言えよう。

富の再配分

二隻分の漁船と船外機と網具の所有者であり、漁民魚商人でもあるンバイさんの収入は、すでに説明したように、底刺網漁期では操業経費と家計負担金を差し引いた残額の四分の一（網具配当）と一・五代、およびマダコ手釣り漁期の一と三分の二代、それぞれの二隻分となる。これに、自家所有の三隻と親戚所有の三隻をあわせた六隻分の漁獲物を販売して得られる手数料収入が加わる。この手数料収入はあくまでも魚商人に販売する場合に発生し、貝類などを浜で加工する村の女性に販売する場合には発生しない。村落共同体外部の市場システムに関わる部分と、共同体内部の相互扶助としての互酬性に関わる部分の仕分けが、明確になされている。

たとえば、イカ・ゲル社がマダコを買い付ける価格が一kgあたり一二〇〇CFAフラン、魚商人が漁民からマダコを買い付ける価格が一一〇〇CFAフランだとする。両者の価格差である一〇〇CFAフランが本来魚商人の利益である。ところが、ポアント・サレーン村で漁民魚商人が介在する場合、魚商人はこの一〇〇CFAフランから五〇CFAフランを割いて、漁民魚商人へ支払わねばならない。

船方の水揚げ代金はあくまでも魚商人の買い付け価格である一kgあたり一一〇〇CFAフランに基づいて精算されるから、漁民魚商人が得る手数料は、本来魚商人が得る商業利益の一部である。魚商人がその支払いを認めるのは、漁民魚商人が擁する漁船の漁獲物を得て、商量のかさ上げを実現できるうえに、漁民魚商人を介することで傘下漁民との関係で派生する債権の焦げ付きを回避できるというメリットがあるからだ。

魚商人からもたらされる漁民魚商人の手数料収入は、漁家世帯の家計費や生産財の更新費に充当される。いわば、世帯構成員の福利厚生に役立てられるわけだ。漁民魚商人の活動は、魚商人サイドへ渡る商業利益の一部を漁業生産者サイドへ再配分する役割を果たしている。

魚商人との競合関係の回避

零細漁民の組織化という政策はこれまで、魚商人の仕込み支配を断ち切り、農奴的な立場におかれてきた零細漁民の自立を達成する、ほとんど唯一の方策とさえ考えられてきた。仮に零細漁民を組織して漁業協同組合を設立し、水産物輸出会社へ共同出荷する場合を考えてみよう。

漁業協同組合メンバーである零細漁民の漁獲物を組合が取りまとめ、水産物輸出会社へ直販することで、これまで魚商人が得ていた販売手数料（漁民からの買い付け価格と水産物輸出会社への販売価格の差）分だけ高く漁獲物を販売できるから、生産者利益を引き上げ、零細漁民の生計向上に役立てられる。漁業生産者が商業資本家に対抗できる措置として進められる漁民組織化の眼目のひとつは、組織化による生産者利益の引き上げにある。

新たに設立される漁業協同組合の直販活動は、それまで魚商人が享受していた商権を侵すことになるから、当然両者の間に競合関係が生まれる。このとき、冒頭で紹介した「仲買人が古くから農民に深く関わり、強い人間関係を築いてきたのと対照的に、協同組合は村落コミュニティとの関係が希薄で、組織や活動が村落社会に根を下ろしていない弱さに加え、末端を担う人びとの経営能力と意欲が不足している」ことが問題となる。当然、組織の弱さを克服し、経営能力と意欲をもって協同組合運営を成功させている事例があることは言うまでもない。だが、仲買人との競合に敗れ、有名無実化した協同組合もまた少なくない現実がある。

いっぽう漁家単位で商人化し、漁家内部で取りまとめた漁獲物を外部魚商人と価格交渉のうえで取引する場合は、どうだろうか。水産物は従来どおり魚商人の手を介して水産物輸出会社に販売されるから、漁民魚商人を利益代表とする漁家と魚商人との二者関係は競合しない。魚商人との競合関係を発生させることなく、漁業生産者の価格交渉力を維持し、漁業生産者と商業資本家のあいだに生まれる富の偏在を平準化するひとつの手法だと言えるのではないか。

5　共時態としての沿岸コミュニティ

漁民自立化策のオルタナティブ

ポアント・サレーン村で漁民魚商人という現象と出会ったとき、最初に思ったのは、漁業協同組合などの設立を介した零細漁民の組織化という、これまでのほとんど唯一といってもいい自立化策のオルタナティブとして、漁民個々の力の強化によって零細漁家の自立化を促進する方法論のひとつになるのではないかということだった。漁業協同組合などの設立を介した漁民の組織化策は、商業資本による仕込み支配にあえぐ漁民層を債務農奴に等しい状態から解き放ち、独立した漁家経営を進めるうえで、有効な手段のひとつであることは間違いない。しかし、そこには、成功の可能性と同時に、漁民層が被りかねないリスクが常にともなう。それ以前から漁民層に深く関わり、強い人間関係を築いてきた魚商人との競合関係を避けられないからだ。

販売市場が限られた状況下であれば、魚商人との競合関係は販売価格の低下をもたらす。水産会社の買い付け量に制約がある条件下で、仕入れ先が複数あり、品質が同じであれば、低価格の仕入れ先が優先されるからだ。魚商人は、傘下漁民に漁具の更新費を支援することで、関係を維持しようとする。設立された漁業協同組合の漁民メンバーにとっても、網漁具の更新費をいかに捻出するかは、生産活動を維持するうえで重要な懸案事項となる。このため、漁業協同組合は漁民に融資を提供するなどの制度を設けなければならなくなる。

漁業協同組合が水産物の集荷と販売事業を行ううえで、経理処理の透明性は不可欠であり、日々の実務処理をこなす能力と意欲が求められる。加えて、零細漁業は個別性が高い生業なので、漁民個々の利害がさまざまだ。多様な利害を超えてひとつの組織として機能するには、カリスマ性を備えたリーダーの存在が重要な要素になる。(19) 漁民の組織化が成功するためには、少なくともこうした条件のひとつひとつが満たされなければならない。

ポアント・サレーン村の漁民魚商人の活動では、従来から村で水産物取引に従事してきた魚商人を介して水産物が販売されるため、漁民魚商人と魚商人のあいだに競合関係は生じにくい。個々の漁家を支援し、漁民魚商人が活動しやすい環境を整える方策は、個々の漁家が魚商人に負債をもたない経営体質の強化につながる。魚商人にとっても、漁民の囲い込みを進めるなかで常に派生する債権の焦げ付きリスクの回避につながる。

漁民魚商人への手数料支払いという魚商人にとってのデメリットを考慮しても、個々の漁家を支援して、漁民魚商人を育成することは、魚商人サイドにも十分なメリットをもたらす。そうであれば、どのような条件下において「漁民の商人化」という現象が可能なのかという点が明らかにされなければならない。

互酬性を背景とする漁民魚商人

本章で検討した漁民魚商人の属地的要因や属人的要因は、漁民魚商人の出現を可能にする条件を明らかにする手掛かりを提供するだろう。さらに、近代市場システムを村の内部に結果的に浸透させる役割を担う魚商人への対抗基軸として、大家族漁家の紐帯に支えられた漁民魚商人の存在を位置づけるとき、村落共同体の互酬性という社会システムのなかに市場システムが埋め込まれていることが、漁民魚商人の存立の重要な要件になるのではないか。ポアント・サレーン村一番の漁民魚商人であるンバイ・ジョップさんの次の言葉がその一端を示している。

「この村の住人はすべて親戚のようなものだ。すべての船の漁獲物は、あらかじめすべて売り先が決まっている。だから、船が帰ってきたら、我先に漁獲物を取り合うような、他村でみられる競争はこの村にはない」

彼は六隻の自家所有船のほかに、三〇〜四〇隻もの傘下漁船を擁し、イカ・ゲル社にクォータをもつ。傘下船に対して網具の更新や燃油、食糧などの支援を行い、傘下漁民が不漁にあえば、それらの返済を強いては求めない。互酬性という社会システムを尊重する漁民魚商人なのだ。

大家族制から小家族制へ移行する傾向にあるニャニン村や少数の魚商人による傘下漁船の囲い込みが進行するウンバリン村は、おそらく近代市場システムと村の互酬性という社会システムとのバランスが崩れ、市場システムのなかに村の社会的諸関係が埋め込まれようとしている。(20) プティコートに位置する近隣の沿岸コミュニティを十把一絡げに断じるのではなく、それらひとつひとつのコミュニティが共時態として、(21) いままさに起こっている現象が、どのような存在理由をもってそこにあるのかを明らかにしていく作業が求められている。

(1) 幹に大量のでんぷんを蓄積し、東南アジア島嶼部からメラネシアの低湿地帯に暮らす人びとに重要な食糧を提供してきた(京都大学東南アジア研究センター編『事典 東南アジア 風土・生態・環境』弘文堂、一九九七年、三三四ページ)。

(2) 日本では江戸時代においても、漁業生産は商品生産として発展した。江戸時代中期以降の漁業生産の発展に対応して、魚問屋網が浦方(漁村の住民)内部や近在に張りめぐらされていく。魚問屋は仕込み制度を通じて、漁業の生産・流通を支配する形が一般的となった。問屋仕込み制度とは、漁業生産に必要な資金や資材を魚問屋が生産者に前貸しし、その代わりに漁獲物のすべてをその問屋が安く買い取る制度である(二野瓶徳夫『明治漁業開拓史』平凡社、一九八一年、三九〜五一ページ)。

(3) 岩切成郎『東南アジアの漁業経済構造』三一書房、一九七九年、一九〜二三ページ、清水弘・小沼勇『日本漁業経済発達史序説』潮流社、一九四九年、三八〜三九、一三七〜一五四ページ。

(4) 弊著『地域漁業の社会と生態——海域東南アジアの漁民像を求めて』コモンズ、二〇〇〇年、六六〜七一ページ。

(5) 板垣興一編『インドネシアの経済社会構造』アジア経済研究所、一九六三年、一四三〜一五八ページ。

(6) 坪田邦夫「精米近代化事業とインドネシア農村協同組合〜政策への合理的対応と組織の限界〜」『季刊 農業総合研究』第四九巻第四号、農業総合研究所、一九九五年。

(7) Chandrasekera, C.H.M.T., "*Fishery Cooperatives in Asian Countries*", Socio-Economic Issues in Coastal Fisheries Management: Proceedings of the IPFC Symposium, FAO Regional Office for Asia and the Pacific, Bangkok, 1994, pp.230-236.

(8) "*Cooperative Information Note, Republic of Senegal*", COPAC Secretariat No.30, Rome, Italy, 1985, pp.9-10.

(9) JICA国際協力総合研修所『開発途上国技術情報データシート セネガル』一九九三年。

(10) FENAGIE PECHE のホームページ(http://www.cncr.org/article.php 3~id_article=74)を参照。

(11) 一九九四年以降に漁獲量の自主規制で魚価の安定化を実現したカヤル釣り漁業管理委員会や、九八年以降に村の地先漁場を管理するため浜委員会が設立されたニョジョール(Niodior)、ダカール向けに生ガキを生産販売しているジョアルとソコン(Sokone)のカキ生産経済利益グループなど、住民組織が共同活動を実施している事例はいくらかある。

(12) 魚種によって出荷量の上限や下限が設定されないのが一般的だが、例外としてマダコの一日あたり出荷量を一・二〜一・八トンに制限している事例がある。これは、一九九九年に西アフリカ沿岸部でマダコが大量に発生し、処理に追われたことに起因する。

(13) ここでいう傘下船(傘下漁民)とは、魚商人から経済的支援を受けることで、その魚商人への漁獲物の販売を義務づけられた漁船(漁民)をいう。

(14) 前掲(4)、六〇〜六六ページ。ここでは、スマトラ島東岸のベンカリス島でみられる漁民と魚商人(頭家と呼ばれる)の関係について記述されている。

(15) 私は弊著のなかで、スマトラ島東岸の漁村での調査結果をふまえ、漁民と魚商人との関係を決める要因には、魚商人間の競合関係と漁民の生計戦略の二つがあることを指摘した。村内で複数魚商人間に強い競合関係が認められる場合、そこでの漁民と魚商人の関係は相対的に対等に近く、自由度の高い関係をもたらす。そのいっぽう、複数魚商人間の競合が認められないか希薄な場合、魚商人の漁民に対する支配の度合いが高まる。また、多様で自立した生計戦略をもつ漁民は、魚商人に生活を依存する漁民に比べ、魚商人との関係により自由度が高い(前掲(4)、六六〜七一ページ)。

(16) 彼らは自らを pecheur mareyeur(漁民魚商人)とか petit mareyeur(小規模魚商人)と呼ぶ。あるいは、家族内魚商人という言い方をする人もいる。ここでは、便宜的に漁民魚商人という呼称を用いる。彼らに一般の魚商人と漁民魚商人との違いを尋ねたところ、明確に答えられる人は少なかった。彼らの返答を総合すると、漁民魚商人とは、「漁民出身で、所属する漁家および親族・友人が所有し運用する漁船の漁獲物を販売することで、手数料収入を得る人びと」となる。ただし、所属する漁家の漁獲物販売から親族や友人の漁獲物販売に手を広げるにしたがい、一般の魚商人との境界がぼやけてくるように思える。これに対して、漁民魚商人のなかでも商い量がわずかな場合は、ラグラグルとの境界域に近づく状況もあり得る。ラグラグル、漁民魚商人、魚商人の区別は、そうした漸次的変化の概念として押さえておいたほうがよさそうだ。

(17) 水揚げ金額から差し引かれる操業経費(大仲経費)には、燃油代、おやつ・茶代、漁具維持費、マダコ釣り具費、帰漁時の船の浜上げ経費、漁獲物を船から浜の計量場まで運ぶ労賃が含まれる。

(18) この事象は、スマトラ島東岸の漁村の状況と比較して興味深い。そこでは、漁民は操業の仕込みから生活費にいたるまで魚商人に依存して生活している場面がある。漁民のそうした負債に対して、魚商人が返済期間や金利を設定することもあり得る。しかし、こうした契約意識の強い魚商人は Tengkulak(仲買人)と呼ばれて、漁民から嫌われている。いっぽう、借金してもその返済を強いて求めない度量の広い魚商人が漁民の理想であり、漁民は敬意をこめて Tauke(頭家)と呼ぶ。西アフリカ西岸の漁村と比べると、ここでの漁民と魚商人の関係はより深化している印象を受ける。そこには、市場システムに厳格な Tengkulak(仲買人)に向かう方向性と、そこに互酬性を加味した Tauke(頭家)という方向性の二つがある。私が参与観察した一九九〇年代初頭のスマトラ島東岸の沿岸漁村では、魚商人は彼らの事業を伸張する目的のために、ふたつの方向性のあいだをさまざまに揺れ動いていた(前掲(4)、七〇～七一ページ、参照)。

(19) ここでいうカリスマ性とは、伝統的な社会基盤のなかに位置づけられ、制度化された指導者の性格をいう(石川栄吉・梅棹忠夫ほか編集『文化人類学辞典』弘文堂、一九九四年、一七四ページ)。人が何に対して敬服し、どんな人に魅力を感じるかは、対象となる地域や組織の文化によって決まる(前田成文『東南アジアの組織原理』勁草書房、一九八八年、一〇七～一〇八ページ)。

(20) カール・ポランニーは、「市場経済は市場社会においてのみ機能し得る。なぜなら、ひとたび経済システムが独立した諸制度に組織され、……特別な地位を獲得しはじめるや否や、社会は、そのシステムがそれ自身の法則に従って機能し得るような仕方でかたちづくられなければならない」とし、市場経済においては、「経済が社会的諸関係に埋め込まれるのではなく、社会的諸関係が経済システムの内に埋め込まれる」という事実を鋭く洞察している(カール・ポランニー著、吉沢英成・野口建彦ほか訳『大転換——市場社会の形成と崩壊』東洋経済新報社、一九七五年、九五〜九六ページ)。

(21) 玉野井芳郎は、ポランニーが提示する社会と経済への共時的接近方法について指摘している。それによれば、「ポランニーは近代の市場経済の社会がいかに歴史的に見て特異なものであるかを示しており、社会に対するこれまでの通時的な接近方法に対し、『共時的』見方、すなわち同時代にどのような社会や共同体が、どのような存在理由をもって、我々の前に存在しているのか、ということに光をあてた接近方法を提示している」と述べている(中村尚司・樺山紘一編『玉野井芳郎著作集④等身大の生活世界』学陽書房、一九九〇年、一五〜一六ページ)。

第Ⅲ部

マングローブデルタの海民

ピログを漕ぐムンデ村の女性たち
(2007年6月20日撮影)

第5章　マングローブデルタに暮らす

1　村のマングローブ植林

ジルンダ（Djirunda）村はサルームデルタ島嶼部の入口に位置する（一八六ページ図24参照）。マングローブの持続的管理のための調査で私たちが最初にこの村を訪れたのは二〇〇二年だった。そのとき、村の女性リーダーのひとりアダマ・ジャメさんが語ってくれた。

「この村では、女性たちが一九九〇年ころからヒルギ科のマングローブ[1]を、小水路をはさんだ集落の対岸に植えはじめました。村人が頻繁に歩いて通るかたわらに、ヒルギの苗木が育っているのを見た女性たちが、流れ着いた長さ三〇cmほどの長細い胎生種子[2]を集めて植えたのです」

村の周辺に繁茂するマングローブの劣化による魚介類の減少を感じ取っていたからだ。みんなで並んで植えたわけではないし、一時期にまとめて植えたわけでもない。何年もかけて植えたので、整然と並んでいるわけではないし、高さもまちまちだけれど、しっかり根付いている。一mほどの

ジルンダ村でのマングローブ植林
(2007年12月8日撮影、文章中のヒルギ科の植林ではなく、苗の移植が必要なアフリカヒルギダマシの植林で、時期が異なる)

高さのものから、奥へ進むほどに樹高が高い。そうして伸びたヒルギの下から、次世代の苗木が伸び始めていた。

村の女性たちが始めたマングローブの植林をマングローブ調査の一環として、私たちは支援することにした。育てたマングローブ林をさらに広げたいと、彼女たちが希望したからだ。

それから四年あまりがたった二〇〇六年九月二六日、雨期の終盤にあたるこの日は、ジルンダ村で一年に一度のマングローブ植林の日だ。植林地は、村の中心部からピログで水路を横断した対岸の一角にある。四七人の女性と三人の男性を乗せた満杯の大型ピログの船上では、女性たちが球形のヒョウタンや太鼓をたたき、歌い、リズムにのってやんやと踊る。植林地でピログを降りた彼女たちは、前日までに集めておいた胎生種子が入った布袋を頭に乗せ、植林地

チェブジェンの配膳が整えられる（ジルンダ村にて 2007年12月10日撮影）

へ向かう。太鼓の速く軽快なリズムにあわせ、スカートのすそを持ち上げて腰を振り、他方の腕をしならせて踊る。踊りながら移動し、植林作業が始まる。

彼女たちにとって、今日はお祭りのような一日だ。楽しみながらリズムにのって作業する。合間には、「アタイヤ」と呼ばれるアラビア茶で喉を潤すこともできる。(3) 五〇㎝おきに赤く印をつけた五〇ｍのロープをぴんっと張る。その前に一列に並んだ彼女たちの手には、何本もの胎生種子。それを五〇㎝間隔で植えていく。太鼓のリズムにのって、テンポよく作業が進む。

ジルンダ村のもう一人の女性リーダーであるニンマ・ファルさんに率いられた別の女性グループが、集落内で準備していた昼食が植林地に届く。ご馳走はチェブジェンだ。これは地元の言葉で「ご飯と魚」の意。セネガルの国民食といえる。潮が届かない乾いた砂浜に場所を定め、金属製の大きな器がいくつも並べられる。そこに魚と野菜の煮汁で炊いたご飯を移し、美味しそうな煮魚と野菜を上に盛り付けていく。

ニンマさんの合図で、一仕事を終えた女性たちが昼食をとるために三々五々やって来る。ひとつの大きな器を五～六人が取り囲み、自分のすぐ前のご飯を右手ですくい取って口に入れ、魚や野菜をちぎっては口に運ぶ。雨期の合間の青空の下、みんなで楽しむ食事は美味い。

昼食が終わると、再びヒョウタンと太鼓がリズムをきざみ、みんなが輪になって手をたたき、何人かが交代で前に進み出て、女性たちの輪のなかで踊りだす。衣服のすそをつまみ上げ、手を腰の上にかかげ、腰を激しく振る。太鼓の激しいリズムにのって、体全体がバネのようにしなる。ニンマが踊る、踊る。その存在感は圧倒的だ。

そして宴が終わり、祭りの一日が終わる。

2　マングローブデルタの自然生態

砂漠化が進行するマングローブデルタ

サハラ砂漠の南縁に広がるサヘル地域は、一九七〇年代後半以降に厳しい干ばつが続いた結果、砂漠化が進行した。セネガルは北部の半砂漠から熱帯雨林が卓越する南部のカザマンス地方まで、

図 24　サルームデルタと村の分布

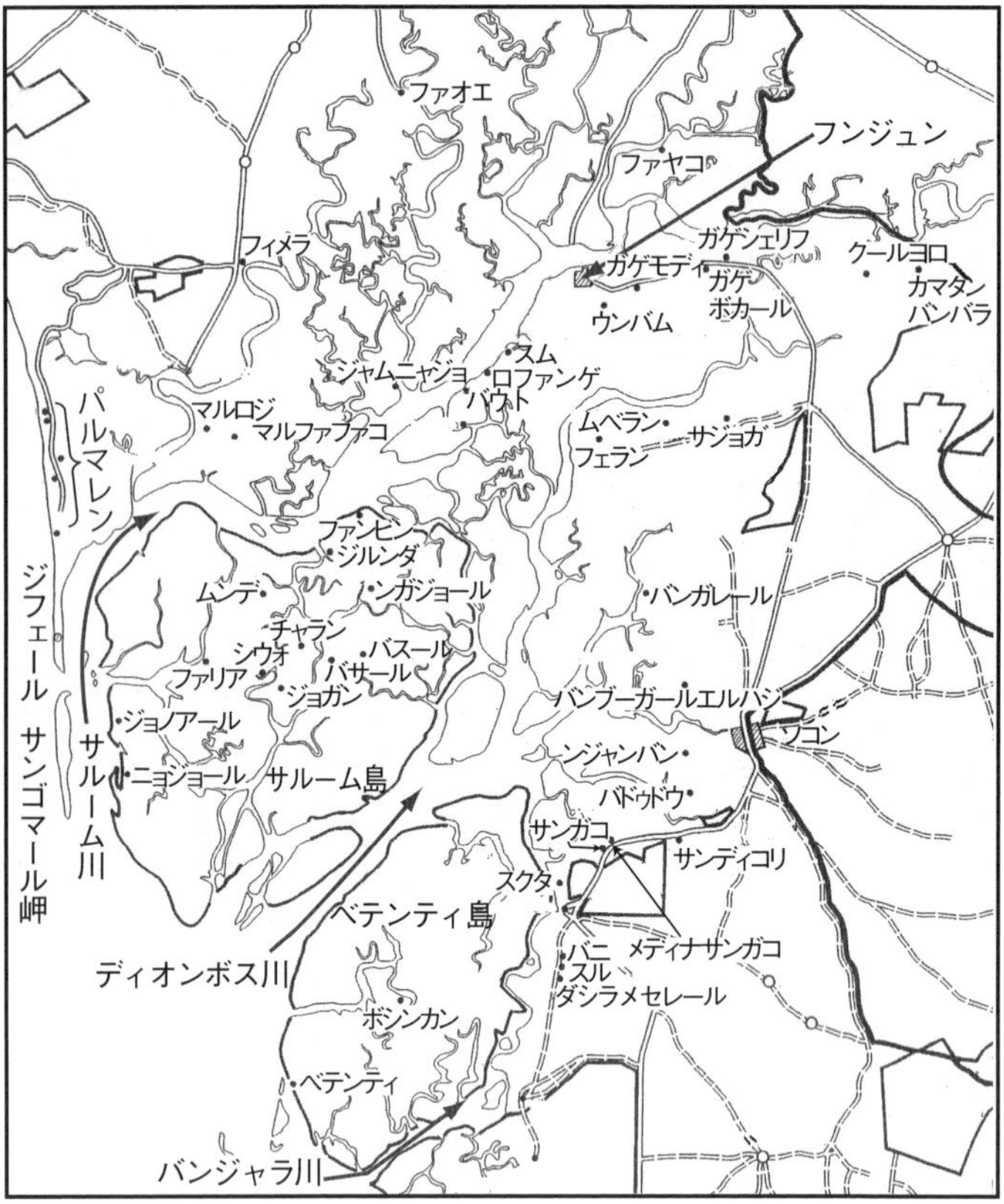

注：0　5　10　15　20　25km

出所：一般社団法人 日本森林技術協会作成の図をもとに作成。

支柱根を伸ばすヒルギ科のマングローブ
（ジルンダ村近郊にて 2007年2月10日撮影）

気候と植生が変化に富む空間に位置する。そのいっぽうで地形の起伏は乏しく、国土のほとんどが標高一〇〇ｍまでの低地にある。[4]

セネガル中部に位置するサルームデルタは、サルーム、ディオンボス、バンジャラの三河川とその支流域からなる低湿地帯であり、域内に三・七万世帯、約三五万人が暮らしている[5]（図24）。起伏が乏しいため、満潮時になると河口から一〇八㎞上流のカオラックまで感潮する。デルタ内部には、河川で分離される多くの島や砂州が点在し、広大な軟泥地と密度の高い植生が多様な生物を育む生態系を形成している。ここは西アフリカでまとまったマングローブ林が繁茂する最北部に位置する。[6]

マングローブ林の構成樹種はヒルギ科のカズザキヒルギ（*Rhizophora racemosa*）、アメリカヒルギ（*Rhizophora mangle*）、ハリソンヒルギ（*Rhizophora*

ガゲシェリフ村近郊のタン(2007年2月6日撮影)

harisonii)、クマツヅラ科のアフリカヒルギダマシ(*Avicennia africana*)が主要なものであり、まれにシクンシ科のラグンクラリア(*Laguncularia racemosa*)やコノカルプス(*Conocarpus erectus*)が混じるようだ。[7] これら三種のヒルギは、幹の下部からタコの脚のような多数の支柱根を伸ばす。それに対して、もう一つの主要樹種であるアフリカヒルギダマシは、地面近くを横に伸びる根から呼吸根と呼ばれる根が上に向かって垂直に伸びる。生え方が筍《たけのこ》を連想させることから、筍根《じゅんこん》とも呼ばれる。[8]

サルームデルタにおける砂漠化の影響は、マングローブ林の後背地に広がるタン(tannes 酸性硫酸塩土壌)と呼ばれる不毛の乾燥地の拡大にみることができる。降雨量の減少や淡水の人的利用などに起因する塩分濃度の上昇が植生の劣化を進め、植物が一切育たない土壌を広げてしまった。サルームデルタでは一九八〇年から九一年までの一一年間で、不毛の乾燥地が三％増加している。[9] この傾向は、塩分濃度の上昇が激しい河川の上流部ほど顕著だ。

上昇する塩分濃度

九万haにおよぶサルームデルタの流域面積は多くが平坦で、河川の上流部に淡水を供給する山岳地帯がないため、雨期に河川へ直接注ぎ込む雨水が唯一の淡水供給源となる。[10] 乾期の蒸発による内陸部の河川水の減少を補うため、下流から上流へ向かう海水の逆流現象が起こる。[11] その結果、下流から上流へ向かうほど河川水の塩分濃度は上昇する。

二〇〇二年の観測結果によれば、[12] 乾期の終わりにあたる六月に外洋で三・八％だった塩分濃度は、河口から四四・八㎞上流のフンジュン(Foundiougne)近郊で五・二％、一〇八㎞上流のカオラック近郊ではなんと一三％に上昇する。塩分濃度が低下する雨期の終わりの一〇月には外洋で三・五％、フンジュン近郊で四・五％、カオラック近郊で六・六％だ。エビの好漁場となるフンジュンから上流の水域は、一年を通じて塩分濃度が四・五～五・二％と非常に高い。

この高い塩分濃度は、一九七〇年代後半以降に頻発した干ばつの影響と考えられている。高塩分濃度水のため、かつて河岸に繁茂していたマングローブ林のほとんどが枯死してしまった。フンジュン近郊の河岸沿いの村の住民によれば、かつて河岸一帯は樹高二m以上のマングローブ林で覆われていた。ところが、降雨の減少で徐々に枯死が進み、一九八〇年代にはほとんど消滅してしまったという。

ウンバム(Mbam)村あたりで河岸の土を掘り起こしてみると、いまでもマングローブの根がびっしりと詰まっている。そのことが、近年までその場所がマングローブ林に覆われていた事実を物語っている。いまでは、マングローブ樹種のなかで高い塩分濃度に比較的強いアフリカヒルギダマシの疎林が、広大な低湿地帯にわずかに残るばかりだ。(13)

サルームデルタの中心地であるフンジュンは、私たち調査団がベースキャンプを置いた街である。そこからボートに乗って、蜘蛛の巣のように張りめぐらされた水路沿いに位置する村々を訪れた。村の住民の多くはセレル族の海に生きる人びとであり、ニョミンカ(Niominka)と呼ばれている。フンジュンを出て、水路を上って内陸部へ向かう場合と、水路を下って島嶼部へ向かう場合で、景観が極端に異なる。前者は前述したように、アフリカヒルギダマシの疎林がわずかに残るだけの見渡す限りの湿地帯が広がっているのに対し、下流へ向かうと、水路沿いにヒルギ科の樹種がびっしりと繁茂するマングローブ林の世界が広がる。

3　サルームデルタの景観と村の生活

デルタ内陸部の村

フンジュンからサルーム川を上流へ向かうと、フンジュンの東隣にウンバム村があり、さらにその東方にガゲシェリフ(Gagué Chérif)村やカマタンバンバラ(Kamatane bambara)村など、エビ獲りをなりわいとする村が点在する(図24)。

ウンバム村は人口が一七九三人(二〇〇一年当時、以下同様)、村の対岸に比較的大きなアフリカヒルギダマシのマングローブ林が残り、その周辺の水路がエビの好漁場になっている。この村では一九九八年以降、NGOが中心となってヒルギ科のマングローブを植林しはじめた。マングローブ林の減少により、水産資源の悪化が顕著になってきたからだ。かつて村の周辺には、アフリカヒルギダマシやヒルギ科のマングローブが繁茂していた。降雨量の減少から塩分濃度が上昇し、ヒルギ科のマングローブ林は枯死する。村人が自炊用の薪材に利用していたことや販売目的で伐採したことが、その進行を助長した。

ウンバム村に住むアブライ・セックさんは、二〇年近く首都ダカールで洋裁業を営んだのち帰村し、農漁業を営むかたわら、洋裁業を続けている。彼のようなテーラーが村に四人いて、客が持ち込む布地を仕立てて賃金を稼ぐ。年間を通して注文を受け付けるが、イスラムの祝祭日前に注文が増える。

雨期前の五月になると、トウジンビエや落花生を栽培するための準備を始める。草を刈って燃やし、土を起こす。雨期の到来を待って種を播く。雨期のあいだに伸びる雑草を抜き、トウジンビエは播種後九〇日、落花生は一四〇日で収穫できる。村前面のサルーム川では、エビ漁と投網漁を行う。投網漁は年間を通して週に数回出かけ、おもにティラピアを漁獲する。八～一一月のエビ漁の最盛期には潮の時間をみて連日出かけ、合間に農作業をこなす。一二～五月のエビ漁は、たまに出かける程度だ。

人口三〇〇人足らずのガゲシェリフ村は、村の北を流れるサルーム川と北上するディオンボス川の合流点付近に位置する。上流に向かうほど塩分濃度が上昇する水域環境のなかで、アフリカヒルギダマシの疎林が残る最終地点だ。村には有力なエビの仲買人が住んでいる。彼は周辺の八村に代理人を配置し、五〇〇人近い傘下漁民からエビを買い付ける。この村は、エビ獲りを生業とするサルーム川沿いの村落群と幹線道路をつなぐ分岐点にも位置し、エビの仲買人にとって、地理的な好条件に恵まれている。

ガゲシェリフ村のアリウ・センゴールさんは大工や家具作りのかたわら、トウジンビエ、モロコシ、ビサップ(ハイビスカスに似た赤い花で、ジュースの原料になる)を栽培し、エビ漁と地曳網漁に従事する。乾期の日中は家を建て、イスやベッドを作る。地曳網漁は周年実施し、満潮時に大きな魚がかかることが多い。エビ漁の最盛期は九~一一月だ。

カマタンバンバラ村の人口は二〇〇人あまり。フンジュンから東方へ向かう幹線道路をガゲシェリフ村で左折し、灌木がまばらに生えるブッシュ地帯の自然道をサルーム川に沿って九㎞東進したところに位置する。前面に広がるサルーム川河岸にマングローブ林はもはやなく、茫漠とした景観が広がる。アブドゥ・トゥレ現村長によれば、村の創設は一九二〇年代初頭だという。

彼の父親であるサジュ・トゥレさんを含む五人のグループが、バンバラ族が住むというこの地へやって来たとき、その人びとはすでに別の地へ去り、無人の野となっていた。彼らはここを定住地

カマタンバンバラ村の歴史を語るアブドゥ・トゥレ村長
(2007年6月7日撮影)

と定め、幼かったアブドゥさんたち家族を呼び寄せる。村では雨期に落花生、トウジンビエ、モロコシを栽培する。一九八〇年代の後半まで米作りが行われていたが、降雨量の減少でいまでは耕作できなくなった。

エビ漁は八～一月の六カ月間続くが、最盛期は九～一〇月の二カ月間と短い。前述の二村に比べて漁場の塩分濃度が高いため、エビにとって厳しい成育環境にあるからだ。乾期の半年間、村の生業活動は乏しい。村に住むママドゥ・トゥレさんたちは乾期になると、ガンビアの首都バンジュール(Banjul)へ出稼ぎに行かざるを得ない。バンジュールの親方から荷を仕入れ、売り歩くのだ。商品のひとつはシアバター[14]で、手に塗って患部をマッサージすると効果がある。

高い塩分濃度のため、マングローブ林が枯

死してしまったデルタ内陸部の荒涼とした自然景観と、そこにたたずむ小さな家屋群は、乾期の生業の乏しさと生活の厳しさを現しているかのようだ。

サルーム川を下る

フンジュンから陸路のアクセスも可能な内陸部の村々に比べ、サルームデルタの島嶼部に点在する村々へのアクセスは、ボートに乗ってサルーム川を下る以外に方法がない。

フンジュンから動力船に乗ってサルーム川を下ると、約四〇分で左岸前方に小さな集落が見えてくる。人口一五〇人ほどのロファンゲ(Rofangue)村だ。集落の東側にエトマローズを燻製加工するためにギニア人が建てた燻製かまどが並び、西側の河岸には貧弱なマングローブの疎林が残る。毎年一～八月にギニア人が村にやって来て、村の土地を借りて燻製加工に従事する。

彼らは大西洋からサルーム川を遡上するエトマローズをロファンゲ村の男性たちに金を渡して漁獲させ、歩合給で雇った村の女性たちに燻製加工させる。加工された魚はギニア、ナイジェリア、ガーナ、マリ、ニジェールなど近隣の国々へ運ばれる。一組一〇人ほどのギニア人グループが村々に配置され、彼らのパトロンが各村を巡回する。季節になると、サルームデルタ全体で一五〇～二〇〇人のギニア人が燻製加工に従事していると聞く。

村人たちによれば、ロファンゲ村の前面はかつてマングローブ林で覆われていた。そのころは魚や貝類が豊富に採れたという。女性はその貝類を煮沸後に乾燥して町で売った。その後、村周辺のマングローブ林はなくなり、貝類が採れなくなり、女性の仕事がなくなった。いまでは男性も女性も、ギニア人が行うエトマローズの燻製加工業に専念している。

ロファンゲ村の対岸に位置するジャムニャジョ(Diamniadio)村は、水路から背の高いミナレット(塔)が目につく、人口七〇〇人ほどの村だ。水路から村へ近づくと広大な敷地に魚の燻製かまどが数多く並び、河岸沿いにはマングローブの薪材がいくつも山のように積み上げられている。デルタ島嶼部の村々で暮らす人びとが、いくばくかの生活の糧を得るために、薪材として運び込んだものだ。三・五m×二・二m×一・六mの一山が当時五万〜七・五万CFAフランで取引されていた。外部ドナー(資金提供者)による大がかりな燻製加工場の整備も進んでいる。周辺のマングローブ林はここも貧弱だ。

ジャムニャジョ村から船でサルーム川をさらに四〇分ほど下ると、ジルンダ村に到着する。サルーム川本流から枝分かれし、島嶼部に点在する村々へ通じる小水路に入る航路の入口にあたる村だ。本章の冒頭で紹介したマングローブ植林が行われる村でもある。

ジルンダ村の土地は塩分濃度が高いので、農耕に適さない。そのため、男はエビやエトマローズを漁獲し、女はカキやサルボウなどの貝類を採取・加工して販売する。人口一二〇〇人を擁するこの村は、水産業に依存する村なのだ。女性は、近くに繁茂するヒルギ科のマングローブ(*Rhizophora* sp.)がタコの足のように伸ばす支柱根(15)にびっしり張り付いたマングローブカキ(*Crassostrea gasar*)をそぎ落とし、煮沸して貝殻からはずしたのち、天日干しにして商品とする。近くでカキが採れるマ

ムンデ・ダガからオウギヤシの林を望む。その向こうにムンデ村がある
(2007年2月17日撮影)

ングローブ林が少なくなり、採取場が村から遠くなりつつあることが、女性たちの問題となっている

ジルンダ村から小水路を下り、右折して、さらに細い水路に入るとまもなく、ムンデ・ダガ(Mounde Daga)と呼ばれる小さな桟橋が見える。そこで船を降り、オウギヤシ(16)(*Borassus flabellifer*)の森を抜けていくと、ムンデ(Mounde)村に至る。人口一三〇〇人を擁するこの村では、雨期にトウジンビエや落花生の栽培が可能だ。男性たちは刺網漁でボラやティラピア、エトマローズを漁獲する。女性の仕事は貝類の採取・加工・販売だ。その詳細については、第7章で詳しく説明する。この村の古老から、村の成り立ちや精霊の住む森など、村に伝わるさまざまな話を聞いた。その一端を次に語ろう。

聖なる森とコーラの木

ムンデ村の集落近くに女性たちが精霊を呼ぶ森がある。大木が残る村はずれの森だ。九六歳になる古老の話によれば、最初にこの地へやって来た人たちが、森の近くで暮らしていた。彼らは牛を連れてやって来たという。村の創設者の妹の墓が、いまもそこにある。その地のアリ塚は、かつて人が亡くなって弔った墓の跡かもしれない。イスラムがこの地に浸透する以前、人が亡くなると、その人が使っていた家財を一緒に埋めた。このため、シロアリが集まってきて、アリ塚になった可能性がある。ご先祖に会いたいと願う村人は、精霊の森で体に砂を塗り、身を清めて待つ。白い布で全身を覆った巫女が、求められるご先祖を呼び出す。

その森に、いまも一本のコーラの木[17]がある。ムンデ村の創設者のひとりはジェンヌ・コンヌ・ファイといい、彼の一家はシン王国（四一ページ図４参照）から出て、フンジュンの東にあるウンバム村にやって来た。ウンバムとは、コーラの木が多数繁茂する場所の意だという。彼らは、ウンバム村からバウト（Baout）村を経由してこの地へやって来た。そのときに落としたコーラの実が種となり、芽が出てその木になった。四五〇年ほど前のことだ。だから、樹齢は四五〇年ほどになる。一九七〇年代の干ばつで、周辺のほとんどのコーラの木は枯れてしまったのに、その一本の古木だけが残った。

いまジルンダ村とムンデ村に分かれて暮らす人びとは、もともとムンデ村に住む大家族の一員だった。こんな話が残っている。

ジェンヌ・コンヌ・ファイ一家は、マット・ジャッサー一家とともにムンデ村で暮らしていた。その後、ビッセルという村からもう一家族が移り住む。彼らがムンデ村に入植して一二年がたったある日、事故が起こる。一緒に遊んでいた子どものうち、マット・ジャッサーの息子がビッセルからやって来た家族の息子を傷つけ、死なせてしまったのだ。一家はムンデ村で暮らせなくなったため、この地を去って新たに村を起こす。それがいまのジルンダ村だという。

マット・ジャッサー一家の子孫はいまもムンデ村に土地を持ち、そこで暮らす親戚に畑を耕してもらい、収穫の一部を得ている。

オウギヤシの木とイスラムの到来

この森の一角に一本の古いオウギヤシが立っている。この木はムンデ村で一番古いオウギヤシで、周辺のオウギヤシの母木にあたる。ところが、その木は地面から数mほどのところでばっさりと折れてしまっていた。その木にはこんな話が伝えられている。

かつて、マンディング族の一派であるソセ族がイスラムを奉じてこの地にやって来たころムンデ村で飢饉があり、五人の選ばれし村人が、ガンビア方面へ食料を求めて向かった。そのとき、彼らは北上してきたソセ族のイスラム勢力に捕えられてしまう。イスラムへの改宗を迫られた彼らは、助命のため取りあえず改宗を約束する。だが、解放された彼らは村にもどり、その約束を反古にした。その後この地へ到着し、事実を知って怒ったソセ族は、この地を武力で攻めることを決断する。

出兵にあたり彼らが執り行った占いの結果は、「攻撃する前に村のオウギヤシをなぎ倒せ。さすれば勝利は間違いなし。それができなければ戦いに勝つことは難しし」というものだった。ソセ族が聖なる森のオウギヤシを伐り倒そうとする、まさにそのとき、空がにわかに曇り、雷鳴が轟《とどろ》き、稲妻が走る。ソセ族は伐り倒すことができず、そのまま退却を余儀なくされた。一八六四〜一八七〇年ころのことだという。

ソセ族が去って数年ののち、村のひとりが村外のコーラン学校へ行き、マラブー（イスラムの導師）になって帰ってくる。そして村人が飲む酒のなかにイスラムの教えの一節を書いて入れたところ、それを飲んだ村人はイスラムを信じるようになったという。ソセ族による征服は成功しなかったものの、この地はその後、徐々にイスラム化されていった(18)。

星の降る夜

二〇〇五年一二月二九日の夜、私はムンデ村にいた。夕暮れ時になり、私たちは宿泊先のエルハジさん宅にもどる。前庭では、五人の子どもたちが薄暗がりのなかで、ひとつの大きな器を囲んで食事をとっていた。この時期、サルームデルタの夜は肌寒い。食事を終えた子どもたちは小さな火をおこし、母親とたき火を囲むように座り、暖をとっている。それは、まるで一枚の絵を見るかのような光景だった。

やがて夜はふけ、夕食を終えた私たちは先ほどまでの話し合いを継続するため、再び村長宅へ向

バオバブに沈む夕日(ジルンダ村にて2007年6月14日撮影)

かった。八〇〇mほどの夜道を歩く。懐中電灯の小さな明かりがなければ、世界のなかでただひとり、ポツンと取り残されてしまったかのような暗闇が広がる。空には満点の星。月はない。オリオン座が高い空にあり、カシオペア座も見える。北極星の位置は低い。天の川が一方の地平線から他方の地平線へと流れる。

村長宅では二〇人ほどの男女が集まっていた。小さな灯油ランプの明かりが人びとの姿をぼんやりと映し出している。

薄暗がりの空間で意見交換が始まった。穏やかに議論が弾み、時間が経過する。通訳を頼むアシスタントのアダマも疲れたことだろう。眠気と疲れのため、彼女の眼はとろんとしている。さらに夜がふけ、話がまとまる。村長と集まってくれた村人に握手を求め、「ジョッコンジャール(セレル語で、ありがとう)」と謝意を伝えた。

再び星降る夜道を歩き、宿泊先に戻ると、前庭のたき火は小さくチロチロと燃え続けている。母親と五人の子どもたちに代わって、そのまわりで暖をとるのは、一頭の子羊を含む四頭の羊たちだった。

セレル族の言い伝えによれば、夜に木の茂みに座るのはよくない。魔物がやって来ると恐れられているのだ。バオバブの森にはママンゲジ(Mama Nguedj)と呼ばれる海の精が住んでいるという。その森は村人にとって聖なる場所であり、子どもたちは決して近づかない。おとなたちはその森で祈りを捧げる。

ママンゲジはバオバブの木の上に住んでいて、下を通る人たちを見ている。バオバブの木の下にお金が落ちている場合がある。しかし、下を通る人は決して、それを拾ってはいけない。もし、拾ってしまうと命を落とすと信じられている。

私の故郷で、子どものころの寝物語に聞いた楠婆《くすのきばばあ》の話を思い出す。楠の木の上には楠婆がいて、下を通る者を眺めている。木の下にお金が落ちていて、それを拾い上げると楠婆が襲ってくるという話も似ている。私が生まれ育った家の裏手には本泉寺《ほんせんじ》という名の日蓮宗の寺があり、敷地に何本もの楠の大木が立っていた。子どもの私が眠る部屋のガラス窓越しに、その楠がよく見えた。夜、裸電球を消したあと、ガラス戸越しに見える楠の恐ろしさは、いまも忘れられない。

ムンデ村ではいま、太陽光パネルの発電施設が建設されようとしている。完成すれば、村の全戸に電気を送ることができる。すでに何本もの電柱が立ち、電気が来る日まで秒読みの段階だ。ムンデ村の暗い夜も、あとわずかとなった。夜の暗闇に跋扈する精霊や魔物も、さぞや住みにくくなることだろう。

4 マングローブデルタの生業とジェンダー

表 10　村の立地による分類

番号	島嶼部	デルタ縁辺部	デルタ内陸部
1	バサール	バドゥドゥ	フェラン
2	バスール	バンブーガールエルハジ	ガゲボカール
3	ジョガン	バンガレール	ガゲシェリフ
4	ジョノアール	バニ	ガゲモディ
5	ジルンダ	ジナックバロ	カマタンバンバラ
6	ファリア	ジナックジャタコ	クールヨロ
7	ファンビン	メディナサンガコ	ウンバム
8	ムンデ	ンジャンバン	ムベラン
9	ンガジョール	サンディコリ	ロファンゲ
10	ニョジョール	スクタ	サジョガ
11	シウォ	スル	
12	チャラン	ジャムニャジョ	
13	ベテンティ	ファオエ	
14	ボシンカン	フィメラ	
15		マルファファコ	
16		マルロジ	

村の生業構成

私たちが二〇〇二～〇四年に聞き取り調査を行ったサルームデルタの村々は四〇村にのぼる。それらを村の立地条件から三地区に分類すると、島嶼部（サルーム島とベテンティ島）一四村、デルタ縁辺部（バンジャラ川以東とサルーム川以北）一六村、デルタ内陸部（河川の上流域）一〇村となる（表10、一八六ページ図24）。

これらの村では、ジェンダーに応じて生業がくっきりと分かれる場合が多い。このため、村人が従事する生業の種類を男女別に聞いた。その結果が図25～27である。調査対象とする村の

図25　島嶼部14村の生業構成

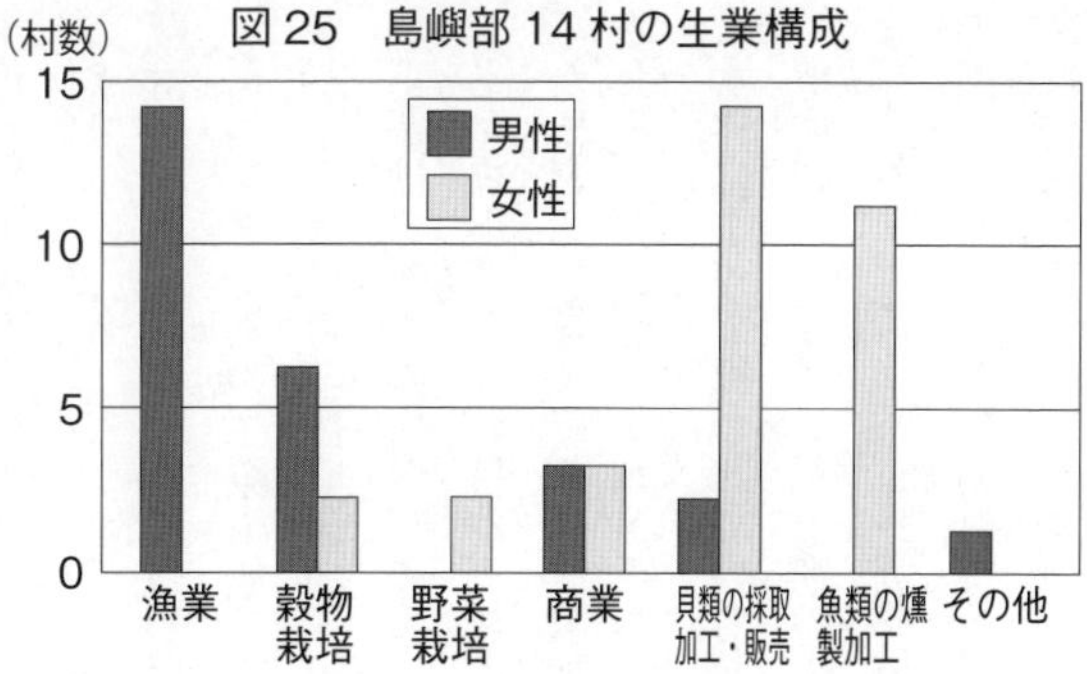

図26　デルタ縁辺部16村の生業構成

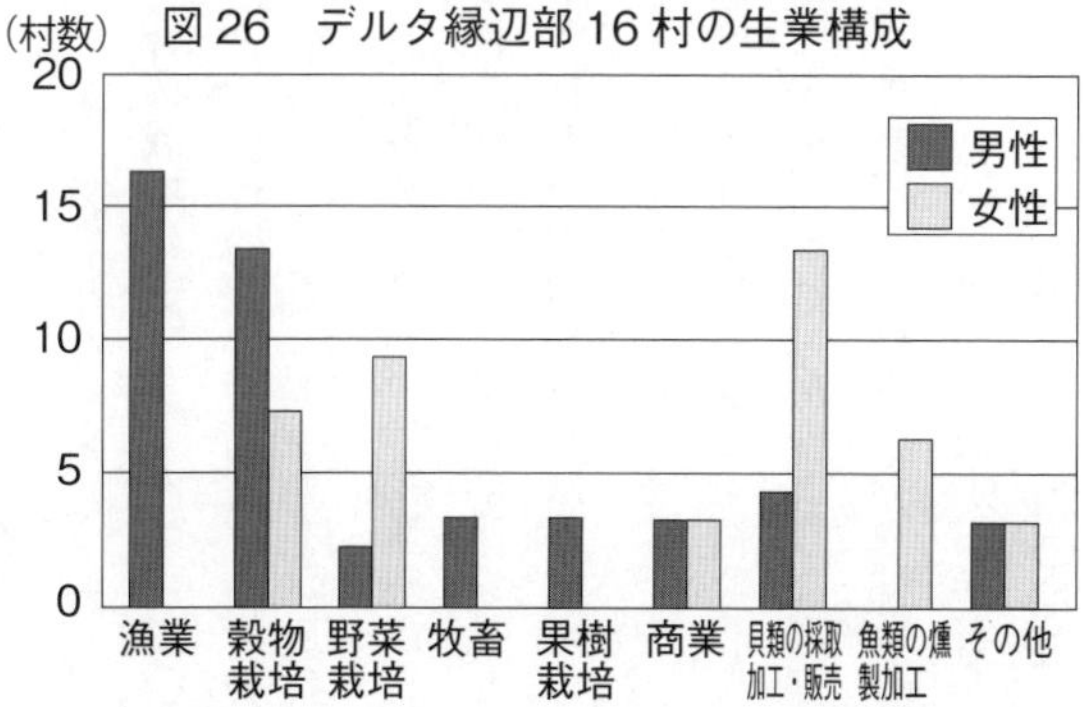

図27　デルタ内陸部10村の生業構成

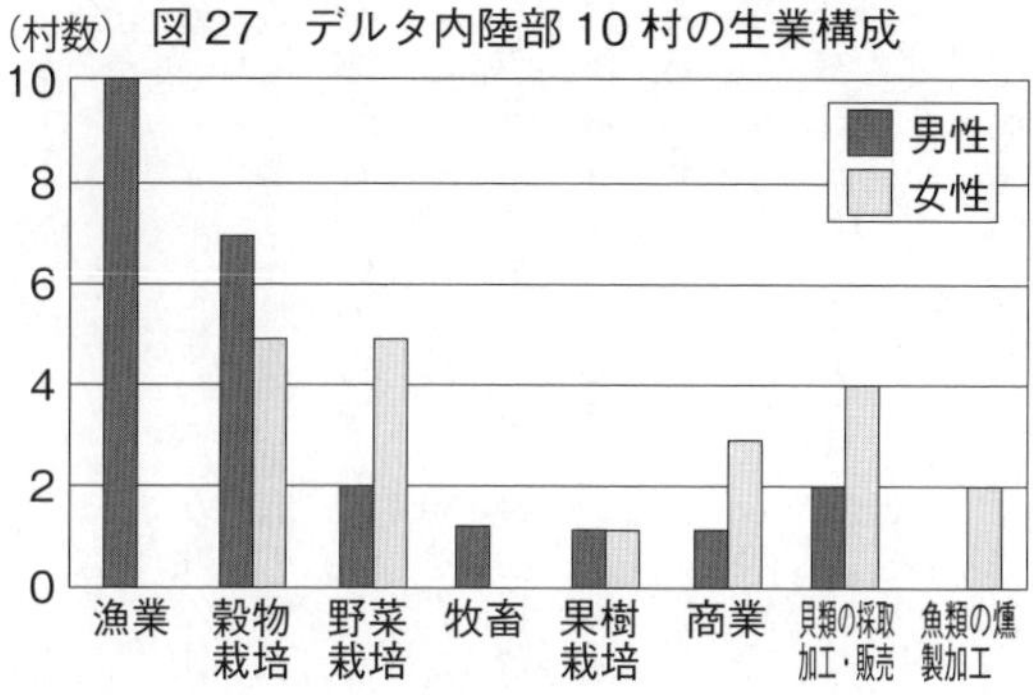

選定条件のひとつに、「漁業に従事する村」をあげていたので、男性の生業には必ず刺網漁、地曳網漁、投網漁などの漁業活動が含まれる。漁業活動は男性が担うということだ。穀物栽培とはトウジンビエ、モロコシ、キャッサバ、米、落花生の栽培などである。落花生は穀物とはいえないが、統計処理上、穀物栽培に含めた。野菜栽培はトマト、タマネギ、キャベツなどの栽培をいう。

ジェンダー別の生業構成をみると、男性の仕事として漁業と穀物栽培（落花生を含む）、女性の仕事としては貝類の採取・加工・販売、魚類の燻製加工、および野菜栽培があげられる。魚類の燻製加工とは、多くの場合、ギニア人商人がデルタ内の村に燻製かまどを建設し、村の男性が漁獲したエトマローズを買い付け、村の女性を使って加工する活動を指している。女性はそこで、魚を船からかまどまで運んだり、燻製加工された魚の頭や皮をはぎ、ギニア人から歩合給を得る。穀物栽培には、男性ほどではないが、女性も従事している。しかし、一般的には穀物栽培は男性、野菜栽培は女性によって行われている。商業への従事は男女とも同じ程度にみられる。

地域ごとにジェンダー別の生業構成をみると、次のような事実が浮かんでくる。島嶼部一四村では、他の地域に比べ、穀物栽培や野菜栽培など農業への依存度が低い反面、女性による貝類の採取・加工・販売はすべての村で行われており、魚類の燻製加工が行われる村も多い。いっぽうデルタ内陸部では、生業として漁業は行われているものの、貝類の採取・加工・販売が行われている村は、一〇村中四村にすぎず、とくに女性の経済活動が乏しい。

島嶼部はマングローブデルタの核となる地域で、貝類などマングローブ林が育む資源への依存が高い反面、耕作可能な土地が限られているため、農業生産は限定的である。それに比べ内陸部は、マングローブ林の後背地に不毛の乾燥地タンが拡大しつつある。マングローブ林の減少または消失にともなって、マングローブ林で成長する貝類資源もまた乏しい。デルタ縁辺部の生業構成は、両地域の中間的な性格を備えている。

出稼ぎ民としての男性

私たちがサルームデルタの多くの村々を訪れるなかで気づいたことのひとつは、村の様子が、農業が始まる雨期のころやタバスキ(犠牲祭)のころと、それ以外の時期で、ずいぶん異なっているということだ。ふだん村で出会うのは女性や老人、子どもたちが圧倒的に多い。雨期やタバスキのころになると、農作業やタバスキの休暇で、出稼ぎに出ていた青壮年層の男性たちが村へ帰ってくる。相撲大会など村の行事がこの時期に行われることも多く、村の人口が増え、日ごろは閑散とした感じの村に活気が感じられるようになる。日ごろ不在の亭主や兄弟を迎える女性たちの湧き上がるような喜びが、そうした村の雰囲気を醸し出すのだろう。サルームデルタの村々の経済を支える大きな柱のひとつが、男性を中心とする域外への出稼ぎなのだ。

サルームデルタの村で生まれた男の子は六〜七歳になると、村の老人がもつ小舟に乗って漁に出る。老人は稼ぐためというよりも、その日の食べ物を得るために漁を行う。子どもたちは週末や学校の休みに舟に乗り、老人から漁を学ぶ。

一三～一四歳になると、ジョアルやウンブールなど、プティコート沿いの漁業生産地へ向かい、点在する漁村に住み込んで、ピログで船子として働く。これらは漁家が経営する漁船であり、一隻あたり、刺網船で八人程度、延縄船で一〇人程度、まき網船団の網船で一七～二五人、運搬船で五～一〇人が乗り組む。デルタの村を出た男性がこうした職場を得る機会は、比較的容易である。

プティコートの漁村で経験を積んだ若者が二〇歳をいくつか越した年齢に達すると、ダカールを基地とする漁業会社所有の漁船に乗り組む機会を探る。つてをさがして船をみつけ、その船が帰港したときに、乗組員の求人があれば、書類を整えて求職する。乗船する船がみつかれば当初の契約期間を務め、契約期間が終われば船を降りる。三～六カ月乗船して人柄や仕事ぶりが認められれば、契約が継続される。

会社船への求職は近年狭き門となっており、乗船する船を探して半年～一年も待たなければならない。乗り組む船がなければ、ジョアルやウンブールにもどり、漁家経営のピログに再び乗って機会を待つ。運がよければ漁業会社が保有する漁船の乗組員となり、六〇歳近くまで勤めて船を降り、サルームデルタの村へ帰ってくる。もしもダカールに持家があれば、それを貸して家賃収入を得る。村では小さなピログを手に入れ、村の子どもたちを乗せて、毎日のおかずを得るため漁に出る。

これがサルームデルタに生まれ育った男性の典型的なライフサイクルである。

図28　貝類資源を利用する村の割合

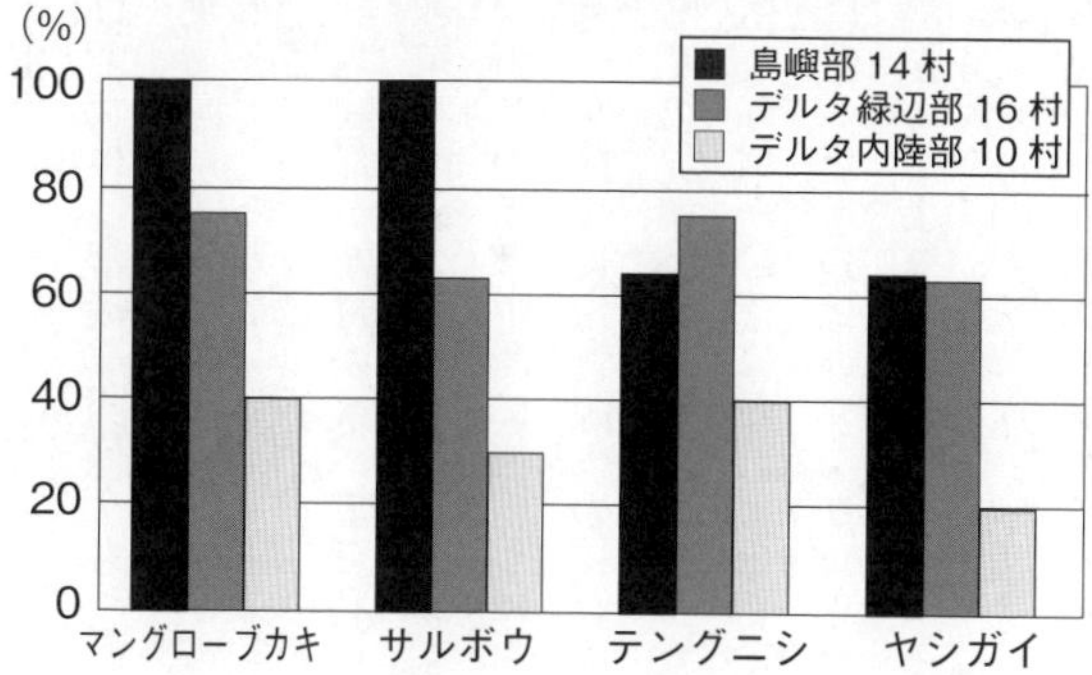

サルームデルタに暮らす女性の生業

サルームデルタで暮らす女性にとって、貝類の採取・加工・販売がもっとも重要な生業だ。そこで彼女たちが採取する貝類資源は、おもに現地でヨホス(yokhoss)、パーニュ(pagne)、トゥファ(toufa)、イエット(yeet)と呼ばれる四種の貝類だ[19]。

ヨホスはセネガルからアンゴラまでのアフリカ西海岸に分布するマングローブカキであり、ヒルギ科のマングローブがタコの足のように伸ばす支柱根に付着して成長する。パーニュは*Senilia senilis*などアカガイやサルボウに似た二枚貝で、潮が退《ひ》くとデルタ内の水路から姿を現す干潟の表層部に堆積する植物の腐食層に群棲している。トゥファは*Pugilina morio*(シロオビクロテングニシ)など中型の巻貝で、触手を伸ばしてカキ殻を溶かし、内部の身を捕食する。イエットは*Cymbium pepo*(ナツメヤシガイ)など大型の巻貝で、干潟や砂州の中に潜っており、採取者は鉄棒で地面を突いて、その位置を確認しながら捕獲する。プティコートのニャニン村の地先海面で、ニャラル方式の刺網で漁獲されるのと同じ種類である。

ここでは便宜的に、ヨホスをマングローブカキ、パーニュをサルボウ、トゥファをテングニシ、イエットをヤシガイと呼ぶことにしよう。これらの貝類はマングローブ林と密接な関係をもつ資源であり、魚類のように大きく移動せず、女性でも容易に採取できるから、デルタで暮らす女性にとって重要な生産対象となっている。

図28に、地域別にみた四種の貝類資源を利用する村の割合を示す。マングローブカキとサルボウは、島嶼部一四村のすべてで利用されているのに対し、デルタ内陸部一〇村では三〇〜四〇％の村が利用しているにすぎない。デルタ縁辺部一六村でマングローブカキとサルボウを利用する割合は、両者のほぼ中間に位置づけられる。つまり、マングローブ林の豊富なデルタの島嶼部へ向かうほど、女性の貝類資源への依存度が高まっている。

多くの兄弟姉妹のなかで育つ女性たちは、物心がつく年ごろになると、弟や妹の子守りをするようになり、一〇代になれば母親に代わって家事や炊事に追われる。家庭内労働を上の娘に託せるようになった母親は、マングローブカキやサルボウの採取・加工に専念する。彼女の村での生産活動はやがて、より生産に専念できるキャンプ地に移行していくかもしれない。サルームデルタで暮らす多くの女性にとって、彼女たちの生活の場はデルタに点在する村というコミュニティである。商品となった貝類を販売するため、一次的にカオラックやダカールなどの都市へ出かけることがあったとしても、この事実は変わることがない。

5 精霊や魔物が語られる空間

サルーム川の河口から本流を上り、フンジュンを経由してウンバム村やカマタンバンバラ村などが点在するデルタ内陸部へ向かう水道を本街道とすれば、その南側を走るバガル(Bagal)と呼ばれる水路は裏街道にあたる。この水路に沿って、サジョガ(Sadioga)、フェラン(Felane)、ムベラン(Mbelane)などの村々が点在している。ムベラン村西方にはラガ(Laga)と呼ばれる聖地があり、この地域一帯は水路にまつわる精霊や魔物が多い場所として知られる。

たとえばこの地域では、夜に水路で明かりを使うことが禁じられている。もしこの禁忌を破り、夜の水路で明かりを使うと、水面を歩く頭に牛のような角をもった鬼と白い馬に出会うとされる。また、木曜日の夜から金曜日にかけて水路で魚を獲ると、命を落としたり、精神に異常をきたすと信じられている。その話を聞かせてくれたサジョガ村の男性は、若いころにこの禁忌を破って出漁したところ、半面が正常で半面が料理された魚が泳いでいるのを見て病気になったという。心配した父親が呪術師にお祓いをしてもらい、正常にもどったという経験を語ってくれた。

ウンバム村からカマタンバンバラ村にかけてのサルーム川本流では、エビ漁が人びとの数少ない現金収入源となっているにもかかわらず、こうした禁忌のため、サジョガ村周辺の村人はバガルの水路でエビ漁を行わない。木曜日の夜から金曜日以外の日に水路へ出ることはできるのだが、夜間

フラミンゴが群れるムンデ村付近のマングローブ水路(2007年6月12日撮影)

に行うエビ漁ではランプを使わざるを得ないからだ。

セネガルの国際自然保護連合(IUCN)で働くニョホール・ジュフさんから、こんな話を聞いた。ロファンゲ村の後背地に「ラガの水路」と呼ばれる場所がある。前述したラガの聖地の西方にあたる。ここは一二本の小水路が迷路のように入り組んだ場所だ。小水路に沿って、高さが二〇mにも達するマングローブ樹が繁茂し、水路はサメの産卵場になっている。一二の小水路のうち一一本までは行き止まりで、残る一本の小水路をみつけないかぎり、そこから抜け出せないという。

ある日、ニョホールさんは事務所のあるソコンの桟橋から船に乗り、ディオンボス川の支流から本流に入り、サルーム川本流沿いのスム(Soum)村へ向かった。途中、ラガの水路を経由しなければならない。彼が乗った船がラガの水路に入って一五分が経過したころ、船に積んだ時計やGPSが狂いはじめ、船外機が止まってしまった。水路の奥部にいると、人の声や物音が聞こえはするものの、それらがどの方向からなのか、容易にはわからない。途方に暮れていたとき、水の精に出会う。それはセレル族の精霊で、頭と足がなく、胴体だけの姿をしている。セレル族には、「水の精に出会ったら、ヨーグルトを飲ませればいい」という言い伝えがある。幸い、ソコン近くのスクタ(Soukouta)村でもらったヨーグルトがあったので、それを飲ませると、「いま来た水路を戻りなさい」と教えてくれた。ニョホールさんが乗った船は、五度水路で迷い、六度目にやっとスム村へ抜けることができた。

マングローブ樹に覆われた曲がりくねった小水路が蜘蛛の巣のように伸びるマングローブ林の世界は、こうした精霊や魔物の話がまことしやかに語られる空間だ。実際、小水路にいったん足を踏み入れると方向感覚はにぶり、さまざまな方向から鳥の鳴き声やマングローブの樹海を吹き渡る風の音が聞こえてくる。精霊や魔物がいても、何らおかしくはないような気さえしてくる。マングローブデルタに暮らす人びとの生活を考えるとき、こうした感覚なしに、その実態をつかむことは難しいだろう。

次章以降で展開する資源管理や女性労働の話題など、日の下で語られる出来事と表裏一体の関係をもって、蜘蛛の巣のようなマングローブ水路や夜の闇に跳梁する精霊や魔物の世界が存在している。そうした感覚の一端なりとも、感じていただければ幸いだ。

（1）世界中に約七〇種あるといわれるマングローブのなかで、サルームデルタでみられるのは四属六種である（KITAMURA S., Welcome to the Mangrove Forest in the Soloum Delta, DEFCCS/JICA, 2004.）。

（2）ヒルギ科の植物にみられる繁殖体。花が咲いたあと受精してできた胚が、そのまま発生を始め、根を作るもととなる器官（担根体と呼ばれる）が細長く伸びたものを胎生種子という。成熟した胎生種子は母樹から落下し、下に突き刺さって根を出すが、多くの場合、潮の流れによって遠隔地へ運ばれていく（中村武久・中須賀常雄『マングローブ入門――海に生える緑の森』めこん、一九九八年、五三〜五六ページ）。

（3）この地の人びとは、お茶を三回に分けて楽しむ。ニョジョール（Niodior）村出身のセネガル人作家ファトゥ・ディオム（Fatou Diome）は、熱く苦い一番煎じを「死のお茶」、甘くミントの香りがする二番煎じを「愛のお茶」、甘くお茶の記憶しかとどめない三番煎じを「友情のお茶」と表現している（ファトゥ・ディオム著、飛幡祐規訳『大西洋の海草のように』河出書房新社、二〇〇五年、一六四ページ）。

（4）伊谷純一郎・小田英郎ほか監修『アフリカを知る事典』平凡社、一九九九年、二四四ページ。

（5）一九八八年人口センサス（Direction de la prevision et de la Statistique）による。サルームデルタが位置するファティック州の数値を適用。男性一七万五三四人、女性一七万六三七八人、合計三四万六九一二人。男女比は四九：五一となっている。

（6）Spalding M, Blasco F, Field C, "*World Mangrove Atla*", The International Society for Mangrove Ecosystems, 1997, pp.148-152. なお、西アフリカの最北部で観察されるマングローブは、モーリタニアのバンダルゲン国立公園（Banc d'Arguin National Park）でみられるゲルミナヒルギダマシ（*Avicennia germinans*）の小群落だと指摘されている。

（7）op cit.,（1）. 和名は前掲（2）に拠った。

（8）前掲（2）、四七ページ。

（9）op cit., (6), P.148.

（10）Bousso T., "*La peche artisanale dans l'estuaire du Sine-Saloum (Senegal) Approches typologiques des systemes d'exploitation*(Artisanal fishery in the Sine-Saloum Estuary (Senegal) Typological Approaches of Exploitation Systems)", Universite de Montpellier II., 1996, pp.16-19.

（11）『サルームデルタの生物圏保護管理計画　第1部：現況（未定稿邦訳文）』環境・自然保全省国立公園局、一九九八年、九〜一〇ページ）。

（12）JICAマングローブの持続的管理調査団が実施した海況調査の結果による。

（13）アフリカヒルギダマシには、根から取り込んだ海水から、葉を通して塩分だけを取り出す機能がある（前掲（2）、五七〜五八ページ）。葉の表面を見ると、たくさんの小さな塩の結晶がついている。この機能ゆえに、より塩分濃度の高い地域でも生育できると考えられる。

（14）シアの木（*Vitellaria paradoxa*）はアカテツ科の常緑樹。その果実から作られるシアバターは食品として、あるいは健康と美容の目的で用いられる。西アフリカでは神聖な儀式にも使われる。雨期に熟れて落下した果実を女性が集め、果肉は食用とし、種子から仁（胚）を取り出し、細かく粉砕し、鍋で焙煎して製造する。

（15）ヤエヤマヒルギ属に含まれるマングローブにみられる、幹の下部からタコの足のように四方に長く伸びる根。根本来の水を吸う役割や、不安定な泥地で体を支える働きがあると考えられている（前掲（2）、四六〜四七ページ）。

（16）この地域ではロニエ（ronnier）と呼ばれる。東アフリカ原産で、やや乾燥した地域で栽培、または自生する。幹は、高く耐久性が強いため建築や家具の用材となり、耐塩性があるため舟に利用される。葉は屋根材、うちわ、敷物、籠、帽子などの編物用として使用される。

（17）熱帯西アフリカ原産の常緑高木。当地の人びとは、その種子を噛み、興奮剤や強壮剤として利用する。

(18) 一九世紀の西アフリカでは、さまざまな国家が建国された。その動機のひとつは、正当なイスラムを普及するという大義名分のもとに行われたジハード(聖戦)による神聖国家の建設であった。ティジャニア派のエル＝ハジ＝オマールのトゥクロール帝国はその典型だ(岡倉登志『二つの黒人帝国――アフリカ側から眺めた「分割期」』東京大学出版会、一九八七年、九〇〜九一ページ)。ティジャニア教団のネットワークを介して、ガンビアのソニンケ王朝を倒したマバ・ジャクーの運動(一八六一〜六七年)など、各地にいくつかのジハード運動が起こる(福井勝義・赤阪賢・大塚和夫『世界の歴史24アフリカの民族と社会』中央公論社、一九九九年、三七二ページ)。ムンデ村が徐々にイスラム化されたのは、そうした時代だった。

(19) 小川了は、セネガル料理に使われる干し貝として、トゥファ、ヨホス、イエットの三つをあげている(小川了『世界の食文化⑪アフリカ』農山漁村文化協会、二〇〇四年、一四五ページ)。本書では、筆者の現場での観察から、それにパーニュと呼ばれる二枚貝を加えて四種としている。

第6章　資源とつきあう

1　人と資源の関係を問い直す

資源とは、人間が採取して利用する天然の物質の総称である。[1] 再生資源と非再生資源があり、ここで取り上げる水産資源は前者に含まれる。使えばなくなってしまう鉱物資源などと異なり、適切に利用すれば再生産をとおして持続的な利用が可能な資源だ。ところが近年、その再生産性に黄信号がともっている。人口圧によって増加する食糧需要、グローバリゼーションによる国境を超えた生産流通網の拡大がもたらす漁獲努力量の増大、自然生態環境の変化、産業化による環境汚染など、原因は尽きない。[2]

水産資源の再生産性の危機に対して、さまざまな取り組みが行われている。日本では従来、参入規制（漁船数・規模）や投入規制（漁場・漁期・漁具）による漁業管理が行われてきた。いっぽう、欧米やオセアニアではＴＡＣ（漁獲可能量）制を中心に、ＩＱ（個別割当）制やＩＴＱ（譲渡可能個別割当)制など、漁獲量の総量規制がおもな管理手段となってきた(3)。

漁業社会経済学の分野では東南アジアや南米諸国を対象に、トップダウン式の資源管理から地域に根ざした資源管理(Community based resource management)や国家と地域による共同管理(Co-management)の事例分析に基づく政策提言が行われつつある(4)。文化人類学の分野では、現実社会で起きている諸問題の解決に人類学者はどう取り組むのかという問いかけから、海洋資源をどのように管理し利用していくべきかという課題に対し、先住民や小規模漁民の資源利用をめぐる現代的な諸問題の比較研究が行われている(5)。

ここでは、サルームデルタのエビ資源を対象として、水産資源の生産特性と資源管理の現状を明らかにしたうえで、資源を持続的に利用する方策を考えてみよう。トップダウンやボトムアップという資源管理の手法を問う前に、地域の人びとはどのように資源と向き合ってきたのか、その実態を知り、資源と末長くつきあっていくには何が必要か、を考えてみたい。

開発コンサルタントとして、開発調査や技術協力プロジェクトの現場でアフリカの現実と向き合うとき、ややもすれば調査などの活動を行う能動態としての私と、調査される受動態としてのアフリカという一義的な関係に陥る危険性を、常に感じてきた。「与え手」と「受け手」という固定的な認識が、開発援助の現場で再生産され続ける恐れは常にある(6)。

そのなかで「資源管理」という言葉は、上からの統制というニュアンスを含んでしまうのではないか。さらに、歴史的に西欧との関係が深いアフリカ諸国において、資源管理は西欧型の一方的な自然環境保護と結びつきやすい側面もかかえている。こうした認識上のバイアスから解放されるには、アフリカの現実を生きる人びとを生活者の視点からとらえ直す作業が必要だと思う。そうした視点に立って、人と資源との関係を問い直そう。

図29　セネガルにおけるエビの生産量の推移

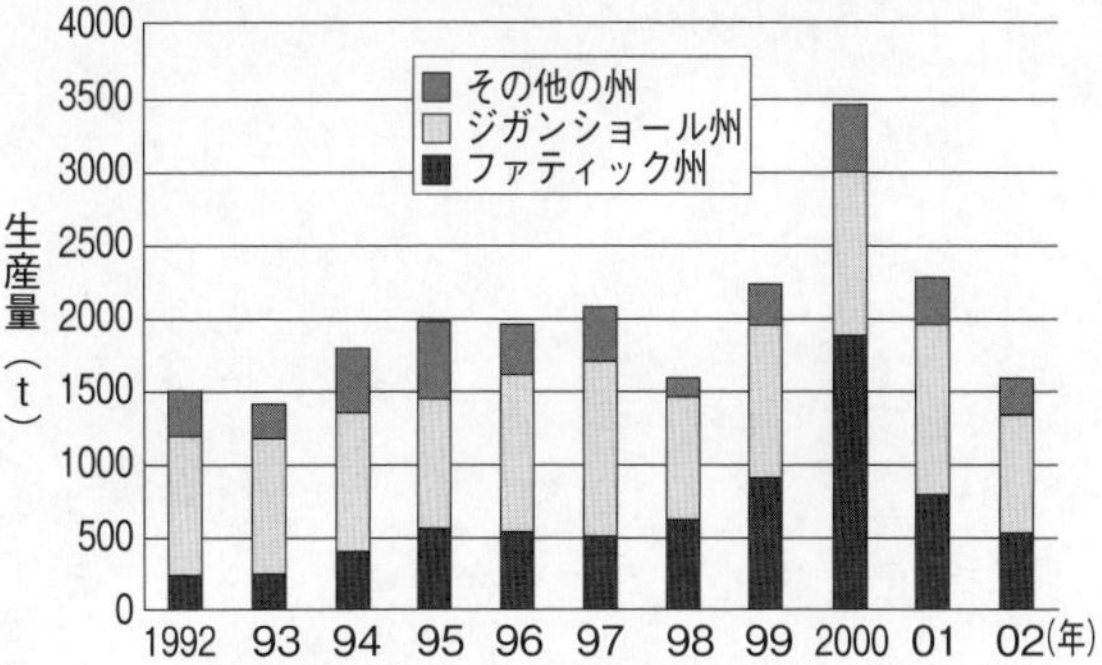

資料：セネガル海洋漁業省。

2　エビの生産を概観する

生産量の経年変化

サルームデルタで漁獲されるエビの多くは、クルマエビ属の*Penaeus notialis*（ＦＡＯ名でSouthern pink shrimp）である[7]。この種は大西洋の東西に分布し、アフリカ西岸ではセネガルからカメルーンまでの水深三〜五〇ｍ域に生息する[8]。クルマエビの仲間は外洋の比較的深いところで産卵し、幼生が外洋でプランクトン生活を送ったのち、マングローブデルタの成育場に到着し、稚仔エビとして底生生活に入る。その後、性成熟が始まるようになると、明確な方向性をもって沖合へ再び移動するという[9]。

セネガルにおけるエビの生産量をみると、一四九九トン

サルームデルタで水揚げされたエビ(2002年1月29日撮影)

を生産した一九九二年以降増加傾向を示すものの、二〇〇〇年の三四四八トンをピークに減少している(図29)。主要な生産地域はジガンショール州とサルームデルタをかかえるファティック州であり、この二州で全体の七四〜九二%を占める。ともに、河川域に沿ってマングローブ林が繁茂するデルタを形成する地域だ。この期間、ジガンショール州は七九一〜一一九三トンで安定しているのに対し、ファティック州では一九九二年の二三六トンから二〇〇〇年の一八八三トンへ飛躍的に増加したのち減少した。

一九九〇年代から二〇〇〇年代初頭におけるセネガル全体のエビ生産の増減は、サルームデルタの生産動向を反映しており、この地域の急激な資源開発がエビの再生産に悪影響を与えているのではないか。そんな危惧を抱かせる結果である。

図30　ファティック州におけるエビ生産量の季節変化

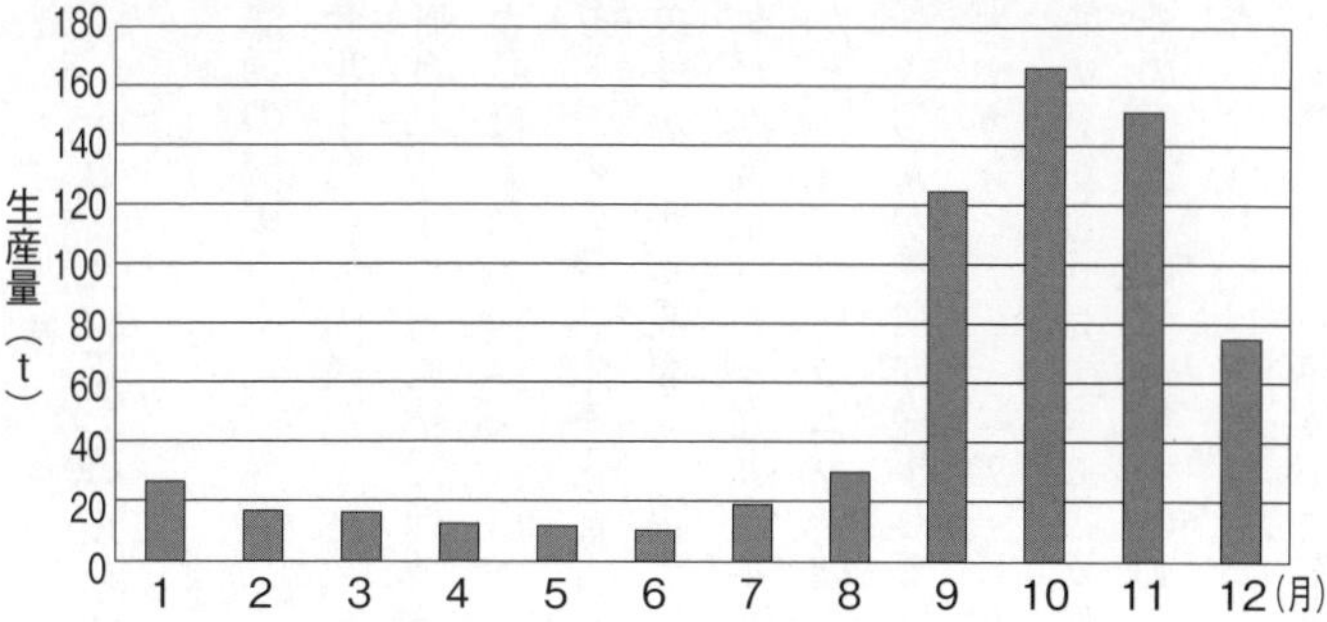

資料：セネガル海洋漁業省。

生産量の季節変化

図30は、ファティック州におけるエビの月別生産量の平均値（一九九二〜二〇〇二年）から、季節変化を示したものだ。エビ漁業の盛漁期は九〜一二月であり、なかでも一〇月がピークとなっている。漁獲量と生息域の塩分濃度のあいだには、密接な関係が認められる。[10] 降雨量が増えて生息域の塩分濃度が低下する時期に、漁獲の最盛期が出現する。

ファティック州におけるエビの主産地は、フンジュン周辺からその上流域にかけてのサルームデルタ内陸部である（一八九ページ参照）。サルームデルタには淡水を供給する河川がなく、塩分濃度の変化はもっぱら降雨量の多寡に左右される。農業省の観測データから、一九九八年から二〇〇二年まで五年間のフンジュンにおける月別降雨量の平均値を求めると、六月三三ミリ、七月一二七ミリ、八月二八七ミリ、九月一九一ミリ、一〇月一一〇ミリとなる。それ以外の月は乾期にあたり、月間降雨量はほぼ〇ミリと考えてよい。降雨量がピークに達する一〜二カ月後にエビの生産量が最大となる相関が認められる。

3 エビの漁獲と流通

漁獲の現場

サルームデルタ内陸部では、エビはもっぱらキリ(killi)と呼ばれる小型曳網やムジャス(moudiasse)と呼ばれる小型定置網で漁獲される。

キリは網口の幅三・八m、高さ一・二m、奥行き三・五mの袋網の左右に手木《てぎ》(袖部の高さを保たせるための棒状の木)を取り付けた漁具である。夜間に二人の男性が手木を持ち、マングローブの疎林が広がる浅瀬で、腰まで水に浸かって袋状の網具を曳く。キリ漁法による一日一カ統あたりのエビ漁獲量は、一九九三年九〜一〇月にフンジュン周辺で一四・四kgと報告されている(11)。

たとえば、フンジュン近郊のガゲモディ(Gague Mody)村では、人口七三六人(二〇〇二年)のうち一六〇人が漁業に従事している。エビのシーズンには、さらに八〇人ほどの移動漁民がセネガル各地やガンビア、ギニア・ビサウなどの近隣国からやって来て、キリ漁に従事する。こうした外部からの移動漁民は、エビ漁が始まる八月に来て一月に去っていく。

その季節には、何隻かの動力ピログが近郊からやって来て、エビ漁場への渡し船として稼ぐようになる。渡し船は夕刻になると、三〇人ほどを乗せ対岸へ向かう。ガゲモディ村の対岸にはアフリカヒルギダマシの疎林が残る浅瀬があり、その一帯がエビの漁場になっている。ピログが漁場に着

表11　ガゲモディ村におけるエビ漁(キリ)の漁獲量(2001年11月6日～25日)

番号	日付け	操業漁具数(統)	総漁獲量(kg)	買い付け量(kg)	平均漁獲量(kg/統)	平均買い付け量(kg/統)	ロス率(%)
1	11月 6日	22	143.0	133.5	6.5	6.1	7.1
2	11月 7日	14	71.0	65.5	5.1	4.7	8.4
3	11月 8日	1	5.0	4.0	5.0	4.0	25.0
4	11月 9日	19	141.0	138.0	7.4	7.3	2.2
5	11月10日	6	40.5	38.0	6.8	6.3	6.6
6	11月11日	13	148.5	131.5	11.4	10.1	12.9
7	11月12日	15	68.5	65.5	4.6	4.4	4.6
8	11月13日	20	120.5	114.5	6.0	5.7	5.2
9	11月14日	27	140.0	134.5	5.2	5.0	4.1
10	11月15日	16	83.5	77.5	5.2	4.8	7.7
11	11月16日	20	73.0	73.0	3.7	3.7	0.0
12	11月17日	14	67.0	62.5	4.8	4.5	7.2
13	11月18日	7	36.0	34.0	5.1	4.9	5.9
14	11月19日	6	33.5	31.0	5.6	5.2	8.1
15	11月20日	19	83.5	81.0	4.4	4.3	3.1
16	11月21日	8	80.5	67.5	10.1	8.4	19.3
17	11月22日	22	134.0	133.5	6.1	6.1	0.4
18	11月23日	15	76.5	76.0	5.1	5.1	0.7
19	11月24日	16	62.6	61.9	3.9	3.9	1.1
20	11月25日	13	161.0	159.0	12.4	12.2	1.3
合計／平均値		293	1,769	1,682	6.0	5.7	5.2

資料：ガゲモディ村在住のエビ仲買人の買い付け帳簿から作成。

くと、一組ずつ浅瀬に降りていく(キリ操業では二人が一組となる)。操業は潮が退く時間帯に行われ、潮が満ちてくる前に渡し船が全員を浅瀬から回収し、村へ引き上げる。

表11は、ガゲモディ村在住のエビ仲買人の買付帳簿から作成した、二〇〇一年一一月六日から二〇日間のエビの水揚げ記録である。過去最高の生産量をあげた二〇〇〇年から減少に転じた年の盛漁期後半にあたる。表11

サルーム川本流に設置されたムジャス。この下に袋状の網が仕掛けられている(2007年2月14日撮影)

の仲買人はこの時期、ガゲモディ村で一日平均一五カ統から買い付け、二〇日間で一六八二kgを集荷した。一日一カ統あたりの平均漁獲量は六kgである。一九九三年の漁獲量(一四・四kg)と比べると、生産性はかなり低下した。

ムジャスは、網口の幅五・八m、高さ一・七m、奥行き一一・五mの袋網二枚をブイで浮かした木枠に取り付け、アンカーとロープで固定した、張網の一種である。サルーム川の本流に沿って設置され、とくに本流と支流が出会う合流域に多い。ムジャスによるエビの漁獲量は、一九九三年九〜一〇月にジルンダ村付辺で一日一カ統あたり二二・三kgと報告されている。[12] デルタの内陸部で成長し、産卵のため海へ向かうエビを漁獲する漁法のため、資源の持続的利用の観点から懸念されている。

サルームデルタ内陸部では、エビ漁のシーズンになると、泳ぎができない人も夜間に腰まで水に浸かり網具を曳く。漁場はアフリカヒルギダマシの疎林が残る浅瀬だが、場所によっては深い溝が走っている。操業者は曳網中、ときにその溝にはまり、命を落とす。

二〇〇一年九月、ウンバム村の二人がキリを用いてエビを漁獲中におぼれ死んだ。一人は二九歳、もう一人は一六歳、二人とも泳ぎはうまかった。夕刻六時に彼らは水路へ向かい、そのまま帰って来なかった。三日後、フンジュン付近のアフリカヒルギダマシの林にひっかかった遺体が発見される。おそらく、小水路を渡ろうとして深みにはまったのだろう。深みにはときに渦が発生する。彼らはライフジャケットを着用していなかった。

このように毎年何人かの命が失われる。この地域でライフジャケットの需要は高い。カマタンバンバラ村はとくに泳げない人が多く、エビ漁民が三〇人いれば二五人は泳げない。この村で過去に、エビ漁で五人が溺死している。

流通網の成立

セネガルでは一九七〇年代なかば以降、エビの仲買人が現れはじめる。冷凍加工工場ができ、ヨーロッパ向けなど輸出用にエビが集荷されはじめたからだ。一九七四年からエビの仲買業に従事するガゲシェリフ村在住のデンバ・ジャメさんによれば、七三年にはまだエビの仲買人がいなかった。それ以前、漁民はエビを獲っても売り先がなく、自家で消費していた。デンバさんのような仲買人が現れ、エビを漁獲する漁民が増えていった。

そのころ、もっぱらエビはカザマンス地方[13]で買い付けされていた。この地方は一九八二年にセネガルから分離独立を求める蜂起があり、九〇年に独立運動が再び激化した[14]。そうした治安の悪化から、仲買人がサルームデルタへ流れてくるようになる。

仲買人はエビが水揚げされる村に代理人を配置し、漁民が水揚げしたエビの計量と買い付けにあたらせる。代理人は買い付けたエビを仲買人に引き渡し、仲買人は水産物加工会社へ輸送する。図29(二一七ページ)で示されたファティック州における一九九二年から二〇〇〇年までのエビ生産量の飛躍的増加は、輸出を目的とするエビの流通網がサルームデルタに張りめぐらされていく経過を示している。

仲買人は代理人にエビの買い付け資金を与え、集荷量に応じて口銭(手数料)を支払う。仲買人が直接傘下漁民をかかえることもある。その場合、彼らは漁期の前に優秀な漁民をリストアップし、生活費として一・五〜二・五万CFAフラン(二〇〇四年七月のレートで換算すると、三一二五〜五二〇〇円)を前金として与える。これで、漁民が他の仲買人にエビを売り渡すことを防止する。資金力をもつ仲買人は冷蔵運搬車を所有し、集荷したエビを契約した冷凍加工工場へ出荷する。デンバさんは五〇〇〜一〇〇〇トン単位で会社と契約し、漁期の終わりまでに納められなければ、残量をガンビアで集荷する。あるいは、契約残量を翌年に持ち越す場合もある。

４　エビ資源の管理

行政主導の漁業管理

ファティック州では、エビの漁獲量が増加する一九九〇年代からエビ漁業を規制する条例が定められた。一九九五年八月三〇日付けファティック州エビ規制条例第六七／ＧＲＦ号では、九二年七月二七日付けエビ漁業規制条例第四〇／ＧＲＦ号を変更する条例として、エビ漁業の手続き方法や規制を定めている。重要点のみを列記すると次のとおりである。

①ファティック州知事はファティック州海洋漁業局長の提案に基づいて、エビ漁の禁漁日と解禁日を毎年決定する。
②解禁前に特定漁場でエビを試験的に漁獲し、その結果に基づき解禁日を決定する。
③エビ漁業を行うには許可を申請し、エビ漁民の登録証を取得しなければならない。新規登録料と更新料は、ともに年間一〇〇〇ＣＦＡフランとする。エビ漁民登録証は登録者本人に限り有効で、売買や賃貸を禁止する。
④目合一三㎜（半目）未満の網目漁具の使用を禁止する。
⑤一kgあたり二〇〇尾を超える小エビの漁獲と売買を禁止する。
⑥当条例に違反した場合は、三〇〇〇～五万ＣＦＡフランの罰金もしくは三～三〇日の禁固刑に

処する。一五日以内に罰金が納付されない場合、押収された違反漁具は没収のうえ売却される。違反操業が摘発された場合、その漁獲物は没収のうえ売却される。

⑦累犯の場合、エビ漁業許可を取り消すことがある。

一九九七／九八年のシーズンでみると、九月五日に解禁されたエビ漁は、翌年四月一五日まで七カ月間あまり続いた。ほぼサルームデルタ内陸部のエビ漁期に対応するものであり、エビ漁民への配慮がうかがえる。それでも違反操業者はあとを絶たなかった。

解禁日の決定においても、問題点が指摘されている。雨期の到来で雨が降り出すとエビの成長が早くなる。それを見込んで八月下旬に何カ所かの漁場を選び、解禁のための試験操業を実施する。二〇〇一年は八月二三～二六日に、四〇カ統のキリを用いて漁民代表が試験操業を実施した。その結果をみて、解禁日を設定する手はずである。

漁獲したエビから一カ統あたり一kgのサンプルをとって調べたところ、規定以上の大きさに達したのは五八％だけだった。しかし、漁民たちはサンプルの提供後もエビを獲り続ける。試験操業で漁獲されたエビは一四トンにも達した。翌日からは周辺の漁民がエビを獲りはじめたので、なし崩し的にエビ漁は解禁となった。たとえ試験操業でも、一旦操業が始まると、それを止められなかったのだ。

この結果について、漁民に資源管理の方法や意図が理解されていなかったからだと考えることは容易だ。しかしその背景には、エビ漁業に依存せざるを得ない地域住民の待ったなしの現実がある。その年の漁期は翌年（二〇〇二年）五月三一日に終了し、禁漁期間に突入する。ところが、その後も操業は絶えず、違反者と取締官の癒着がその原因だという新聞記事が地元紙に掲載される。それを機に、違法操業者への厳しい取り締まりが実施された。

住民主導の資源管理

デルタ地帯に点在する村々で漁獲され、個々の流通経路を介して販売されるエビ資源を、限られた数の水産行政官が管理するには限界がある。現場の水産行政官はそれを自覚しており、住民自身による資源管理体制の構築が必要だと考えている。サルームデルタの各地では近年、村周辺の環境悪化を背景に、自らの環境資源の保護・管理を目的として、浜委員会（コミテッドプラージュ）活動が盛んになりつつある。世界規模のＮＧＯである国際自然保護連合（ＩＵＣＮ）[15]が主導し、ベテンティ（Bétanti）村やニョジョール村など、サルームデルタのなかでも海に近い村々で活発だ。

二〇〇三年八月当時、ロファンゲ、ファンビン（Fambine）、ガゲシェリフ、ガゲボカール（Gague Bokar）など、フンジュン県内の二四村に浜委員会が結成された。浜委員会を対象にパトロール船、秤、バッジ、手袋、作業服、長靴など監視活動に必要な資機材が提供され、エビ漁業規制条例の講習会が予定された。

しかし、サルームデルタ内陸部の村々では、たとえ浜委員会があっても、実質的な活動は何ら行われていない。その一因は、浜委員会がＩＵＣＮや海洋漁業省など外部や上部からの働きかけで組織されたからだ。いっぽう、ベテンティ村やニョジョール村など活発な浜委員会活動を展開している村々では、IUCNの働きかけがあったにせよ、それ以前から村独自で類似の活動を行ってきた経緯がある。[16] 内発的であるかどうかが、こうした活動の機能を左右する重要な要素である。

この地域を含め西アフリカの沿岸地域には、人びとがお互いに自由に行き来し、移動した地域の自然資源にアプローチしてきた歴史がある。マングローブ林や沿岸水産資源は長年のあいだオープンアクセスだった。ギニアなど近隣諸国から来た人びとがデルタ内の村に寄宿し、エビを漁獲しながら生活する。[17] 同様にセネガルの人びとが近隣諸国へ出掛け、それらの地で地元の人びとに世話を受けながら、その地の水産資源にアプローチすることもある。そうした慣行が地域に埋め込まれてきた社会で、住民自身による地域資源の管理体制がはたして根付くのか。

浜委員会の活動は、この地域の長年の社会慣行の転換を求めるものだ。近年における地域資源の開発圧力の増大によって、長い年月にわたって謳歌してきた牧歌的な相互扶助の精神は、いま修正を求められようとしている。

NGOの取り組み

WAAME(West African Association for Marine Environment：西アフリカ海洋環境協会)はサルームデルタをベースに、村びとを取り込んだマングローブの植林活動を草の根的な視点から実施するNGO組織である。村びとの植林活動への参加を促すため、さまざまな付随的活動にも取り組んできた。そのひとつがエビの集荷販売事業である。

二〇〇一年九月、WAAMEは八村にエビ集荷グループを結成し、マングローブの植林活動を前提に漁具(キリ)とライフジャケットを提供し、エビの買い付け資金を貸し付けた。フンジュン南方のスム(Soum)村とムベラン村、北方のファヤコ(Fayako)村、東方のウンバム、ガゲボカール、ガゲシェリフ、クールヨロ、カマタンバンバラの八村である。さらに、ダカールの輸出向け冷凍エビ加工会社(イカ・ゲル社)と交渉し、同社の冷蔵運搬車をエビ一kgにつき五〇CFAフランの賃貸料を支払って借り受け、これらの村で集荷事業を開始した。集荷されたエビはイカ・ゲル社が買い付ける。

たとえばスム村では三六人のメンバーを募り、エビの生産出荷グループを結成した。一八カ統の漁具(キリ)と三セットのライフジャケットを供与し、八万CFAフランを貸し付ける。出荷事業を開始した当初の三カ月間(九～一一月)、エビ漁民からの買い付け価格は一kgあたり一二〇〇CFAフランで、イカ・ゲル社へ販売して十分に採算がとれた。取引価格は、カザマンス地方からの出荷など生産状況と国際市場の動向をみて、種類や寸法ごとにイカ・ゲル社が決定する。

その後一二月に入り、イカ・ゲル社は購入価格を八五〇CFAフランに引き下げた。すでに漁民から一〇〇〇CFAフランで集荷していたので、採算割れを起こしてしまう。生産出荷グループは他社へ販売しようと試みたが失敗し、低価格の国内市場で販売せざるを得なかった。その結果、漁民への支払いが不履行となり、これを契機に事業は停止する。他の七村でも同じことが発生した。

事業が実施されるなかで、次の問題点が指摘されている。

①上流に向かうほどエビは小さくなる傾向にある。また、フンジュンから離れるほど道路条件が悪化し、連絡網が不備なため集荷に時間がかかり、鮮度が低下する。そのため、寸法と品質(鮮度)の異なるエビが一緒に出荷されることになった。漁民からの買い付け価格に差はなかったから、村によっては不満を抱くメンバーが続出した。

②フンジュンからダカールへ向かう幹線道路からはずれた遠隔地の村が含まれている。連絡網の不備から、集荷したエビを持っていくとすでに集荷トラックの出発後だったという事態が頻繁に起こった。

③フンジュン周辺では氷の供給が困難なため、エビの集荷に日数を要するとダカールで入手した氷が溶けてしまい、品質が低下した。

④イカ・ゲル社の支払いが納入二日後の現金払いだったので、買い付け資金の回転がにぶり、円滑な買い付けが行えなかった。

こうした問題点をかかえながらの取り組みではあったが、エビ資源管理の観点から、その意味するところは小さくない。村びとがマングローブ植林を自ら実施していくインセンティブとして、エビの買い付け事業が実施されたからだ。砂漠化による環境悪化がもたらすマングローブ林の消失は、水産資源にとって稚仔魚の育成場の減少を意味する。マングローブ植林という行為は、水産資源にとって漁場環境の整備にあたる。エビ資源で生計をつなぐ漁民だからこそ、エビの成育環境に

図31　エビ資源を持続的に利用するための必要条件

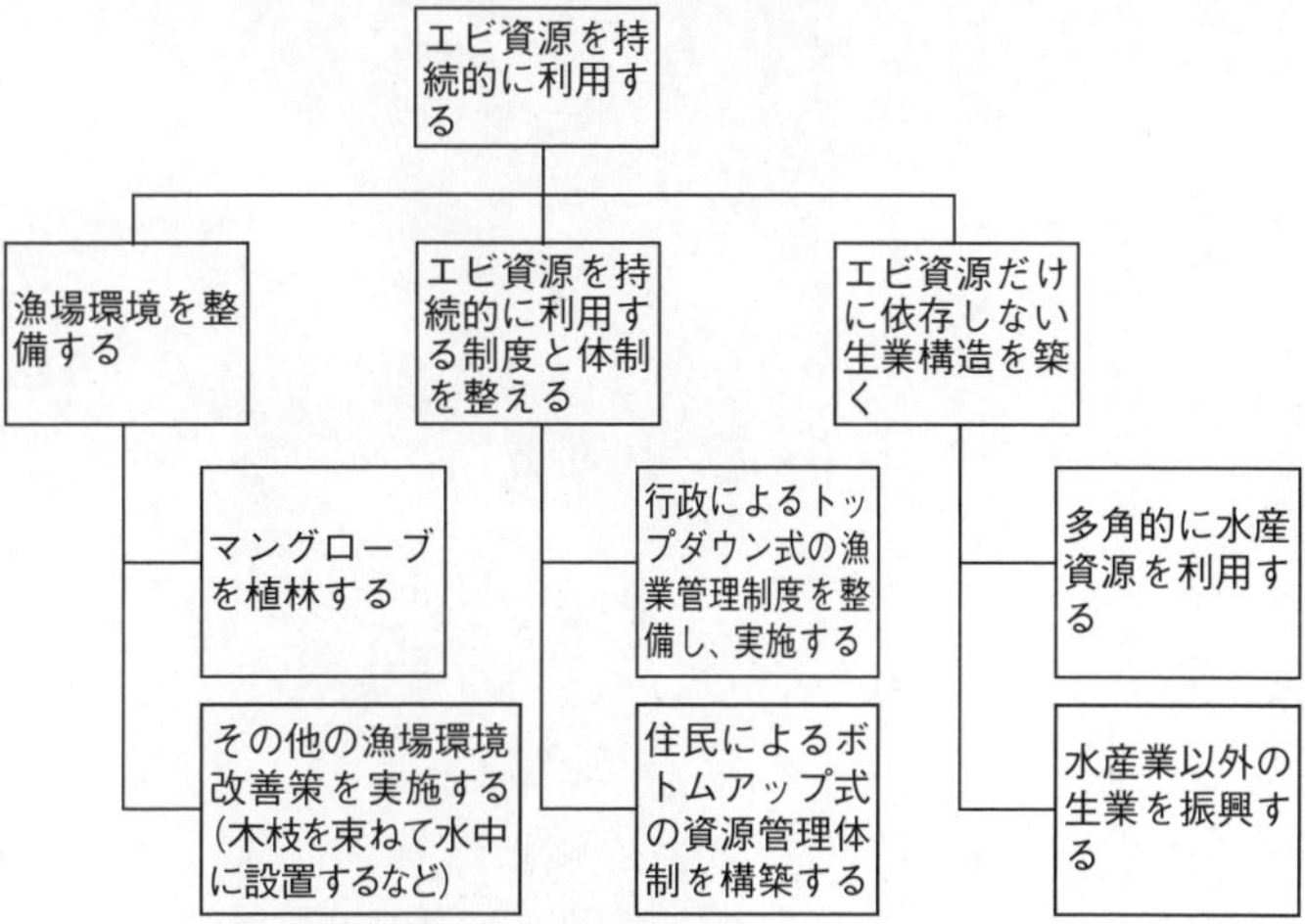
エビ資源を持続的に利用する
漁場環境を整備する
エビ資源を持続的に利用する制度と体制を整える
エビ資源だけに依存しない生業構造を築く
マングローブを植林する
その他の漁場環境改善策を実施する(木枝を束ねて水中に設置するなど)
行政によるトップダウン式の漁業管理制度を整備し、実施する
住民によるボトムアップ式の資源管理体制を構築する
多角的に水産資源を利用する
水産業以外の生業を振興する

目を配る必要があるはずだ。WAAMEの取り組みは、漁民にその契機を与えたととらえたい。

5　資源管理から地域経営へ

資源管理と生業構造

エビ資源を管理し、持続的に利用するには、そのための制度と体制を整える必要がある(図31)。行政によるトップダウン式の漁業管理制度を整備し、住民組織によるボトムアップ式の資源管理体制を構築する。しかし、それを唱えるだけでは不十分なことは現実が示している。マングローブデルタの各地に分散するエビ漁民の活動を、限られた人数の水産行政官で取り締まることは非常に困難だ。外部ドナーの支援を前提に組み立てられた住民による監視活動は、外部からの支援が途絶えた時点で停滞する場合が多い。

マングローブ水路で育ち、海に出て大きくなったエビ
（イエン・カオ村にて 2004年7月15日撮影）

その観点からすれば、ジルンダ村の女性たちがマングローブ林の劣化による魚介類の減少を感じ取り、流れ着いた胎生種子を集めて植えはじめた行為は、特筆に値する。内発的な行為の背景には、行為者である住民の生活上の必要、地域の文化、創意工夫、発展への模索がある[18]。マングローブ林は、日射による水温上昇を抑える日陰と植物性有機物を提供し、稚仔魚の成育場となる。行政主導の漁業管理や住民による監視活動が参入規制と投入規制による資源減少への抑制策だとすれば、マングローブ植林は水産資源の育成場整備という資源増加の促進策である[19]。

それらに加えて何が必要なのか。雨期が来ると落花生やトウジンビエやモロコシを栽培し、雨期の後半からは雨水の混入で成育したエビを漁獲する。年が明けるとエビの漁獲量は低下し、若者は出稼ぎ労働者として村を離れざるを得ない。こうしたサルームデルタ内陸部の現実を考えるとき、この地域がエビ資源だけに依存しない生業構造を築くことが、とりわけ重要なのではないか。エビの主産地であるサルームデルタ内陸部では乾期の生業がことに乏しく、そこで生活を続けるには、エビ資源に頼らざるを得ない現実があるからだ。

資源管理と地域経営

乾期の生業活動が乏しいサムールデルタ内陸部とはいえ、目を凝らして見ると、地域に埋もれた資源や技術はある。たとえば、塩分濃度が高い水域でも年間を通して漁獲できるティラピアやボラの安定生産や養殖、水産物加工による付加価値の向上などが考えられる。また、ペリカンが集うアフリカヒルギダマシの疎林は、観光資源として利用が可能かもしれない。海や魚や大地や植物などについて、日々の生活に裏付けられた村びとの経験知は豊富で、教えられることが多かった。町中の鉄工所で働く職人はよい腕を持っているし、村に住むテーラーの縫製技術はなかなかのものだ。

「アフリカ（の貧困対策）で今日最も使われていないものは、地域の人びとの専門性と知恵である[20]（カッコ内は筆者）」という指摘がある。そこに存在する地域の資源や技術（あるいは専門性や知恵）を活用する鍵は、そうした地域の潜在力を見極め、それらを応用し統合する当事者能力であり、地域の発展に関わる外部者のそれらを見極める開かれた目であろう。

資源管理の「管理」[21]という言葉には、「とりしきる」という意味のほかに「経営する」というニュアンスも含まれている。アフリカで資源管理を考える場合、どうすれば資源とうまくつきあって、やりくりができるのかというふうに少し柔らかく考えたほうが、現場の状況に合致するのではないか(22)。

そのように考えれば、エビ資源を持続的に利用するには、人的資源を含む地域の多様な資源を有効に活用する地域経営の視点が重要なことがわかる。資源の持続的利用とは、その特定資源を地域の全体像のなかに位置づけ、全体の調和を図りながら地域経営を進めていくことにほかならない。ある地域(23)にどのような天然資源があり、それを利用するためにどのような技術や人的資源が蓄積されているのか。それらを拾い出し、最大限に活用することで、その地域独自の潜在能力を高められる(24)。資源を管理するということは、多角的な経営マインドでその資源が存在する地域全体のあり方を模索することである。多様な地域資源が持続的に利用される社会とは、そこに住む人びとが自らの能力を高め、生を充実させることができる生活世界だといえよう。

(1) 梅棹忠夫・金田一春彦ほか監修『日本語大辞典』第二版、講談社、一九九五年。

(2) たとえば、アフリカの沿岸住民にとって漁業は、雇用・収入・食料確保の観点からもっとも重要な生計手段であるにもかかわらず、無秩序な沿岸域利用や水産資源の乱獲、気象の変化、沿岸浸食などの影響から、沿岸水産資源は危機的状況にあると報告されている(Folack J., "*Sustainable Management of Fisheries and Coastal Ecosystems in Africa, Environment for Sustainable Development in Africa*", Report of the Experts Meeting Preparatory to the World Summit for Sustainable Development, Senegal, 2002, pp.49–57)。

（3）桜本和美『漁業管理のＡＢＣ——ＴＡＣ制がよくわかる本』成山堂書店、一九九八年、一三六～一八八ページ。

（4）Oliva L. F., Yamao M., et.al., "*Community – based Fishery Management* (*CBFM*) *Approaching Region 10th, South of Chile: Impact of the Regional Status*",『漁業経済学会第五二回大会個別発表』二〇〇五年。麻生貴通・岩尾恒雄ほか「フィリピンの沿岸資源管理組織に関する研究——パナイ島バナテ湾岸域の漁村を事例として」『漁業経済学会第五二回大会個別発表』二〇〇五年など。

（5）その成果として、秋道智彌・岸上伸啓編『紛争の海——水産資源管理の人類学』（人文書院、二〇〇二年）、岸上伸啓編『海洋資源の利用と管理に関する人類学的研究』（国立民族学博物館、二〇〇三年）などがある。

（6）宮本正興・松田素二編『現代アフリカの社会変動——ことばと文化の動態観察』人文書院、二〇〇二年、一二～一三ページ。

（7）Diouf P. S., Barry M. D., Coly S., "*La Reserve de la Biosphere du Delta du Saloum: L'environnement Aquatique, les Ressources Halieutiques et Leur Exploitation*"（『サルームデルタ生物圏保全地域——水生環境、漁業資源およびその開発』）, UICN, Dakar, 1998, p.57.

（8）東京水産大学第9回公開講座編集委員会編『日本のエビ・世界のエビ』成山堂書店、一九八八年、一七ページ、酒向昇『えび——知識とノウハウ』水産社、一九七九年、八〇～八一ページ。

（9）諸喜田茂充編著『サンゴ礁域の増養殖』緑書房、一九八八年、一五三～一五四ページ。

（10）Diouf P.S., Thiam D., Sene C., Dia A., Ly M. E. M., Ndiaye N. A., Ngom F., Sane K., "*Amenagement Participatif des Pecheries Artisanales du Sine-Saloum (Senegal)*"（『セネガル・サルーム川河口域における伝統的漁場の共同体参加による整備』）, UNESCO, Senegal, 1998, p.12.

（11）op. cit.（10）, p.15.

（12）op. cit.（11）.
（13）現在のジガンショール州とコルダ州は、一九八四年まで一括してカザマンス州と呼ばれた。
（14）開発途上国国別経済協力シリーズ『セネガル』第三版、国際協力推進協会、一九九四年、二ページ。
（15）国際自然保護連合の現在の正式名称は英語でWorld Conservation Union（略称IUCN）。一九五六〜八八年の名称は自然および天然資源の保全に関する国際同盟（International Union for Conservation of Nature and Natural Resources）。野生生物や天然資源の保護のため、調査研究や情報提供に基づいて、勧告や助言を行う国際機関として一九四八年に創設された（現代政治用語辞典/http.//pol.cside4.jp/eco/26.html）。
（16）たとえばベテンティ村では従来、雨期を禁漁期間とし、その間は農作業に専念した。雨期あけに解禁し、村総出でクロチュール（Cloture）と呼ばれる漁法を用いて収穫した。この漁法での収穫は一カ月間続いたという。
（17）フンジュン東方のクールヨロ（KeurYoro）村で二〇〇二年一月に聞き取りした結果によれば、エビの漁期になるとミシラ（Missira）、ベテンティ、フンジュンなどサルームデルタの村や町、ガンビアやギニア・ビサウなどの近隣諸国から、あわせて一〇〇人ほどの移動漁民がやって来て、村に寄宿しながらエビ漁に従事するという。
（18）鶴見和子・川田侃編『内発的発展論』東京大学出版会、一九八九年、編者序、参照。
（19）水産資源の観点からみると、マングローブ植林は、苗木が生育し、期待される効果が発現するまでの長期的な視点に立つ漁場整備策である。これとは別に、陸上の木枝を束ねて水中に設置することで稚仔魚の育成場を提供する、短期的・暫定的な漁場整備も可能である。
（20）勝俣誠「アフリカの民の力生かす援助を」『朝日新聞』一九九八年一〇月二九日。
（21）新村出編『広辞苑第三版』岩波書店、一九八三年。

(22) 秋道智彌は、資源管理の場合の管理には「うまくやりくりする」というほどの意味が妥当だと指摘している（前掲(5)『紛争の海』一〇ページ、前掲(5)『海洋資源の利用と管理に関する人類学的研究』一二ページ、参照）。

(23) ここでいう地域とは、ある自然生態基盤と人間の社会集団が不可分に結びついた地域単位を想定したものである。矢野暢はそれを社会生態単位と呼んだ（矢野暢『東南アジア世界の構図——政治的生態史観の立場から』日本放送出版協会、一九八四年、五六〜八二ページ）。

(24) 私はかつて、技術が生産の主体、手段、対象のどこに蓄積されるかによって、技術の蓄積形態を分析した。技能や熟練のように技術が個人の頭脳や感覚、身体に蓄積されるものを「人間への蓄積」、漁船の動力化や合成繊維漁網の普及など生産手段の発展を「道具への蓄積」、生産対象である海に蓄積される技術を「海への蓄積」とした（弊著『地域漁業の社会と生態——海域東南アジアの漁民像を求めて』コモンズ、二〇〇〇年、一〇二ページ）。この分析方法は、この場面でも有効だと考えられる。

第7章　女性が働く

1　女性労働の役割

西アフリカ沿岸社会を男性優位の社会だと私は感じる。それは、一夫多妻の婚姻制度、一人の女性が多くの子どもを産むこと、夫が妻に日々の食費をそのつど手渡す習慣、男たちが最初に食べ、女たちは男たちが残したものを食べる食習慣、島嶼部に住む女性の多くが文字を書けない現実、水汲みや料理、洗濯、育児など日々の労働の多さと、社会制度や村での日常風景から受ける印象からきている。同時に、そうした男性優位の社会にありながら、村や都市部で出会う女性たちの多くは元気で迫力があり、男性優位社会をものともせず生きているという印象もまた強い。

女性たちが直面する日々の生活にふれるなかで、都市部から離れたマングローブデルタの村といえども、近年の現金経済の浸透ゆえに、育児や家事の合間をぬって経済活動に向かわざるを得ない女性たちの現実の厳しさを知った。村という地域コミュニティを生活の場とする彼女たちが、そこを足場として現金収入を得る手段はごく限られている。そのひとつが、マングローブ湿地が育む豊かな貝類資源を採取し、加工して、都市部の人びとへ販売することである。

移動性の高い魚類資源の獲得がもっぱら男性によって行われているのに対し、移動性の少ない貝類資源を採補する行為には道具らしい道具を必要としない。そのため、すべての女性にとってアクセス可能な活動だった。ところが、現金収入源としての貝類採取が増え、採取圧力が高まってきたために、採取場所が村から徐々に遠くなっていく。採取場へアクセスするために舟という移動手段が必要となり、それを借りる経費が発生する。その経費を補うため、これまで以上の貝類を採取し、加工する必要が生まれた。こうして、貝類資源の採取圧力がさらに増す。

この悪循環を断つには、資源に対する何らかの保全行為が必要だと、彼女たちは気づきはじめている。それは、彼女たちが暮らす村というコミュニティが、彼女たちにとってかけがえのない生活の場だという現実感覚から生まれている、と私には感じられる。

ここでは、サルームデルタの村における女性による生産活動の実態を押さえたうえで、地域コミュニティでの女性の位置づけと地域資源(1)との関わりについて考えてみよう。

2　女性による貝の採取と加工

女性の活動である貝類の採取・加工には、村を起点として徒歩で、あるいは舟を使って採取場まで行き、採取した貝を村へ持ち帰って加工する場合と、村の外部に設営されたキャンプ地に一定期間滞在して活動する場合がある。その両者に分けて、女性労働の生産現場をみていきたい。

村での生産

島嶼部に位置するムンデ村の事例から、女性の貝類採取・加工・販売の実態を明らかにしよう。

ムンデ村はオウギヤシの森に囲まれた美しい村で、人口規模(約一三〇〇人)でみれば、島嶼部で平均的な大きさにあたる。集落の周辺にわずかばかりの耕作地があり、島嶼部でも農業が可能な村のひとつである。村に残る男性は漁業と農業に従事する。農業ではトウジンビエや米、落花生を栽培し、漁業ではボラ、ティラピア、カマス、エトマローズなどを刺網漁や延縄漁で漁獲する。

村に住むほとんどの女性は、貝類の採取・加工・販売に従事する。マングローブカキとサルボウを採取し、煮沸後に殻をはずして天日乾燥して、ダカール、フンジュン、カオラックなど都市や町の市場で販売する。海に近い村の地先に広大な干潟があり、そこに生息するヤシガイやテングニシを採取するジョノアール(Dionouar)村の女性と異なり、マングローブ水路を活動の場とするムンデ村の女性が採取するのは、マングローブカキとサルボウが中心だ。

ムンデ村の水産物加工場は、村の集落部を抜け、オウギヤシの幹を橋脚とする長さ一〇〇mほどの橋を渡り、オウギヤシの森を抜けたニンドール(Ndindor)と呼ばれる場所にある。そこに魚の燻製かまどや干し台に混じって、カキ殻をU字型に積み上げて風よけとし、その真ん中に三つ石の簡

図32　ムンデ村集落部と水産物加工場

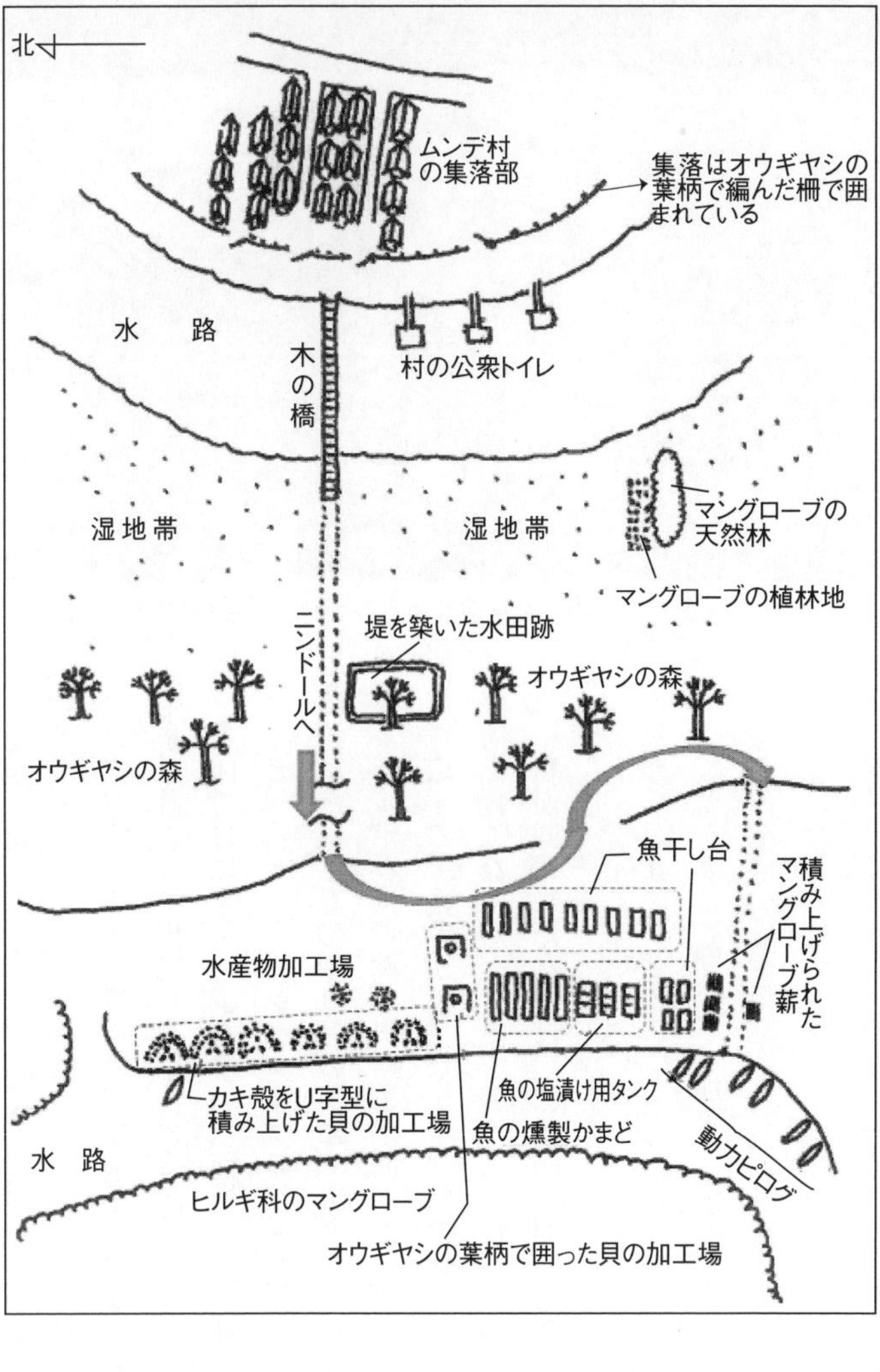
北
ムンデ村の集落部
集落はオウギヤシの葉柄で編んだ柵で囲まれている
水　路
木の橋
村の公衆トイレ
湿地帯
湿地帯
マングローブの天然林
マングローブの植林地
ニンドールへ
堤を築いた水田跡
オウギヤシの森
オウギヤシの森
魚干し台
積み上げられたマングローブ薪
水産物加工場
カキ殻をU字型に積み上げた貝の加工場
魚の塩漬け用タンク
魚の燻製かまど
動力ピログ
水　路
ヒルギ科のマングローブ
オウギヤシの葉柄で囲った貝の加工場

マングローブ水路でサルボウを採取するムンデ村の女性(2007年2月8日撮影)

単なかまど[2]をしつらえた貝の加工場が並んでいる(図32)。

　マングローブカキの採取は、午前中に潮が退く時間帯を見計らって出発し、午後の満潮前に帰ってくる。集団で舟に乗り、櫂《かい》を漕いで前進する。採取場に着くと、バケツをマングローブの根元に置き、片手に持った長さ五〇cmほどの棍棒でカキをたたき落とす。サルボウは、潮が退いて水面下から現れる干潟で採取する。素手か簡単なナイフ状の道具で干潟の表層を軽くなでるだけで、五〜一〇粒が手の中に入る。私が同行した女性は、約四〇分間に七ℓも採取した。

　四種類の貝類(マングローブカキ、サルボウ、テングニシ、ヤシガイ)の採取・加工・販売を比較すると、採取作業で労働過重がもっとも大きいものの、一番お金になるのはマングローブカキだ。カキ殻の端先は鋭く、手足を傷つけることが多いし、マング

カキが茹で上がる（ムンデ村のニンドールにて 2007年2月2日撮影）

ローブの根にびっしりと張り付いたカキをはがすには力とコツが必要だ。重労働で、疲れから病気になることも多い。だから、お金を稼いでも薬代に消えてしまうという声もある。いっぽう、採取作業が楽な反面、もっともお金にならないのがサルボウだという。キロあたり単価は、マングローブカキが二〇〇〇ＣＦＡフランであるのに対して、サルボウは七五〇〜一〇〇〇ＣＦＡフランと半分以下である。

カキの採取・加工は四人が一組となり、採取と加工を二人ずつのメンバーで分担する。メンバーのなかで比較的元気な二人がカキを採りに行き、病気だったり体の弱い女性が村の加工場やキャンプ地で殻むきや乾燥などの加工を担当することが多い。いっぽう、サルボウの採取・加工は基本的には個人単位の活動だ。生産された製品は、販売を担当する女性がダカールやカオラックなど消費地の市場へ運び、販売する。

カキを天日干しする(ムンデ村のニンドールにて2007年2月4日撮影)

グループで活動するカキ採取・加工・販売では、一～六月の採取シーズンが終わった段階で、収益金をグループ内で分配する。女性一人あたりどれくらいの収益があるのかは、なかなかわからない。ムンデ村の南に位置するチャラン(Tialane)村での聞き取りによれば、ある女性のシーズン終了後の分配金は一万七五〇〇CFAフランだった。キロ単価を二〇〇〇CFAフランとすれば、八・七五kgの乾燥製品にあたり、生重量に換算すると約二六kg、殻付き重量では二八八kgほどになる。これが一シーズンの収益だとすれば、ずいぶん少ないという印象だ。

シーズン中はグループの一人が収益金を管理し、病気の治療代や日々の食料など、シーズン中に生じるメンバーのさまざまな必要に応じて、一部が活用される。そうした現実のやりくりを加味すれば、シーズン末のこの分配金額もわからなくはない。

貝の採取における最近の問題点として、次の三点があげられる。第一に、採取場が村から徐々に遠くなって、往復に要する時間や労力が増してきたことである。第二に、採取時に手足をケガする場合が多いために防護具が必要なことである。第三に、採取時に衣服が濡れて寒く、健康を害しやすいことである。村に診療所はないので、いったん病気になれば船に乗って最寄りの町まで出かけなければならない。そこには、デルタ地帯の厳しい生活環境が横たわっている。

キャンプ地での生産

何人かの女性に聞いてみると、村を拠点として生産に従事するより、キャンプ地で仕事をするほうが身体的には楽だという意見が多い。それは、村で仕事をしていると、採取地から毎日帰ってこなければならず、長時間舟を漕がねばならないからだ。貝採りの仕事で疲れる理由を聞くと、一番は舟を長時間漕ぐこと、次いで採取した貝類で重くなったバケツを頭に載せて運ぶこと、加工用の薪を探すことと続く。

キャンプ地へ出かけるとき、彼女たちは大量の穀物（米やトウジンビエ）と水を用意する。キャンプ地での生活が予定以上に長くなると、キャンプ地から村へ帰る人に託し、必要な物資を持ってきてもらう。それでは、ムンデ村の女性は、どんなキャンプ地で生産活動を行っているのだろうか。以下の四つは、ムンデ村の女性たちが定期的に利用するキャンプ地である。

①キャンプモン・バプコ（Campement Mbapouko）

図33　キャンプモン・ジャンガルファム の様子

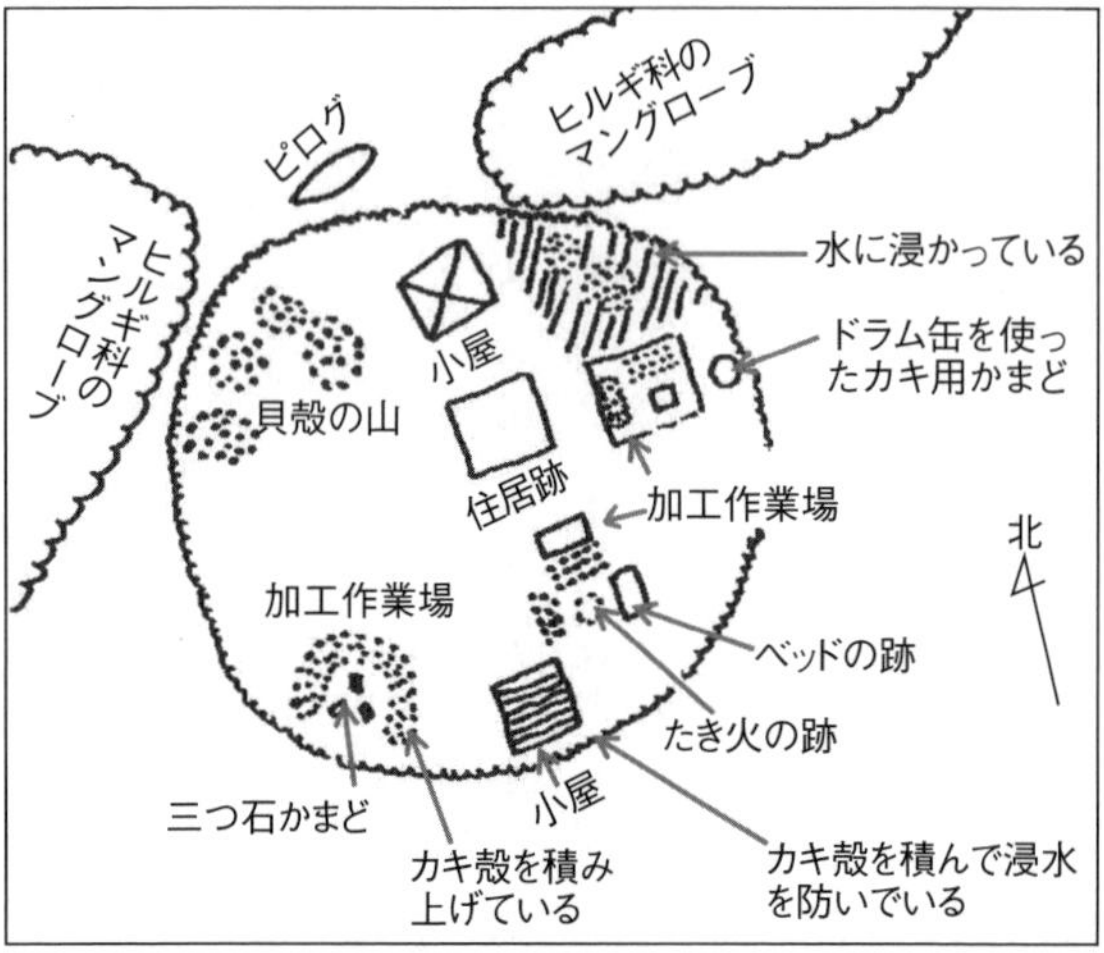

サルーム川南岸のキャンプ地。海岸部にきめの細かな砂浜が広がり、干潮時に姿を現す干潟でサルボウを採取し、マングローブの木陰に設営した三つ石かまどで火を起こし、煮沸後にサルボウの身を殻からはずし、天日乾燥させる。私が訪れたときは、大きなトマトピューレの空き缶にサルボウの貝殻を詰めて錘としたものを、三つ石の代わりに用いていた。潮が強いために、トマトピューレ缶はすぐに錆びてしまう。しかし、ここには石がない。ムンデ村から四隻の舟に乗った一六人がやって来て、滞在するキャンプ地である。

②キャンプモン・ジャンガルファム(Campement Diagalfemme)

乾期にマングローブカキとテングニシを採取し、加工するキャンプ地(図33)。かつて男性がマングローブ材を使って小屋を建て、女性が貝類を採取し、加工した。いまでは、男性が村でのキャッサバ栽培に忙しく、キャンプ地に来なくなったので、女性が小屋を建てるようになった。かつては乾期の五～六カ月をここで過ごして生産を続けたが、いまでは年間一〜二カ月と短くなっている。雨期になると水に浸かるため、使われない。雨期が始まる六月下旬に私が訪れたとき、二カ月ほど滞在していた七人の女性グループが村へ帰って三週間ほどが経過していた。

③キャンプモン・ジムサンアル(Campement Djimsangar)

ムンデ村とジョノアール村の人びとの共同キャンプ地。現在、ムンデ村の人びとはほとんど利用しない。南北に細長く伸びるサンゴマール岬(3)の砂州の一部が切れて外海の波浪の影響が強くなったためか、近年、周辺でサルボウが採れなくなった。一〇年ほど前からムンデ村の男性が漁業操業の合間にやって来て、宿泊地として利用している。

④キャンプモン・ジムサルウスマンコンバ(Campement Djimsar Ousmane Coumba)

ウスマン・コンバとは、このキャンプ地に長く住んだ男性の名前。女性がマングローブカキの採取・加工を行い、男性は海に出て魚を獲った。乾期の四〜五カ月間とどまり、雨期が始まる前にムンデ村へ帰る。

これらのキャンプ地は、ムンデ村からもっとも遠いキャンプモン・ジムサンアルで直線距離にして約八kmである(図34)。ムンデ村の女性が貝類を採取するもっとも遠隔地の漁場であるニョジョール村裏の水路までは、直線距離で約一〇kmだ。このことから、ムンデ村の女性が利用する貝類の採取場は、村から直線距離にして半径一〇キロの範囲に含まれる。当然、これらの漁場へ女性たちは直線的に行けるわけではなく、曲がりくねった水路で数時間にわたって櫂を漕ぎ、舟を進めなけれ

図34　ムンデ村とキャンプ地

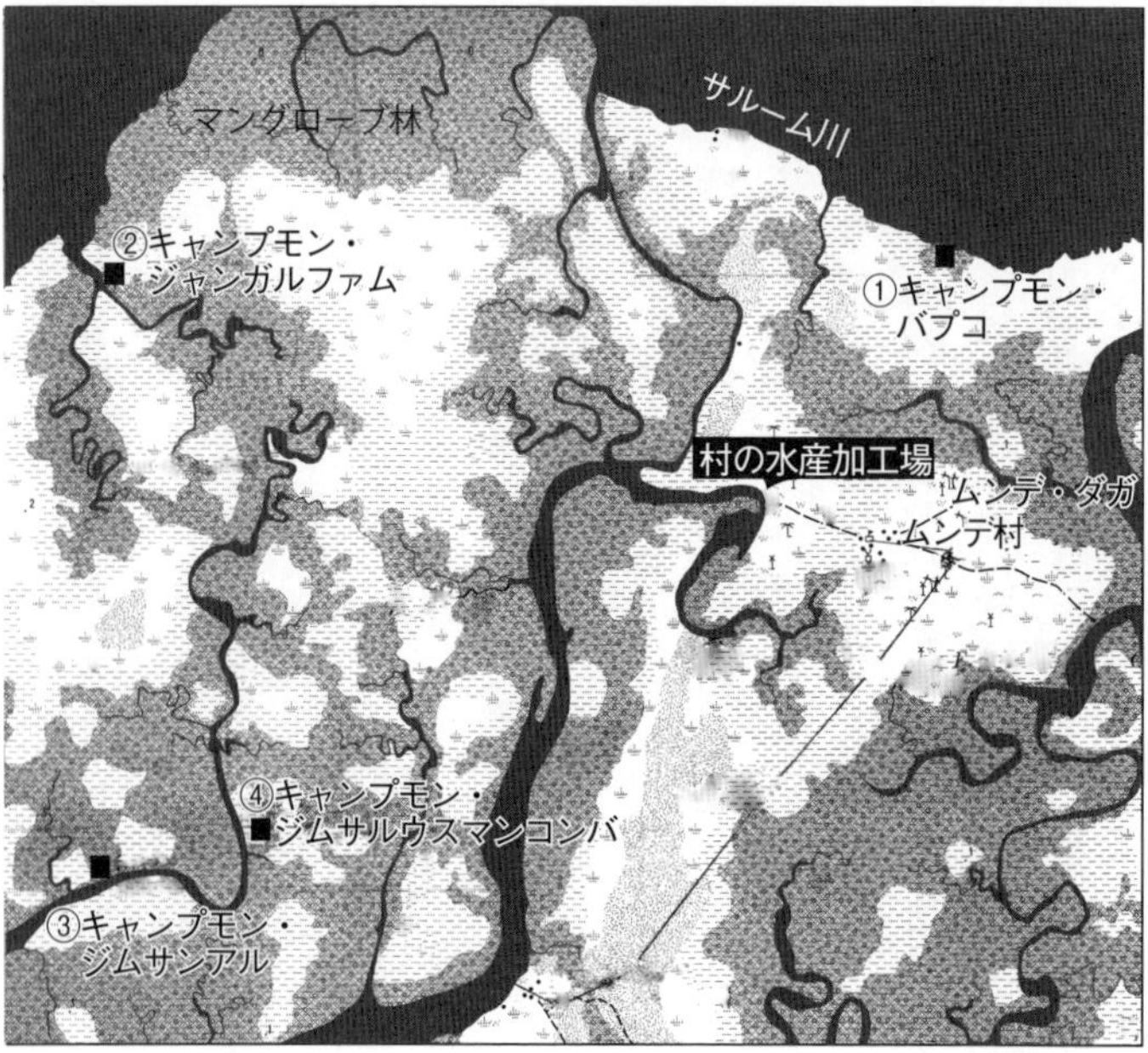

ばならない。

キャンプ地での生産は、水や食料が制限される厳しい生活環境での労働を強いられる。にもかかわらず、村での生産より、キャンプ地での生産を望む女性は多い。それは図らずも、村で女性に課せられた労働がいかに多いかを物語っていると言えるのではないだろうか。

女性の生産環境と社会的立場

女性は村にいると水汲みや家事や育児など雑事が多く、現金を得る仕事に集中できない。キャンプ地では経済活動に集中できるので、その分、現金収入を増やすことができる。しかし、女性がキャンプ地に長期間滞在し、貝類の採取・加工に集中するには、いくつかの前提条件をクリアしていなければならない。

まず、家を留守にするあいだの生活費をおいていけること、そして、上の娘が成長して家事を任せられる年齢に達していることである。男性が日常的に不在のサルームデルタでは、家族の日々の生活が女性の肩にかかっている。こうした事情のため、貝類採取のシーズン初期には手持ちの現金がなく、残される家族に食費をおいていけない。また、キャンプ地へ行ける女性の年齢層もおのずと限定される。若い女性の多くは家事に忙しく、家を留守にできないからだ。

マングローブカキを採取する人たちは、若年女性では、夫に仕事がなく、妻が現金を稼がなければならない場合である。中年女性では、夫が老いて現役を退いたため、現金収入の手段が断たれた場合だ。女性が採取する貝類のなかで、マングローブカキはもっとも現金を稼げるが、他の貝類に比べ重労働である。疲れて体力が落ちているところに、カキ殻の端先でケガをして、抵抗力が低下すると、病気にかかりやすい。キャンプ地に滞在しているあいだは薬をもたないし、リューマチや心臓疾患をかかえている女性も多い。

マングローブカキを採取する女性は、村のなかでもどちらかといえば、経済的に厳しい立場にある人びとである。

3　女性グループの動態

ジョノアール村の生産活動

ジョノアール村は四〇〇〇人の人口を擁し、村の重要な産業は漁業である。かつては農業も行われていたが、近年は降雨量が減少したため低迷している。水産物の流通拠点であるジフェール(4)に近く、男性の生業として漁業への依存度は高い。一方、ジョノアール村の女性にとって、貝類の採取・加工・販売は非常に重要な経済活動である。その活動は全国的に評価され、二〇〇三年度女性のための共和国大統領大賞と二位賞に輝いた。その活動とは、どのようなものだろうか。

活動の始まりは一九九一年にさかのぼる。そのころ、ジョノアール村の女性グループはひとつしかなく、そのリーダーがファトゥ・サールさんだった。当初、グループのメンバーは各自二五〇CFAフランを持ち寄り、合計三七五〇CFAフランを元手に活動を始めた。その後、貝類を採取して加工し、販売することで、少しずつ資金を増やしていく。手持ちの資金が二万二五〇〇CFAフランになったとき、メンバーの活動に資金を貸し付け、その利息を得て二万五〇〇〇CFAフランに増やした。当時は、いかなる外部ドナーからも支援を受けず、村の女性独自の活動だった。

二〇〇三年七月当時、ジョノアール村の女性による水産物加工・販売グループ(GIE)(5)は一七に増えていた。各グループは一五人のメンバーで構成されるので、村全体で二五五人の女性が水産物加工に従事していたことになる。これら一七のグループを統括する組織がジョノアール地区ＧＩＥ連合であり、そのリーダーがファトゥさんだ。二〇〇二年の生産・販売実績は八〇トン、七〇〇〇万ＣＦＡフラン（二〇〇三年一〇月のレートで換算すると一四四三万円）にまで増加した。

ジョノアール村の女性の活動が知られはじめると、多くの外部ドナーが彼女たちの活動を支援するようになる。漁業者経済利益グループ全国連合（FENAGIE PECHE）や国際自然保護連合が資金を援助し、国際連合食糧農業機関（ＦＡＯ）などが設備を支援した(6)。

大統領大賞は、加工水産物の品質改善と増産、衛生面の向上、植林、村の清掃など、女性グループの総合的な活動に贈られたものである。以前は煮沸して殻からはずした貝の身を直接地面に広げて天日乾燥していたが、風がまき上げる砂が付着するため、干し台を作製して干すようにした。加工過程の製品はよく水で洗い、腐敗部分の除去を徹底させる。生産工程の衛生環境に配慮し、完全乾燥に努める。部分的に製品をダカールの包装工場に送り、真空包装して、ラベルをつけて販売する。こうした活動が認められたのだ。

一キロパックの販売価格が、乾燥カキで二五〇〇～三〇〇〇ＣＦＡフラン、乾燥サルボウで一五〇〇ＣＦＡフランである。同じ時期、他村の製品価格が前者で二〇〇〇ＣＦＡフラン、後者で七五〇～一〇〇〇ＣＦＡフランだから、二五～一〇〇％の付加価値付けに成功したことになる。

ニョジョール村への波及

大統領大賞を受賞したジョノアール村の女性に刺激を受けた女性たちがいる。ジョノアール村の南に隣接するニョジョール村に暮らす女性たちだ。しかし、彼女たちには、若手と熟年のあいだで世代間の確執があった。当時のニョジョール村には、熟年世代からなる七つの女性グループと一三の若手と熟年の混成グループがあった。各グループは一五人のメンバーからなるので、総勢三〇〇人を数える。世代間の確執は、村に以前からあった前者のグループと、それにとって代わろうとする後者のグループの若手世代とのあいだに発生していた。

ジョノアール村の女性がファトゥさんを中心にまとまり、成果をあげたことから、ニョジョール村でも集団として団結し、活動を進めて資金を蓄えれば力になると女性たちは考えた。前者の熟年世代から後者の若手世代へ働きかけがあり、グループを統合する気運が生まれる。二〇の女性グループは、新たにローカル・ユニオン(7)を結成することになった。以下は、村の女性の言葉である。

「ジョノアール村の女性たちは幸運だった。私たちとジョノアール村の女性たちは親戚関係にあり、貝類の採取・加工・販売という同じ活動を行っている。私たちもジョノアール村の女性たちと同じように、生産を増やしたいと思った」

新たに結成されたローカル・ユニオンは、一〇人の役員からなる執行部のもと、六つの下部組織から構成される。熟年世代を名誉職にすえることで世代間の確執を抑え、実行力のある若手世代が機動力を発揮する布陣である。使われていなかった浜近くの建物を修復し、共同作業場を確保し

共同作業は踊りとともに進む（ニョジョール村にて2003年12月16日撮影）

た。

私が訪れた二〇〇三年一二月一六日は、ローカル・ユニオンが一五日に一回と定めた共同作業日にあたっていた。五〇人以上の女性が、サルボウ、マングローブカキ、テングニシの煮沸、殻むき、乾燥など一連の工程を流れ作業で進めていた。賑やかさと和やかな雰囲気のなか、みんなで頑張ろうという意気込みが感じられた。共同作業日にはメンバー女性たちが労働を提供し、その売り上げはローカル・ユニオンの活動資金になる。共同作業日以外の労働で得た収入は、メンバー個々のものになる。ある女性メンバーは、うれしそうにこう語った。

「私は毎年乾期になるとダカールへ出て、家政婦として働かざるを得なかった。ローカル・ユニオンの活動が活発になり、みんなで仕事をするようになれば、乾期もこの村に残って暮らすことができる」

4　地域資源とうまくつきあう

資源アクセスの経時変化

サルームデルタに生まれた人びとが一生のなかで、どのような資源にアクセスし、その配分を受ける形で生をまっとうするのか。そのプロトタイプをジェンダー別に示したものが図35である。

男性がサルームデルタを流れる河川を漁場として漁獲する対象資源は、ティラピアやボラ、エトマローズなど、デルタ内に定着したり、季節的にデルタに来遊する魚類である。かつて出稼ぎ民としてサルームデルタを後にし、時が経過して、人生のたそがれを迎え、生まれ故郷に帰ってきた老人たちとともに、子どもたちが小舟に乗る。そして、デルタ内の河川漁場で、刺網や地曳網を操って移動性の高い魚類にアクセスし、日々の生活の糧を得る。

そうした子どもたちが青年期に入ると、サルームデルタを後にする。彼らはプティコートの漁家が経営するピログの一員となり、あるいはダカールを基地とする商業漁船に乗り組み、大西洋を漁場として、コウイカやシタビラメ、マダコ、イワシ、ミゾイサキなど、輸出用や国内市場で消費される水産物の生産者として生きる。老年期を迎えると生まれ故郷へ帰り、子どもたちとともに穏やかなその日の糧を得る生活にもどる。

図35 ジェンダーによる資源へのアクセスのプロトタイプ

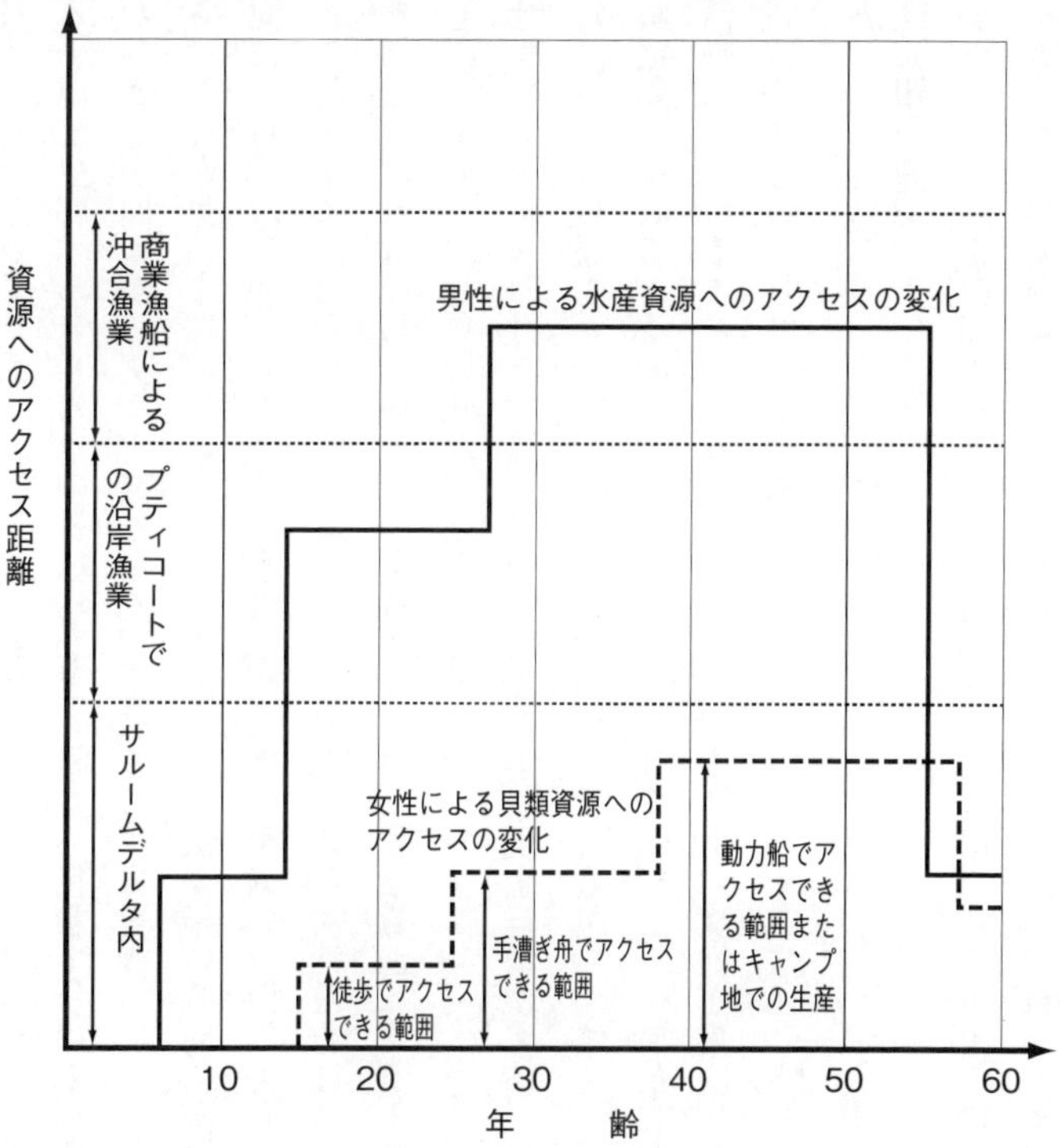

男性の一生における水産資源へのアクセスの変化を追いかけると、老人の小舟を降りてプティコートへ向かってから、自らが老年期を迎えてサルームデルタに帰ってくるまでの数十年間、彼がアクセスの対象とするのは、サルームデルタ外部の資源だ。

サルームデルタの女性がアクセスする対象は、移動することが少ない貝類資源である。女性は潮の干満の周期をみて、採取漁場まで行きつくことができれば、資源を収獲できる。まず向かうのは、彼女たちの生活の場である村から徒歩で行ける採取場だ。しかし、水路沿いのマングローブの支柱根に付着するカキや干潮時に現れる干潟で生育するサルボウの採取場など、村から徒歩で行ける場所は限られている。

女性は二～四人が一グループとなり、手漕ぎの小舟を操って、より遠隔の採取場へ向かうようになる。女性が貝類を採取できるのは、午前中か午後の早い時間に潮が退く日の最干潮時刻の前後数時間に限られる。(8) 加えて、毎朝の水汲みや食事の準備、育児に忙しい女性たちにとって、生産活動にあてられる時間は限られている。貝の採取を終えた女性たちは速やかに小舟を漕いで、再び村へ帰ってこなければならない。その条件下で女性が貝類資源にアクセス可能な採取場の範囲は、村を同心円の中心とする狭い範囲に限られる。

サルームデルタの村々に浸透しつつある近年の現金経済ゆえに、数少ない現金の収入源となる貝類資源への採取圧力が増大し、採取場は村から遠くなりつつある。その状況で、彼女たちが採取場の限定条件を破る方法のひとつは、キャンプ地を設定し、一時的に村と彼女の関係を断ち切って生産活動に没入することであり、もうひとつの方法は、女性が集団化して動力船を傭船し、採取場への到達時間を短縮して、より遠隔地の採取場へアクセスすることだ。

経験知の蓄積

オウギヤシの森に囲まれたムンデ村の女性たちは、オウギヤシの葉を材料に籠やザルなどの工芸品を製作する技術をもつ。彼女たちは一九七〇年代から、村で作ったザルをサルボウの採取作業に

ザルの目に留まる大きさのサルボウだけを収穫する
（ムンデ村にて 2007年2月10日撮影）

使いはじめた。砂泥のなかにひそむサルボウを砂泥ごとザルに入れ、貝だけを漉しとる道具として使用したのだ。当時は大きな貝も小さな貝も一緒に収獲していた。

一九九八年ころ、アリ・サールさんとアブサ・ファルさんという二人の女性が、ザルの目を大きくし、その目からこぼれ落ちる幼貝を海に戻した。小さなサルボウは製品にしても見栄えがよくないし、幼貝まで収獲してしまうと翌年の収獲が振るわなくなると、彼女たちは経験的に知っていたのだ。

経験による知恵は、(9) マングローブカキ採取の現場でもみられる。カキを採取するとき、カキがびっしりと張り付いた支柱根を伐ると、大きなカキと一緒に小さなカキも採ってしまう。(10) そこで、根を伐らず、大きなカキだけを採取することにした。それが翌シーズンにも大きなカキを採取する知恵である。

一九九九年二月、国際自然保護連合主催の女性のためのフォーラムがジョノアール村で開催され、サルームデルタの各村から五人の女性代表が出席した。ムンデ村から参加した女性は、オウギヤシの葉で作った粗目のザルを出品し、サルボウの幼貝を海へ返す採取方法を報告した。それを機に、ザルを用いたサルボウの採取方法がサルームデルタの他村に普及する。ジョノアール、シウォ(Siwo)、ジョガン(Diogane)、ファリア(Falia)、ジルンダなど、周辺村の女性が興味をもって続々とムンデ村を訪れた。

女性が日々の暮らしのなかで見て、聞いて、体験することで獲得された知識と経験の束が、彼女たちの文化に規定された価値観に基づいて構造化され、経験知となる。そうした経験知を自らの体内で消化し、それをスマートで人びとの心を揺り動かすことのできる表現力に転換できるひとにぎりの人たちが、村のリーダーとして立ち現れる。そのメカニズムについては、第8章で明らかにする。ここでは、その経験知をリーダーとともに共有するふつうの女性たち(つまりリーダー以外の女性たち)の生産行動による資源の配分に目を向けたい。

グループ化の契機

サルームデルタのマングローブ林に育まれた貝類などの地域資源を持続的に利用するための最適な管理主体は、サルームデルタを生活の場とし、地域資源を利用するなかで経験知を蓄えた女性たちだと私は考える。だが、そうした経験知をもつ女性たちとはいえ、彼女たち個々が地域資源の管理主体になり得るわけではない。そこには、意志の統一を図ることができるグループの形成が不可欠だ。これまで当地の地域社会と関わるなかで見聞きした経験から、当地の女性がグループ化する契機には、次の四つがある。

①外部ドナーの働きかけによるグループ化
②集団内リーダーシップによる活動のグループ化
③外部からの刺激による活動のグループ化
④危機を克服するためのグループ化

①はたとえば、われわれの調査団が何らかの課題に対処するためパイロット活動を行うとき、村人との対話を経て、活動主体となるグループを立ち上げるような場合である。②はたとえば、ジョノアール村でみられたように、最初ファトゥさんと少数の仲間で始まった生産活動が、時の経過とともに拡大し、一〇年あまりのあいだに一七のグループを擁するジョノアール地区ＧＩＥ連合に発展したような場合だ。③はたとえば、ジョノアール村の成功をみた隣村のニョジョール村の女性たちが、若者層と熟年層の世代間対立を克服して、組織化に向かった事例である。

また、島嶼部のシウォ村では、周辺で採れていたサルボウが二〇〇五年当時採れなくなり、村の女性が動力船を傭船してベテンティ村近くの採取場まで行かざるを得ない状況となった。傭船には、燃料費を含め一日あたり一万ＣＦＡフランを支払わねばならない。そのため、数十人の女性がグループで作業して、問題に対処する必要があった。この村に優秀な女性リーダーがいたことも、問題解決のためのグループ化を促進した一因としてあげられる。ここでは、村の周辺で貝類が採取できなくなるという危機を克服することが、生産者のグループ化を進める必要性をもたらした。

地域資源と女性グループ

現在、サルームデルタで暮らす女性たちがかかえる問題のひとつは、貝類の採取場が村からどんどん遠くなり、新たな採取場を探したり、採取した貝を村へ持って帰るための労働負担が年々大きくなってきたことだ。ジョノアール村も例外ではない。集団化によって生産量が増加しているから、資源の問題はさらに深刻である。

このため、マングローブカキを採取するときはマングローブの支柱根から大きなカキだけを選び、マングローブが伐採されたあとは植林する。そして、雨期が始まる前にメンバーが集まり、雨期のあいだ禁漁する採取場を決め、マングローブカキやサルボウの採取を禁止する。雨期はこうした貝類の産卵期だと彼女たちが考えているからだ。

彼女たちの経験知に裏付けられた資源を持続的に利用する知恵は、サルームデルタのいたるところでみられる。そうした知恵をひとつの力として、地域資源を将来の与件として維持するためには、サルームデルタを生活の場とする女性がメンバーとなるグループを地域資源の管理主体として育成することが必要だ。

ここでは、サルームデルタで暮らす女性の現実を明らかにし、村という地域コミュニティにおけるジェンダーとしての女性の役割と、その役割を担う彼女たちに課された生産活動の実態を押さえ、地域コミュニティにおける女性の位置づけと地域資源の関わりを考えた。

デルタに生まれ育った男性の典型的なライフスタイルが、出稼ぎ民としてデルタを離れ、漁船員として働くことだとすれば、デルタにとどまる女性が従事するもっとも重要な経済活動は、貝類の採取・加工・販売である(11)。女性たちは村での水汲みや育児や家事の合間をぬって、生活の拠点である村から徒歩で、あるいは手漕ぎ舟を繰って貝類の採取場へアクセスし、現金収入を得る経済活動に従事する。都市部から遠く離れたデルタ地帯といえども、日々の生活のなかで生活水や主食となるトウジンビエや米を得るために、現金経済の波が押し寄せているからだ(12)。

地域資源を「生活の本拠をともにする地域住民が、『誰のものでもなく、みんなのもの』だと共通に認識している有用性をもつもの」という意味で用いるとすれば、サルームデルタに生活の本拠をおく女性たちが、生活の糧を得るためにアクセスするデルタの貝類資源こそ、彼女たちにとって重要な地域資源である。その資源を利用しながら維持する管理主体は、人生の多くの時間を出稼ぎ民としてサルームデルタの外部で費やす男性ではなく、デルタの村を生活の場として暮らす女性であるべきだ。

日々の暮らしのなかで見て、聞いて、体験することで獲得された知識と経験の束は、その地に住む人びとの文化に規定された価値観に基づいて構造化され、経験知となる。そうした経験知を共有する女性が、何らかの必要性を契機としてグループ化を進め、意志の統一を図ることが可能になれば、地域資源の管理主体となり得る。彼女たちの経験知に裏付けられた資源を持続的に利用するための知恵は、サルームデルタのいたるところにみられる。そうした知恵をひとつの力として、地域資源を将来の与件として維持していくために、サルームデルタを生活の場とする女性が中心となるグループを地域資源の管理主体とする方策が求められる。

(1) ここでは地域資源という語を「生活の本拠をともにする地域住民が、『誰のものでもなく、みんなのもの』だと共通に認識している有用性をもつもの」という意味で用いている(中村尚司『地域自立の経済学』日本評論社、一九九三年、四一～五二ページ)。
(2) 同等の大きさの三つの石を並べ、三点で鍋を支えるようにしたかまど。サルームデルタの島嶼部では一般的に石を見つけることが難しいため、石の代わりに、サルボウの貝殻を詰めて重くしたトマトピューレの空き缶が用いられることもある。
(3) サルーム川河口に伸びる砂州。波浪による浸食や流砂の堆積により、数十年周期で砂州の一部が切れたりつながったりしている。現在はジフェールの南方で切断されており、その影響で海を回遊するエトマローズがサルーム川を遡上するようになったと言われている。
(4) サルームデルタ周辺で活動する漁船が水揚げする水産物流通拠点のひとつ。繁忙期には二五〇〇人の漁民が周辺地域から集結する。年間の水揚げ漁船数は六〇〇隻。イカ、エビ、シタビラメなど輸出用水産物を年間三六〇〇トン水揚げするという(二〇〇二年二月九日の聞き取り調査による)。
(5) GIE(経済利益グループ)は Groupements d'Interet Economique の略。

(6) これらの機関のほかに、アフリカ開発財団(US African Development Foundation)が資金援助しているとの情報もあった。

(7) 名称はATEP FI MAG(現地の言葉で、若手と熟年の意)。

(8) たとえば、サルームデルタの潮汐がダカールから二時間遅れる(われわれの現地での経験による)と仮定し、二〇〇二年の潮汐表のダカールの記載から、サルームデルタの最干潮時が八時から一六時までに訪れる日数を数えると、一月一九日間、二月一八日間、三月一八日間、四月一七日間、五月一七日間、六月一八日間、七月一八日間、八月一九日間、九月一六日間、一〇月一七日間、一一月一八日間、一二月二一日間であり、合計で年間二一六日間である。つまり、彼女たちが貝類採取に出かけられるのは、一年三六五日のうちの五九%となる。

(9)「文字をもたなかったからといって、アフリカが過去や歴史や文化をもつことがなかったわけでは決してない。……文字は事物であり、知識はそれとは別のものである。文字は知識の写真であって、知識そのものではない」(アマドゥ・ハンパテ・バー著、樋口裕一ほか訳『アフリカのいのち――大地と人間の記憶／あるプール人の自叙伝』新評論、二〇〇二年、二三四ページ)。

(10) 当地のマングローブカキは年間を通して産卵するため、マングローブ支柱根に付着して成長したカキの上に、再びカキの幼生が付着してしまう。それが最初に付着したカキの成長を阻害する大きな要因となっている。

(11) もちろん、デルタに生まれ育った女性のすべてがデルタの村で一生を過ごすわけではなく、ダカールなど都市部や海外へ出稼ぎにいく女性も少なくはない。また、デルタに生活の本拠をおく女性も、貝類の加工製品を販売するために都市部へ出かけていく。

(12) 都市から隔絶されたマングローブ湿地帯の村落といえども、そこで暮らすためには、共同井戸から得る生活水や電気の使用料金の支払いなど、現金収入の必要性が年々高まっている。

第8章　他者を率いる

1　地域が求めるリーダー

女性リーダーの存在

ある社会のなかで、人が人と結びつき、ひとつの集団がうまれて、特定の活動を行おうとするとき、集団の中心に位置づけられる個人（リーダー）の存在が、その集団の性格や強固さに大きな影響をおよぼす。これは、米国大統領の交代時に米国の国民ばかりでなく、日本に暮らす私たちまでが新たな社会への変革を感じるという事例を持ち出すまでもなく[1]、私たちが日々暮らす社会において、頻繁に経験することである。

私は西アフリカの沿岸社会を対象とする国際協力活動に参加するなかで、海岸部やマングローブデルタの村々で活動する多くの女性リーダーたちと出会い、彼女たちが村の発展[2]に大きな役割を果たしていることを実感した。とくにサルームデルタの村々で、それぞれの村がかかえる生態条件や社会関係に根ざした独自の発展を求めるとき、それを実現する中心的な担い手は、村という地域コミュニティを生活の拠りどころとして、育児や食事づくりなど日々の生活に責任を負う女性たちだ。なかでも、女性リーダーの存在が村の日常的な社会関係に果たす役割は大きい。

東南アジアを対象とする地域研究からリーダー像にアプローチした立本（前田）成文は、「中核となる人のまわりに集団ができていくのであり、そのような人には他の人から優れているとみなされる『もの』（力）が備わっていると思われている。その『もの』（力）をカリスマと呼んでおきたい(3)」と語っている。さらに、「人が何に対して優れているとみなすのかは、対象とする地域の人々が属する文化によって決まる(4)」のだという。

だとすれば、西アフリカの沿岸社会で、他の人びとからリーダーと認められている人には、その社会が歴史的な時間の積み重ねのなかで育んできた文化によって規定された価値観に基づいて、周囲の人びとが敬服の念を抱いたり、優れていると感じる「もの」（力）が備わっていることになる。立本にならい、本書ではそれをカリスマと呼ぶことにする。

ここでは私がサルームデルタの村々で出会った女性リーダーたちの姿を手掛かりとし、この地におけるカリスマとは何かを問うことで、西アフリカ沿岸社会のリーダー像を探りたい。

地域の文化に根ざす発展

第4章で、セネガルの沿岸漁村でみられる漁民と魚商人の関係を分析し、零細漁民の自立化策として、漁業生産者が漁家単位で商業資本に対抗する可能性を検討した。そこでは、漁民の商人化を促進することは、零細漁民層の魚価交渉力を高め、漁業生産者と商業資本家との富の偏在を平準化するひとつの方法論になり得ると述べた。

いっぽう、ここで対象とする地域は、前記の論考で対象としたプティコートの南に隣接するサルームデルタに点在する村落群である。この地域は、プティコートから出漁する小型漁船やダカールを基地とする商業漁船に船子として乗り組むクルーの輩出地だ。このため、日常的に村で生活するのは老人と女性と子どもたちである。男性が村に帰る機会は限られるため、村での活動はもっぱら女性が中心になる。

女性は個人や数人のグループ単位で、経済活動にたずさわる。その多くは、マングローブ林が育むカキやサルボウなど、貝類資源の採取・加工・販売だ。村がこれら商品の消費地に遠く、生産量がまとまらないために、この地域への商人資本の浸透は、これまでのところ限定的である。こうした状況から、この地域で個々の人びとのパーソナリティの可能性を実現することを目標とし、自力更生を進める発展をめざすとすれば、対象とする人びとのグループ化や組織化が有効な手段とならざるを得ない。

私は村の発展に関わる外部ドナーの一員として村に入り、プロジェクトに関連する支援活動のなかで、多くの村人とともに、このあとでふれる女性リーダーたちと出会った。このため、私がたとえ、村の社会関係の常態を把握したいと望んでも、両者のあいだに存在する受益者対支援者という関係性のバイアス（ゆがみ）が生じてしまう。このことは、自らを「与え手」、アフリカを「受け手」とする固定的な認識が、過去の植民地支配の正当化と同根であること(5)を自らの戒めとして地元社会との関係性を築こうとする努力を前提としてもなお、という意味である。その関係性のバイアスを十分に認識したうえで、分析を進めていきたい。

西アフリカ沿岸社会が求めるリーダーシップの本質を明らかにすることは、この地域の人びとが自らの文化に根ざした多系的な発展を進めていく方法を模索するうえでひとつの手段となる。ここでは、前述した関係性のバイアスという限定条件を認識したうえで、地域の住民と外部ドナーとの接触の結果を外部ドナーの一員である私が観察した事実に基づいて考察する。そのため、どうしても外部支援を前提とした地域の発展の姿を把握する論考に陥りやすい性格を備えている。内発的発展という地域の文化に根ざした多系的な発展(6)を求める地平線上の一里塚と位置づけたい。

2 マングローブデルタの女性リーダーたち

紹介する女性リーダーたちとは、サルームデルタ島嶼部の四つの村で出会った。これらの村々では、島嶼部ゆえに就業機会が乏しく、男性たちはプティコートやダカールへ、あるいはヨーロッパの国々へ、現金収入の道を求めて出かけていく。このため、サルームデルタ内の他地域と比べて、村の活動における女性の役割が相対的に大きい。私たち調査団やプロジェクトチームが村に入り、

ムンデ村のアワ・ンドンさん（2007年2月10日撮影）

活動をともにした人たちの多くも、女性たちであった。そのなかから、私が出会った印象に残る女性リーダーを紹介しよう。

ムンデ村のアワ・ンドンさん

アワさんはムンデ村の女性リーダーだ。ムンデ村はオウギヤシの森に囲まれた美しい村である。七つの女性グループがあり、彼女はその統括組織であるローカル・ユニオンのリーダーだ。ローカル・ユニオンの役割は、女性活動の活性化、啓蒙、マングローブの植林などであり、私たちのプロジェクトが村で実施する貝類の加工改善、地下足袋・手袋の自給、エコ・ツーリズムの導入、清掃活動など、女性を中心とする活動の支援も行う。

この村の女性たちは、一九九八年ころから、オウギヤシの葉を材料に用いた粗目のザルをサルボウの採取時に使いはじめた。ザルの目からこぼれ落ちる幼貝を海へ返し、ザルに残る大きな貝だけを収獲することにしたのである（二五六ページ参照）。アワさんのリーダーとしての資質を垣間見たのは、遠隔村の人びとにムンデ村の人びとが実践しているこの活動を紹介するため、プロジェクトチームが計画して、バンガレール（Bangalère）村（バンジヤラ川以東に位置する村のひとつ）の女性五人、男性三人を招待したときのことだ。

バンガレール村の人びとは午前中にムンデ村に到着した。当日のプログラムでは、到着後にオウギヤシの葉を材料にして幼貝選別用のザルを作る講習会を予定していたが、段取りがうまくいかず、夕刻まで開始できなかった。時間が過ぎ、バンガレール村の人びとから不満がもれはじめる。おまけに電気がないムンデ村では、暗くなってからのザル作りを行わない習慣があった。

そのとき、アワさんがうす暗いろうそくの灯のなかで、来訪者に向かって語りかけた。

「年中、採れるだけの貝をすべて採っていたら、遅かれ早かれ、貝はいなくなってしまうよ。このザルを使って、小さな貝は神様にお返しすることで、次の年もその次の年も、同じように貝を採り続けることができるよ」

バンガレール村から訪れた八人は、熱心に彼女の話に聞き入っている。さきほどまでの不満顔はどこへやら。彼女の説得力で、その場の雰囲気があっという間に変化した瞬間だった。われわれは彼女に前もって訪問の主旨を十分に説明していたわけではなかったし、当日の打ち合わせが十分に行われていたわけでもない。しかし彼女は、その場の雰囲気を敏感に読み、そこにいる人たちを瞬時に好ましい方向へ導いた。彼女は、そうした聡明さと説得力を兼ね備えたリーダーだ。

シウォ村のンボデ・ディエンさん〈左〉(2007年11月29日撮影)

シウォ村のンボデ・ディエンさん

シウォ村には若手女性のグループ（ンデントフ:Ndentof）と年配女性のグループ（ンゲット:Ngueth）があり、両者を統括するグループとしてジャホール（Diakhol）がある。ンボデさんはジャホールのリーダーを長年務めてきた。私が彼女に出会ったのは、村の現状把握のためにはじめて訪れた二〇〇二年一月三〇日のことだ。聞き取り調査のインフォーマント（情報提供者）として、何人かの女性と向かい合った。私の質問に対して、一人の女性がほとんど答え、その内容が質問の的をはずさず的確だったので、印象に残った。頭がいい女性だと思ったのだ。それがンボデさんである。

女性たちはカキやサルボウなどの貝類を村の周辺で採取し、村に持ち帰って煮沸し、殻から身をはずして、天日乾燥させる。このとき、多くの村ではシートを敷いた地面の上に直接貝を並べて乾燥させていた。この方法では、風がまき上げる砂が貝の表面に付着して、完成した商品を口にすると砂を噛んでしまう。シウォ村では、この問題を解決するため、棒材を組んで作った高さ一mほどの棚の上に貝の身を並べて干していた。これで、風がまき上げる砂を防ぐことができる。ジョノアール村で紹介した(二五一ページ)のと同じような取り組みが、この村ではンボデさんを中心に行われていたのだ。

二〇〇二年一〇月九日、ファティック県フィメラ(Fimela)村で、調査結果を村の住民たちと共有するためのワークショップを開いた。ンボデさんと何人かのシウォ村の人たちが、遠隔地にもかかわらずやって来てくれたことが、調査団内でちょっとした話題になったのを覚えている。このワークショップののち、調査団はパイロット活動を開始する。しかし、シウォ村は遠隔地ゆえに、このときの実施村からもれてしまった。その後、二〇〇五年一二月に新たな技術協力プロジェクトが始まり、シウォ村はこのときはじめてパイロット活動の実施村に加えられる。

シウォ村の女性たちのプロジェクト活動への取り組みはとても熱心だ。その活動の中心には、常にンボデさんがいる。シウォ村でパイロット活動を実施した二年間、そして、私がはじめてンボデさんと出会ってからの六年間、彼女が村の活動に取り組む献身的な姿勢は一貫していた。常に村のことを考え、村の女性の利益代表として、発言し、行動してきた。そのぶれることのない生きざまは、リーダーとしての重要な要素にちがいない。

ジルンダ村のアダマ・ジャメさん（2007年6月14日撮影）

ジルンダ村のアダマ・ジャメさんとニンマ・ファルさん

フンジュンをベース地としていた私たちにとってジルンダ村は、島嶼部の村々へ向かうときの玄関口に位置する。はじめてジルンダ村を訪れた二〇〇二年当時、村には三つの女性グループがあった。年配女性のグループであるバロ（Barrean）、二つの若手女性のグループであるポシエール（Poassier）とセタル（Setar）だ。ここで紹介する二人は、それぞれポシエールとセタルのリーダーを務めていた女性である。

三つの女性グループは、一九九八年以降に漁業者経済利益グループ全国連合の支援で建設された燻製かまどを用いて、エトマローズの燻製加工と販売を行っていた。この村では、一九九〇年ころから女性が中心となって、マングローブを植林してきた（第5章1参照）。調査団では、女性たちのこうした活動の支援を決める。活動の進展とともに、女性グループの再編が進み、二〇〇五年には若手女性のグループがまとまり、ひとつの経済利益グループ（GIE）に発展した。そのなかで、アダマさんは秘書（Secrétaire）、ニンマさんは副秘書（Secrétaire adjointe）を務めている。この二人をみていると、村の女性リーダーの二典型をみる思いがする。

アダマさんはプティコートのジョアル出身で、村の男性との結婚を機にジルンダ村へやってきた。同じセレル族とはいえ、町からやってきたよそ者だ。島嶼部の村の女性では数少ない、フランス語を解し、読み書きの能力が高い女性である。このため、活動の記録や金銭の収支など、ロジスティクス（業務調整）部分に果たす役割は大きい。フランス語を解するがゆえに、私たちのような村を訪れる外部者の窓口となり、村の状況を説明したり、案内する役割を担う。彼女は村の女性グループの利益を代弁し、あらゆる機会にその目的にそって発言する。同時に、自分がよそ者であることを常に意識し、自分が村のなかで目立たないように心がけている。

「植林活動は女性たちが担ってきましたが、（本日この話し合いの席で）村の長老方をはじめ、男性グループや若者グループにその活動を認めていただいたので、村の総意で女性グループの活動が認められたことになります。マングローブ林を守ることで、（そこが育成場になる）貝類資源を守ることができるのです。それを（私たちの子どもたちの）将来に残していきたいと思います」（二〇〇三年五月五日、パイロット活動の計画策定ワークショップにおけるアダマさんの発言）

こうした発言に、周囲の人たちの顔を立てる彼女の配慮が表れている。彼女はいわば村のテクノ

ジルンダ村のニンマ・ファルさん〈中央〉(2007年12月8日撮影)

クラートであり、オピニオン・リーダー的な存在だ。

もうひとりの女性リーダーであるニンマさんはジルンダ村の出身で、村の多くの女性がそうであるようにフランス語を解さず、読み書きも得意ではない。彼女のリーダーシップが発揮されるのは、エトマローズの燻製加工やマングローブの植林など、作業現場での指揮だ。とくに、ジルンダ村の女性にとって重要な経済活動となってきたエトマローズの燻製加工で、中心的な存在である。

こうした二人のリーダーのあり方が顕著に発現し、私がそれを観察できた機会がある。第5章の冒頭で紹介したマングローブ植林の日(二〇〇六年九月二六日)のことだった。

前日までに集められたヒルギ科のマングローブの細長い種子(胎生種子)(7)でいっぱいになった袋を頭の上に載せ、女性たちが朝から植林地へ向かう。彼女たちは移動の途中から数種類の打楽器をたたき、歌い、リズムにあわせて腰を振り、体全体を激しいリズムにのせる。彼女たちにとって、マングローブの植林日は一年に一回のお祭りのようなものだ。

当日アダマさんは、私たちのような外部支援者の案内役を務め、ひとたび植林が始まると、自分で植林するというよりも、植林する女性たちに胎生種子を配ってまわる裏方に徹していた。一方、ニンマさんのこの日の役割は、集落内での昼食の準備だった。できあがった昼食を持って数人の女性とともに植林地に到着した彼女は、女性たちを指揮して、てきぱきと何十人分もの昼食を配膳していく。

そして、食後の踊り。打楽器を打つリズムにのり、女性たちの輪のなかに踊り手が次々と入ってダンスに興じる。そのなかで、ニンマさんがひとたび輪の中に入ると、彼女のダイナミックな踊りは、その存在感ゆえに、他の女性を圧倒する力を備えている。彼女の踊りにアフリカの大地に根付く躍動感と生命力を感じたのは、私だけではなかったにちがいない。

バスール村のアダマ・ジュフさんとビンタ・ジョップさん

ここで紹介する二人の女性は、これまでに紹介した四人のリーダーとは少し性格が異なる。これまでの四人は、調査団やプロジェクトチームが計画する村の活動に歩調をあわせ、リーダーシップを発揮する人たちだった。だが、バスール(Bassoul)村のアダマさんとビンタさんは、必ずし

バスール村のアダマ・ジュフさん〈右端〉(2004年6月9日撮影)

もそうしたタイプのリーダーではない。ときには、活動を実施するドナーの立場から、困った人たちと映った。しかし、今後の村の発展にとって、はたしてそう断言できるのか。もしかしたら、こういう人たちこそ村の内発的発展を将来にわたって支えていく人びとなのかもしれない。

バスール村では、数人の村人が燻製かまどを所有し、村の女性を使ってサルームデルタで漁獲されるエトマローズを燻製加工し、ギニア人商人たちへ販売していた。ジルンダ村とともに、村人が主体的に燻製加工に携わる数少ない村のひとつだ。ジルンダ村では、村の女性グループが活動主体なのに対し、バスール村では数人の女性リーダーが個人で村の女性を使って燻製品を生産し、外部の商人に販売する。その作業にかかわる女性たちは、労働に見合う賃金を女性リーダーから受け取る。いわば、この村の女性リーダーは、エトマローズの燻製加工・販売という事業の個人経営者だ。それが、アダマさんであり、ビンタさんである。

調査団やプロジェクトチームがバスール村で実施した活動のひとつが、燃料効率を改善した改良燻製かまどの導入だった。そのために、村に燻製かまど委員会が結成され、委員長にアダマさん、副委員長にビンタさんが選ばれる。燻製加工事業を営んできた彼女たちの実績が認められたからだ。活動の内容は、従来型と改良型の二種のかまどを設置し、同量の魚を燻製加工して、熱効率の違いを測定するというものである。ところが、委員会活動は思ったように進まなかった。委員長と副委員長が自らの生産事業を最優先させたからだ。そして、彼女たちは会議やワークショップの場で、プロジェクトチームに対して、魚を買い付けるための資金や必要資材の支援依頼を繰り返した。(8)

彼女たちの発言は、プロジェクトチームと村の「暗黙の了解(9)」からは逸脱しているかもしれない。しかし、ある意味で、彼女たちは本音でプロジェクトチームに向かってきたとも言える。彼女たちは村の女性たちを使って燻製加工・販売という事業を行い、労働賃金を支払ったうえで事業利益をあげている。村の事業家として成功している人たちだ。彼女たちの存在そのものが、村での持続的な経済活動の可能性を示している。彼女たちの存在のあり方は、経済活動を進める村のリーダー像の一端を示しているといえないか。

3　リーダーの条件と役割

リーダーの条件

プティコートのウンバリン村で女性グループのメンバーを対象に聞き取り調査を行ったとき、地域社会の女性リーダーであるための条件や資質について議論する機会があった。(10)それによれば、彼女たちが考える女性リーダーであるための資質には、次の四つの条件がある。

①日常の態度やふるまい

物静かで、騒々しくなく、他人の欠点をあげつらうことをせず、相手を包み込むような包容力と爽やかさを備えている。

②自己コントロール

対人関係が和やかで、常に自己規制ができて、気分の振幅が少ない。すべての人を受け入れ、親身になって手助けするような人柄。

③真摯さ・正直さ

利己主義に走らず、周囲の人びととすべてのことを共有できる。

④カリスマ性

周囲の人びとへの語りかけがスマートで、人びとの心を動かし、行動を共にできる資質を有する。

この議論からすれば、リーダーであるためには、まず、日常の態度やふるまいが物静かで爽やかさがあり、自己規制ができて、すべての人を受け入れて公正であるといった、周囲の人びとが好ましいと考える個人の資質が前提としてある。なおかつ、そこにカリスマ性が加わっていなければならない。そこでいうカリスマ性とは、周囲の人びとへ何らかの影響を及ぼす、ある種の力であり、その手段はスマートな弁舌であったり、行動力であったりする。

リーダーの役割

サルームデルタにおけるマングローブ管理の持続性強化プロジェクトが開始されたとき、その対象村で実施された計画策定ワークショップの結果を用いて、住民が求めるリーダーの役割を検討したい。このワークショップでは、住民参加型で行う各活動の実施主体となる村内のグループ（もしくは委員会）のリーダー（もしくは委員長）に求める役割は何かを、村の住民である参加者に問うた。参加した村人は、そのグループ（委員会）のメンバーである場合とそうでない場合がある。

ワークショップが開催されたのはプロジェクトが活動を計画する一二村であり、前述した質問の対象となるグループ（委員会）数は二一におよんだ。各グループ（委員会）と活動内容、および質問の回答を表12に示す。グループ名として固有名詞がある場合は、その現地名を表中にカタカナで記した。小委員会は委員会の下部に位置づけられる。村の活動の統括組織である村落開発委員会には男性と女性が混在するが、個々の活動を実施するグループ（委員会または小委員会）レベルでは、ジェ

ダーに求める役割

おもな仕事	リーダー（委員長）に求められる役割
蜂蜜の生産・販売	村民の動員
カキの養殖	女性を代表して外部会議に出席、外部支援グループとの折衝・連絡
村内開発活動の統括	各委員会の指導、各活動の活性化、渉外活動
カキの養殖 地下足袋・手袋の自給	村人の動員、会議の招集・指導・指揮、情報の交換
村落林の造成、リゾフォラの植林	グループを代表して外部会議に出席、会計係不在時の金庫管理
マングローブの植林・管理 水産物の燻製加工・販売 蜂蜜の生産・販売 地下足袋・手袋の自給	会議の招集・指導・指揮、活動の活性化・指導・指揮、問題解決方法の模索、活動の継続性保持
村内開発活動の統括	各委員会の調整、渉外活動、外部情報の提供、啓蒙活動
女性活動の活性化、啓蒙活動 女性による各委員会の支援	外部支援機関との交渉、村の発展に関わる機会をさぐる
蜂蜜の生産・販売	グループの組織化、情報の共有化、メンバーの動員
貝加工の改善、販売	作業グループの動員
貝加工・資源管理 地下足袋・手袋の自給	メンバーの動員、会議の招集と指揮、諸活動の指導
環境活動（マングローブ植林など） 村内諸活動の調整	組織の利益代表、外部ドナーとの交渉、諸活動の調整
ライフジャケットの生産・販売 村落林の造成	組織を代表して外部と折衝、組織内部の調整
エコ・ツーリズム 村落林の造成	グループ内諸活動の調整
村内開発活動の統括	活動の確認・助言・提言、村人への情報提供、村人の動員、活動計画の策定
水産物の燻製加工・販売	村落開発委員会への情報伝達、会計係へ売上金の受け渡し、メンバーの動員、活動計画の策定
村落林の造成	村落林の現状確認、活動計画の策定、村人の動員、外部情報のメンバーへの伝達
村内開発活動の統括	会議の招集・指揮、村人への情報伝達
水産物の燻製加工・販売	活動の指導・指揮・助言・決定、外部会議への出席
村落林の造成	会議の招集、活動の助言、方針の決定、グループ金庫の管理
村内開発活動の統括 マングローブ植林・管理 村落林の造成 魚籠の生産・販売	プロジェクトと村人との仲介役、村人への情報伝達

の記録より。

表12　村人がリー

番号	村　名	グループ(委員会)名	ジェンダー
1	ンジャンバン	ボク・ジョム	男性
		デゴ	女性
2	バンガレール	村落開発委員会	男性・女性
3	サンガコ	女性グループ	女性
		男性グループ	男性
4	ジルンダ	マングローブ管理・水産物加工女性グループ	女性
5	ムンデ	村落開発委員会	男性・女性
		女性グループ連合	女性
		養蜂小委員会	男性・女性
		貝類加工小委員会	女性
6	シウォ	ジャホール	女性
7	ウンバム	アスポヴェルス	男性・女性
8	カマタンバンバラ	村落開発委員会	男性・女性
9	ダシラメセレール	村落開発委員会	男性・女性
10	バスール	村落開発委員会	男性・女性
		かまど小委員会	女性
		村落林小委員会	男性
11	ロファンゲ	村落開発委員会	男性・女性
		シガリン	女性
		デエゴ	男性
12	ガゲシェリフ	村落開発委員会	男性・女性

資料：2006年6月12日～7月1日に実施された各村でのワークショップ

図36　リーダーに求める役割の定量解析

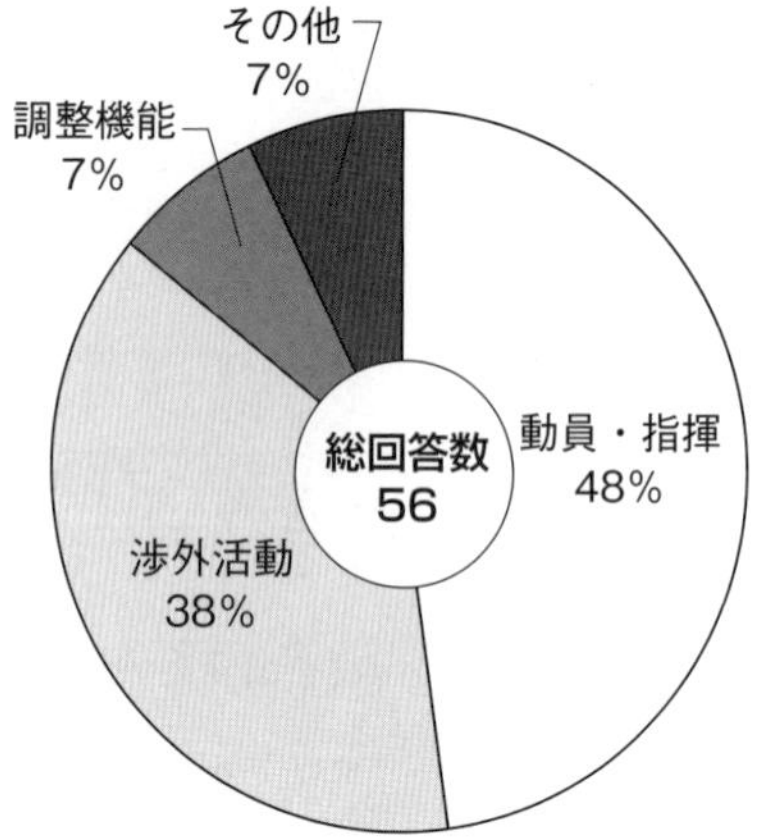

ンダーで分かれる場合が多い。そのため、表12ではグループ（委員会）ごとに主要メンバーの性別を明記した。

質問に対して五六の回答を得た。それらの回答を分類すると、①村人の動員、会議の招集・指導・指揮、活動の指導・活性化など、村人の動員や指揮に関する事項、②外部グループとの折衝や外部会議への出席、情報の伝達など、渉外活動に関する事項、③組織内諸活動の調整に関する事項、④その他、の四つに分類できる。それらの回答を定量的に処理したものが図36である。

活動を進めるための村人の動員と指導や、会議を開催するための出席者の招集と指揮など、動員・指揮に関する役割は、リーダーとしてもっとも典型的な活動だといえよう。リーダーの条件として、素養がもっとも問われる分野だ。

私が注目するのは、外部支援グループとの折衝や外部会議への出席、外部情報の伝達など、リーダーに対する渉外活動への期待の大きさである。参加型開発における計画策定ワークショップという村人と外部ドナーとの接点での回答だという面、近年は当プロジェクトのみならず、多くの外部ドナーが地元社会に対してさまざまな支援活動を実施してきたという経緯はあるものの、当地の人びとが共有する外部情報に対する高い価値観がそこに存在しているように思われる。

また、組織内での調整機能もリーダーの役割のひとつと認識されている。

当地の人びとは、統率力があり、外部交渉に長《た》け、その結果を情報として組織内部に還元するとともに、メンバー間や村内の利害を調整する役割をリーダーに求めている。

4　西アフリカ沿岸社会のリーダー像

経験知から動員・指揮能力へ

サルームデルタの村々を繰り返し訪れ、女性たちの日々の生活や活動を見聞きするにつれ、女性たちが何らかのまとまりをもっている村とそうでない村があることに気づいた。まとまりをもつ村には、彼女たちがわれわれのような外部者に言葉や行為で表現できる経験知が認められ、それに基づいた活動が行われている。それらはムンデ村の幼貝保護のためのザルであったり、シウォ村の風にまき上がる砂を防ぐための干し棚であったり、あるいはジルンダ村のマングローブ植林であったりする。

そうしたモノや活動は、女性たちが日々の生活のなかで出会った問題や気づきに裏付けられた経験知の結晶だ。そして、それらをただ単に気づきで終わらせることなく、日々の生活や活動を改善する手段に昇華し、なおかつ、なぜそれをするのかという理論化が図られている。彼女たちがそうした理論化を意識する・しないにかかわらず、結果としてそうなっているのだ。その一連のプロセスのなかで、ムンデ村のアワさんやシウォ村のンボデさんのように、蓄積した経験知を体内で消化し、それをスマートで人びとの心を揺り動かすことのできる表現力に転換できる、ひとにぎりの人たちがリーダーとして立ち現れてくる。

この地域の人びとが考えるカリスマが、周囲の人びとへの語りかけがスマートで、人びとの心を動かし、行動を共にできる資質だとすれば、日々の生活に裏付けられた経験知を彼女たちの文化に規定された価値観に基づいて再構築し、それを言葉や行為などで体現する能力と言い換えることができる。経験知という肥やしを与えられた人間という畑に、他の人から優れているとみなされる「もの」(力)が実り、彼女たちの言葉や行為という芳香としてにじみ出てくる。

そうであれば、経験知を共有する女性集団のなかで、なぜ特定の個人にのみリーダーとしてのカリスマが立ち現れてくるのか。その疑問に対して私は、個人の資質に帰する部分があるとともに、その社会のメカニズムがカリスマ性の表出を演出し、支えていると考える。それは、村のリーダーには多くの場合、補佐役と呼べる人たちが存在するという事実から説明できる。

たとえばムンデ村のアワさんの補佐役と呼べる人は、彼女の妹にあたるネネ・ンドンさんだ。村の外で開かれる会議に村の女性代表として出席したり、村の女性が作った貝の加工品を町で販売したり、アワさんはもっぱら渉外的な役割を担っている。いっぽうネネさんは村にとどまり、組織内の諸活動や貝類の加工生産を担当する。アワさんの渉外活動を縁の下の力持ちとして支えている印象が強い。

シウォ村のンボデさんの補佐役と呼べる人は、村の集会で最初の緊張を軽妙な語りで和らげたり、集会の合間に歌と踊りを挿入し、場の雰囲気を盛り上げるファトゥ・サンゴールさんだ。かつての王国の王が発した言葉に打楽器の音色を重ね、王の言葉に重厚さと打楽器のリズムがもつある種、人体の底から突き上げてくるような感動を重ね合わせる手法が、西アフリカの沿岸社会で人が集まり、集団として何らかの意思決定が行われる行事のなかで、現在もなお頻繁にみられる。(11) 補佐役をはじめとするリーダーの側近による、言葉がつくりだす笑いや打楽器のリズムがつくりだす昂揚感といった舞台設定が、リーダー個人のもつ才能という輝きを増幅させ、カリスマをよりいっそう際立たせる役割を果たしている。

ネネさんはリーダーの発言を行動によって裏付けていく補佐役であり、ファトゥさんは構成員が集まる場で集団の一体感と昂揚感を高める舞台づくりを行う補佐役だ。このように、リーダーを支える補佐役とその周囲の人たちが、リーダーのカリスマを演出する役割を担っている。

外部情報を得る渉外能力

ここでは当地の人びとがリーダーの役割として求める渉外能力について考えたい。渉外能力とは、リーダーがその所属組織の利益を代表し、外部組織と折衝したり、村の外部で開催される会議に出席して、外部の情報を自らの組織メンバーに伝える能力である。

ネットワーク分析の分野には「ネットワークの中心性」という概念があり、あるグループの中心人物（リーダー）の特定とその性格を分析するために用いられる。ネットワークの中心性を計測する基準には、第1章でもふれたネットワーク分析で用いられるノード（結節点、ここでは行為者を指す）と紐帯（線・辺、ここでは行為者間の関係を指す）という言葉を用いた、次の三種類がある。(12)

①ノードのもつ紐帯の数

あるネットワークに含まれる個々の行為者（ノード）がそれぞれ何人の行為者（ノード）と直接につながっているか。その数が多いほど中心性が高い。すなわち、リーダーとしての性格が強くなる。

②ノードのあいだの距離

特定の行為者（ノード）がある情報を別の行為者（ノード）に伝えるために、いくつの紐帯を経由するか。ネットワークに含まれるすべての行為者（ノード）に、最短経路でメッセージを伝達できる人の中心性がもっとも高い。

③ノードのもつ媒介性

ネットワークのなかで、この人がいなければ情報が伝わらない「核」となる人が、もっとも中心的である。

行為者（ノード）のもつ紐帯の数や行為者（ノード）のあいだの距離をリーダーの基準としてみれば、これらの基準にあてはまるリーダーほど、グループ内メンバーへの接触が多く、メンバーを動員し、指揮・指導して、活動を活性化させるという、地域の人びとが求めるリーダーの役割を達成できる可能性が高い。前項でみたリーダーの動員・指揮能力に相当する部分である。

いっぽう、ノードのもつ媒介性をリーダーの基準としてみれば、グループ内ネットワークと外部ネットワークを仲介する役割を担う者ほど、リーダーとしての中心性が高い。つまり、人びとがリーダーに求める役割を達成できる可能性が高い。ジルンダ村でみれば、ニンマさんは現場型リーダーという前者のタイプであり、アダマさんは渉外担当リーダーという後者のタイプだ。ひとつの村のなかで、リーダーのもつ役割が機能的に分化している事例である。

所属組織の利益代表として渉外活動を担うリーダーは、外部組織のネットワークとグループ内ネットワークの結節点に位置しているがゆえに、情報の媒介性が高い存在である。地域社会の人びとがそうしたタイプのリーダーを求めるということは、言い換えれば彼らが外部情報に対して高い価値観をもっているということだ。ここでいう他の人から優れているとみなされる「もの」(力)とは、外部情報である。この地域では、外部情報をもつことがリーダーのひとつの要件となり得る。

平準化メカニズムが求める調整能力

グループ内諸活動の調整能力もまた、リーダーに求められる大切な能力のひとつだ。そこでリーダーに求められるのは、構成員が相互に嫉妬や不満を感じることのないような公平性の実現である。それは、地域社会という共同体にとって、構成員ひとりひとりの満足の実現が必要条件のひとつとなるからだ。

組織には共同体と機能体がある。(13) 共同体とは家族や地域社会など構成員ひとりひとりの満足の追求を目的とした組織であり、機能体とは企業など設立目的の達成を目的とする組織である。本章で紹介した女性リーダーのうち、ムンデ村のアワさん、シウォ村のンボデさん、ジルンダ村のアダマさんとニンマさんは、総じて共同体リーダーの範疇に入る。それに対し、バスール村のアダマさんとビンタさんは機能体のリーダーだと考えればわかりやすい。

構成員が相互に嫉妬や不満を感じることのない公平性を実現するために、リーダーが調整能力を発揮する場面を、私はこれまで何回となく見てきた。たとえば、二〇〇六年七月三〇日にムンデ村で、村で製作した養蜂用の巣箱(六〇個)をどのように管理していくかが議論になる。このときプロジェクトチームでは、メンバーが個人単位で管理することを想定していた。

司会者「完成した巣箱をどのように管理するのか。各メンバーが四個ずつ管理するとして、将来メンバーが増えたとき、その人たちの巣箱をどうするか。近い将来に完成する六〇個の巣箱をどのように管理するか検討してほしい」

アワ「これまで、すべての作業を共同で行ってきました。養蜂活動もすでに共同で行う道ができているので、それでやっていきたい。新しいメンバーについても、グループの共同作業に参加すればいいので、問題は発生しません。もしも各メンバーに巣箱を配ってしまうと、あとで問題になることを恐れます」

このアワさんの発言が呼び水となり、議論の結果、巣箱はグループで共同管理されることになった。アフリカの地域社会には、特定個人の富をできるだけ目立たないように分配していく「平準化メカニズム」があるという。(14) 地域社会に埋め込まれたこうしたメカニズムにあらがうことなく、構成員が嫉妬や不満を感じない公平性を保つことが、共同体内組織の維持に必要であり、ひいては村という共同体の発展につながる。私が出会った女性リーダーたちは多くの場合、このように考えているようだ。共同体リーダーには、すべての構成員に目を配る調整能力が必要なのだ。

経済活動に要求される機能体リーダー

村の事業家であるバスール村のアダマさんとビンタさんは、これまで述べてきた共同体リーダーという範疇には入らない。彼女たちは、いわば村で燻製加工事業を営む経営者だから、事業利益を追求する機能体のリーダーということになる。プロジェクトがバスール村で実施したパイロット活動は、薪材として使われるマングローブ材の消費量の削減を目的に、燃料効率を改善した改良燻製かまどを導入し、普及を進めることだった。

この改良燻製かまどの普及が進めば、村での女性の労働機会を維持しながら、マングローブ林の薪材としての消費量を削減できるだろう。普及の成否を握るのは、改良かまどの燃料効率(マングローブの保全と薪代の削減)、製品の品質(商品性の維持または改善)、労働負担(使い勝手のよさ)、生産性(単位加工作業あたりの生産量)、改良かまどの建設・維持費(減価償却費の多寡)など、もっぱら経済性の問題に帰される。パイロット活動の主要目的が環境への貢献であったとしても、活動そのものが利益を得るための経済行為であるかぎり、経済原則に基づかない行為の継続性はあり得ない。

これまで議論した共同体リーダーがグループのメンバーを動員し、指揮・指導して、活動が活性化したとしても、そのリーダーがこれら経済性に帰される問題群に敏感でなければ、活動の持続性は保ち得ない。ところが、共同体の目的は構成員ひとりひとりの満足の追求であり、リーダーには平準化メカニズムに基づく組織内の調整能力が求められる。仮に、運転資金を確保するために利益を蓄積することより、構成員の満足を得るためにメンバーへの利益の分配を優先すれば、たちどころに経済活動は立ち行かなくなる。

いっぽう、バスール村のアダマさんとビンタさんが機能体リーダーとして、事業利益のみを優先する姿勢でグループのメンバーと接するとすれば、どうだろうか。彼女たちは事業主にはなり得たとしても、村人の多くが支持する集団のリーダーにはなり得ないだろう。

新たなリーダー像へ

セネガル中部に位置するサルームデルタのいくつかの村で活動する女性リーダーたちの姿を手掛かりに、この地域の人びとが考えるカリスマの性格を問うことで、西アフリカ沿岸社会のリーダー像をさぐってきた。その結果たどりついたのは、人に宿るカリスマと「もの」に宿るカリスマがあるということだ。

女性が日々の暮らしのなかで見て、聞いて、体験することで獲得された知識と経験の束が、彼女たちの文化に規定された価値観に基づいて構造化され、経験知となる。それが女性リーダーの言葉や行為となって、周辺の人びとへ何らかの影響をおよぼす。ここではカリスマが人に宿っている。あるいはまた、この地域の人びとが外部情報に価値をおく人びとであるがゆえに、外部ネットワークとグループ内ネットワークの結節点に位置する渉外担当者の役割をリーダーに求める。この場合、人びとは外部情報という「もの」に魅力を感じている。つまり、外部情報という「もの」にカリスマが宿っている。

この地域のリーダーには、こうしたカリスマが求められると同時に、地域社会に埋め込まれた平準化メカニズムゆえに、構成員が嫉妬や不満を感じない公平性を保つ調整能力が求められる。これらは構成員の満足を追求する地域共同体のリーダーとしての資質であり、条件であった。ところが、いったん利潤を追求する経済活動が地域に持ち込まれ、共同体内組織がそれを持続的活動として取り上げる場合、利潤の追求という経済目的と構成員の満足の追求という、両立が多くの場合困難な二つの課題をかかえこむことになる。

外部ドナーが地域社会の人びとを対象とする支援活動を展開するとき、地域社会のリーダーを活用し、あるいは育成することが、活動の成否を決める重要な要件となる。そうしたリーダーを得てもなお、対象となる人びとの満足の追求と経済的持続性の両立の困難さゆえに、活動が立ちゆかなくなる場合が往々にしてある。ムンデ村のアワさん、シウォ村のンボデさん、ジルンダ村のアダマさんとニンマさんのような、西アフリカの沿岸社会が容認する伝統的な女性リーダー像と、バスール村のアダマさんとビンタさんのような機能体のリーダー像が結びつき、新たなリーダー像を地域社会の人びとが支持するとき、西アフリカの沿岸社会はいっそう輝き続けるだろう。

それでは、こうした女性リーダーを村の男性たちは、どのように受けとめているのだろうか。あるいは、男性優位社会における女性たちの行動戦略とはどのようなものなのだろうか。

私がサルームデルタの村々で見聞きしたり、感じた印象でいえば、こうした女性リーダーの多くは、家庭において、よき母であり、よき妻である。私たちが村を頻繁に訪れていたころ、ムンデ村のアワさんの夫が亡くなった。喪に服するために、アワさんは一定の期間、一切の社会活動から遠ざかる。弔問に訪れた私たちの目に映ったのは、憔悴しきったアワさんの姿だった。その様子に、この夫婦がよき夫であり、よき妻であったことがしのばれた。

第7章の冒頭で記したように、西アフリカの沿岸社会は男性優位の社会である。だから、ここで分析してきた女性のリーダー像は、あくまでも女性というジェンダーにおけるリーダー像であって、地域社会全体のリーダー像というわけでは、おそらくない。そこには、女性リーダーたちがかかえている厳然とした社会的制約があるのは事実だ。と同時に、女性リーダーたちは持ち前の包容力と細心の気配りで、男性社会を前面に押し立てつつ、結果的に自分たちの主張を通すしなやかさと賢明さを備えている。女性たちは男性社会と対立するのではなく、親和することで自らを主張しているように、私には感じられる。

(1) オバマ大統領の演説に共通しているのは、この人についていけば明日はよくなると思わせる説得力と、聞いている人たちを自分も同一社会の構成員だと思わせる力だという(鶴田知佳子「オバマ演説――希望を実感させる説得力」『朝日新聞』二〇〇九年一月二二日)。

(2) ここでは「発展」という言葉を、シアズ(Dudley Seers)が一九六九年と七七年に定義した「発展とは、すべての人間のパーソナリティの可能性を実現することを目標とし、貧困と失業をなくし、所得配分と教育機会を均等にすることに加え、経済面で自給率を高め、文化面では外国への依存をできるだけ少なくして自力更生を進めることである」という意味で用いたい(鶴見和子・川田侃編『内発的発展論』東京大学出版会、一九八九年、四四ページ)。

(3) 前田成文『東南アジアの組織原理』勁草書房、一九八九年、一〇七ページ。

(4) 前掲(3)、一〇七～一〇八ページ。

(5) 宮本正興・松田素二編『現代アフリカの社会変動――ことばと文化の動態観察』人文書院、二〇〇二年、一二～一三ページ。ここで編者の松田素二は、「かつての植民地支配を生み出した一方向的なアフリカ認識は、現代の開発援助の思想のなかにも潜行し、再生産されている」と指摘している。

(6) 前掲(2)、四三～六四ページ。

(7) 第5章注(2)を参照のこと。

(8) たとえば、二〇〇六年六月二二日にバスール村で開催された計画策定ワークショップの席で、司会者が活動の目標は何かを参加者に問うたのに対し、「燻製かまどの周囲を囲う柵が必要です。(魚を買い付けるための)資金もほしいわ(アダマさん)」「村人の多くが燻製かまどで仕事をするようになるには、プロジェクトから資金提供してもらわないとね(ビンタさん)」などの発言が続いた。プロジェクトチームは村に入った当初から、「われわれが村との協働でできることは、アイディアの提供とパイロット活動で必要な最低限の資材を支援することで、操業資金は提供できない」と繰り返し伝えていたから、これらの発言はプロジェクトチームを失望させるものだった。

(9) 最初の現状把握調査を経て、私たちが何らかのパイロット活動を実施するため村に入るとき、すべての村人を対象とするワークショップを開き、活動の目的と内容を説明し、参加者との意見交換を行ったうえで、村長を代表とする村人の同意を得る。その後、プロジェクトが責任を負う部分と村人が責任を負う部分の範囲を決める。その後の活動は、この場で得られた同意事項にそって進められることになる。実際の活動現場ではさまざまな出来事が起こるから、こうした同意事項にそった「暗黙の了解」に基づいて進められることになる。

(10) 二〇〇五年七月一四日、ウンバリン村のマレム・バーさんをリーダーとする女性グループとの対話。ウンバリン村での調査については第4章2・3を参照のこと。

(11) この地で開かれる村の集会では、大型のヒョウタンなどで作られた打楽器が持ち込まれ、出席者の発言のあとに打ち鳴らされる。進行のあい間には、打楽器のリズムにのって参加者が立ち上がり、腰を激しく振って踊りだす。こうして場の昂揚感が高まっていく。器音の文化的役割を論じた川田順造によれば、彼が調査したモシ社会の王はごくふつうの調子で話しているのに対し、その復唱者は言葉を補足したり調子を整えたり、昂揚させたりする。さらに、王の傍らにはべる楽師は、大型のヒョウタン太鼓を叩いて、復唱者の言葉にアクセントをつける。このように、王の言動を器音で「装う」ことで、ある種の器音は言葉とともに、王と臣下をつなぐ役割を果たしているのだという(川田順造『アフリカの声〈歴史への問い直し〉』青土社、二〇〇四年、八〇〜八一ページ)。筆者が経験した村の集会でも、打楽器による器音が参加者の発言を「装い」、場の昂揚感を高める一役を担っている現場に、何度も遭遇した。村のリーダーはそうした集会で中心的な発言者となるから、結果的にリーダーの言動を器音が「装う」ことになる。

(12) 安田雪『ネットワーク分析——何が行為を決定するか』新曜社、一九九七年、八二〜八九ページ、参照。

(13) 堺屋太一『組織の盛衰――何が企業の命運を決めるか』PHP研究所、一九九三年、一〇三～一一八ページ。

(14) 高谷好一編著『〈地域間研究〉の試み(上)世界の中で地域をとらえる』京都大学学術出版会、一九九九年、二八五～三三〇ページ。このなかで、掛谷誠は「低人口密度の大陸世界」である内陸アフリカの論理として、物財が偏在することを避けるかのような分配・消費のメカニズムがある。それは「平準化のメカニズム」を備えた村レベルでの生計経済を特徴としている、と語っている。その背後には、人びとのあいだの妬み、恨みに起因するトラブルに対する「恐れ」があるという。

第Ⅳ部

海民の社会生態

投網を打つ老人（シウォ村にて2007年6月3日撮影）

第9章　海民社会を考える

第1章から第8章までの記述では、サハラ砂漠からサバンナの都市を経て、サルームデルタまでの沿岸地域に形成された社会とそこに暮らす人びとの姿をとらえ、それぞれの現場で筆者である私が感じたり、知り得た問題群に対する検証を行ってきた。それらの記述をふまえ、ここではそこから派生するいくつかの課題に関して、現時点での結論を用意したい。ただし、それはあくまでも暫定的な結論でしかない。

西アフリカ、マリの作家・歴史家であるアマドゥ・ハンパテ・バーは語っている。

「私たちが『アフリカの伝統』を語る場合、決してその伝統を一般化してはならない。単一のアフリカなど存在しないし、単一のアフリカ人も存在しない。あらゆる地域と民族に通用するような単一のアフリカの伝統など存在しないのだ(1)」

アフリカはここで記述する事柄だけで結論づけられるほど小さくないし、単純でもない。あくまでも、私が西アフリカの海を歩いて、見て、聞いて、記録して、それに基づいて村での活動を考えて、また話し合って、いっしょに働いて……という行為のなかから感じとったものの総体でしかない。

村近くの木陰での話し合い(バンガレール村にて2007年6月10日撮影)

1　西アフリカの海民社会

西アフリカの海民性

本書の冒頭で、「海に関わって生きる、ふつうの人びとをここでは海民と呼ぶ」と定義した。サハラ砂漠からサルームデルタまでの沿岸地域で海に関わって生きる人びとの姿をとおして、この地域に住む人びとの海民性とはいかなるものかを考えてみたい。

沖縄やソロモン諸島、ミクロネシア、ニューギニアの島々で漁撈調査を行った秋道智彌は、海とともに生きる人びとを海人とし、その世界を「海の狩人とでもいえる精悍さを帯びた男の世界」ととらえた(2)。沖縄のウミンチュウをはじめ、優れた漁撈技術をもった人びとであり、漁撈の民にこそ海人という名前がもっともあてはまると語っている。私たちが海人(民)(3)という言葉から受けるもっとも近いイメージかもしれない。

本書で海民と呼ぶ人びととの世界にも、もちろんその一端はあてはまる。砂漠が海に迫る砂州にできた漁民集落から押し出され、周辺の地域へ移動し、その地にコミュニティを形成しながら漁業を営むゲンダリアンの世界はその典型だ。

しかし本書では、そうしたプロトタイプの海民ばかりではなく、サルームデルタに点在する集落で人生のほとんどの時間を過ごし、地域資源である貝類を採取して加工・販売する女性たちもまた、海民というグループに含めている。プティコートへの出稼ぎから帰郷し、人生の黄昏を生まれ育った村で過ごす老人や、その老人とともに小さな木舟に乗ってデルタ内の水路でティラピアやボラの若魚を獲る子どもたちも、また含む。そうした人びとの総体を、ここでは海民と呼んでいる。

本来、海に生きる人びとの社会は実力本位だった。宮本常一は「海と老人」という文章のなかで、日本のかつての海に関わる人びとの風景として、次のように記している。

「大きな船の水夫として働いた者も、それが船頭となり、船主となった場合はともかくとして、その多くは老年になると再び郷里へかえって来てそこにおちつく。……郷里におちついた老人たちはまた小漁師にもどるのが普通だった(4)」

現在もなお、サルームデルタの集落で生まれ育った男たちの生き方は、まさに宮本が描いたかつての日本の沿岸社会で繰り返されていたことだった。おそらく、海という自然生態に寄り添って生きる人びとに共通の性格といえる部分であろう。プティコートのイエン村落共同体の浜の一角で、父親が同行を嫌がる幼い息子を打ち、無理やり舟に乗せて海へ向かった光景は、実力本位の海の厳しさとその世界で生きていく覚悟を親から子へ伝える荘厳さを感じさせた。そのいっぽうで、日本や海域東南アジアの海民とは少し異なる部分もまたありそうだ。

海域東南アジアの海を歩けば、いまでも、沿岸部の浅海には簀建《すだて》や櫓《やぐら》式の敷網、河川や河口部には簗《やな》や張網、籠など、さまざまな構造物や仕掛けが数多く見られる。そこからは、人びとの資源獲得への営みが即座に伝わってくる。

西アフリカの沿岸地域を歩くと、プティコートの砂浜海岸では集落ごとに、彩色されたピログの群れが並ぶ。だが、大西洋に開かれた海は波が荒く、海上構造物による資源への接近を許してくれそうにない。サルームデルタまで南下すれば、外洋の荒波から遮断された静穏な海域や水路は豊富にある。そこに点在する集落ごとに、ピログの群れが見られる。ピログで水路を行けば、その船影に驚いた魚群が右へ左へと飛び跳ねる。マングローブ水路の水産資源は豊富だ。とはいえ、静穏なマングローブ水路で目立つのは、航路の安全のために水路内の浅瀬を示す目印として設置された枯れ樹木くらいであり、水産資源を獲得するための仕掛けはほとんど見られない。

もし、ここが海域東南アジアのマングローブ水路であれば、水路内の水産資源を漁獲するために、定置式のさまざまな仕掛けがそこここに設置されているにちがいない。男たちが日常的にデルタの外部へ出稼ぎに行っていて不在だという物理的な理由以上に、文化的な違いがあるように思える。人より先んじて何かを行うとか機転を利かすといった価値観とは異なる何かが、その背景にありそうだ。

開放系のかかわりのエトス

私はかつて海域東南アジアの社会を「海域ネットワーク社会」というキイワードで読み解こうとした。アジアモンスーン地帯の多島海という自然生態や香料などの商品をめぐって西欧列強が覇権を争った歴史、そうした環境から育まれた人と人の関係といった風土的特性から、海域ネットワーク社会が生まれたと考えた。大小無数の島々を囲む海が、島と島を隔てる壁としてではなく、島と島を結びつける道として歴史的に機能してきたからだ。(5)

その延長線上で西アフリカを考えるとき、歴史的に築かれたサハラ砂漠を縦断する交易のネットワークは、一五世紀以降の西欧人による海からの侵入により衰退し、その後の近代国家の成立によって、サハラを縦断する交易ルートはずたずたに引き裂かれてしまった。一六世紀の中ごろから始まる大西洋を介した三角貿易によって、大量の黒人奴隷がアフリカ西岸から新大陸に送られていく。西アフリカ沿岸社会の人と人の絆が断ち切られたのだ。また、アフリカ西岸の海は海域東南アジアのような多島海というわけでもない。

このようにみていくと、西アフリカの自然と歴史は、この地に住む人びとにとって過酷なものであった。第1章では、サハラ砂漠と東南アジア海域世界の歴史のある時点での類似性を確認した。しかし、その後の歴史を振り返れば、自然や歴史から培われてきた風土という観点から、海域東南アジアと西アフリカ沿岸地域の共通項をみつけることは、さほど容易ではない。

しかるに、私たちが見知らぬ外来者として西アフリカの沿岸社会に立ち入ったとき、そこに暮らす人びとが私たちを受け入れる態度や雰囲気に、両地域でよく似たものがある。かつて私が旅人としてスラウェシ島北方の海に浮かぶサンギヘ島を訪れたとき、初対面の私を真摯に暖かく迎え入れてくださったジョセフ・カウォカさんご夫妻[6]と同じ感覚で、サルームデルタに位置するムンデ村のアワ・ンドンさんやシウォ村のンボデ・ディエンさんが私たちを真摯に暖かく迎え入れてくださった。もちろん、両者の文化や伝統が異なるように、迎え入れる方法や習慣は違っている。その底流に流れる人と人の関わり方に共通性を見出したとでも言えようか。

「旅人ならば誰でも知らない村に着いたら、……自己紹介し、『私は神があなたに贈った客人です』と言いさえすれば、歓迎して泊めてもらえたのである。人々は旅人を一番よい部屋に通して、一番良いベッドに寝てもらい、一番おいしいご馳走を食べてもらうのだった[7]」

前述のアマドゥ・ハンパテ・バーは、こう語っている。この状況は、サルームデルタ島嶼部の村々で私たちがまさに経験したことだ。そうした村を訪れるたびに、私たちをもてなす炊き出しが行われる。夜になると、村の家々のおそらくもっとも立派なベッドが備え付けられた一室をあてがわれた。ベッドの主は、その夜は他の家へ行き、ベッドなしで眠ることもあったにちがいない。夕食がすんで各自が寝室に引き上げるまでの一時、私たちは村びとたちとともにアラビア茶を喫しながら、さまざまなことを語り合ったものだ。

人が人と出会うとき、その両者のあいだに生じる態度やしぐさ、習慣、あるいは雰囲気を「かかわりのエトス」と呼べば、海域東南アジアと西アフリカの沿岸社会という二つの地域で私が感じたのは、「開放系のかかわりのエトス」とでも呼ぶべき感覚だ。それが、人と人が結びつくネットワーク型社会の基本的な構成要素のひとつだということを、私は海域東南アジアを勉強していたときに考えた。(8)

社会のネットワーク性

ある均質な構成員からなる社会の一員が移動し、元の社会とは性格が異なる、移動した地域の社会と接点をもつとき、二つの異なる性格をもつノード(結節点、ここでは行為者)が一本の紐帯によって結びつく。ある社会に含まれるノード(行為者)と紐帯の数が多いほど、その社会のネットワークは大きいと言えるし、ネットワークがどれだけの領域をカバーするかで、ネットワークの大きさを計ることもできる。(9)

サン・ルイを本拠地とするゲンダリアンは、移動の民として知られる。総勢一・五万人と言われる彼らの三〇%は北方のモーリタニア海域へ出漁し、その地に暮らすイムラゲン族と接点をもつ人びとだし、別の三〇%は南方のカヤルやウンブール、さらに南方のカザマンス地方へも出漁する人びとだ。彼らは移動した地で漁獲物を水揚げし、加工して販売する。その地にゲンダリアンの集落をつくる場合も多い。移動した地域の社会と接点をもつことなしに、彼らの活動は成り立たない。

移動した地域には同族のレブばかりではなく、ニョミンカやジョーラ族など、異なるエスニックグループに含まれる人びともまた多い。エスニックグループをひとつの文化的価値観をもつ人びとの集合体ととらえれば、彼らが移動した地域の人びとと接点をもつことで、異なる領域に含まれるノード（行為者）とのあいだに紐帯を結ぶことになる。

移動の民はゲンダリアンばかりではない。第2章に登場したバルニーのロム爺さんは、二三歳から一〇年間近くカヤルで基地操業を行っている。三七歳のころから七年間は、南方のバンジュールやジョアルで、年間数カ月間の基地操業を繰り返した。

エビ漁の季節になると、漁場となるサルームデルタの内陸部に多くの人びとがやって来て、周辺の村々に寄宿しながらエビを獲る。彼らの出身地はミシラ（Missira）、ベテンティ、フンジュンなど、サルームデルタの内部ばかりではない。内陸部のトゥーバ（Touba）、ガンビアやギニア・ビサウなど周辺諸国からも、やって来る。村の世帯に寄宿する移動漁民は、一日五〇〇CFAフランの食事代を支払い、村の女性が彼らのために食事を用意する。村ではそれ以外の支払いを求めることはない。

エトマローズがサルーム川を遡上する季節になると、二〇〇人近いギニア人がサルームデルタにやって来て、村の住民を使ってエトマローズを漁獲し、燻製品に加工して、彼らの国へ輸送する。コートジボアールやブルキナ・ファソ、マリからも燻製魚を買い付けに来る。ジョアルにはヤボイを燻製加工するためにやって来るブルキナ人が五〇人以上いて、一六のグループに分かれて働いている。

ミシラ村で出会ったロサ・ナンゲさんは、一年前にギニア・ビサウからやって来た。ここでカキ

ミシラ村でエトマローズを燻製加工するビントゥ・カマラさん(2002年2月20日撮影)

とエビを加工している。夫はガンビアとミシラのあいだを行き来する商人だ。子どもはギニア・ビサウにいて、彼女はたまに顔を見に帰るという。ギニアからミシラへ一年前にやって来たビントゥ・カマラさんは、ここでエトマローズを燻製品に加工し、ギニアに運んで販売する。

　私がこの地域で出会ったこうした人びとを数え上げれば、きりがない。多くの男性や女性が、国境を股にかけて移動しながら活躍している。彼らや彼女たちにとって、国境はまるで存在していないかのようだ。

　本書で描く西アフリカの海民世界は、砂漠からサバンナを経てマングローブデルタへという三つの異なる自然景観があり、その異なる景観を貫いて、西方に寒流のカナリア海流が北から南へ流れている。そうした自然景観と資源、それに基づく人びとの生業形態と生活空間の総体として、この地域特有の生態環境が生まれる。それを母体として歴史的に育まれてきた人びとの主観や性質、思考に基づいて、地域社会の組織原理と言えるようなものが生まれてくる。その結果として現れる現象のひとつとして、ここで社会のネットワーク性を指摘したとしても、まったくの見当違いではなかろう。

イスラム世界に住む人びとは、国境という境界が明確な国民国家の枠組みを超え、民族や生活習慣、言語、文化などの違いを超えて、神のもとで人間は平等だという原則のもと、人と人が互いに結びつく関係によって生み出される網の目のなかで、広域的なまとまりをつくり出そうとしている。(10)一四世紀の大旅行家イブン・バットゥータの例をあげるまでもなく、彼らの動きは激しい。ふつうの人びとが移動し、交易するなかで、イスラムをさまざまな地に伝えた。見知らぬ地を旅し、見知らぬ人びとと出会うことを「よし」とする価値観が、イスラムにはあるからだ。(11)

海は砂漠と同じように、その両側の地域を隔てると同時に、途中の媒介者なしに両者を直接的に結びつける。西アフリカの沿岸域を回遊するヤボイの大群を追って移動するゲンダリアン、サルームデルタを遡上するエトマローズと薪材となるマングローブを求めてシーズンごとにやって来るギニア人、エビが育つ雨期になると周辺国からサルームデルタの内陸部へ集まって来る人びと。資源生態の差異を貫いて、その差異を平準化しようとする人びとが、海の無媒介性を利用して移動し、移動した地域の人びとと直接的に関係を結ぶ。(12)それを可能にしてきたのは、この地域の人びとがもつ外来者を暖かく迎え入れるテランガ（後述）と呼ばれる開放系のかかわりのエトスだ。

彼らが奉ずるイスラムの価値観と海がもつ生態特性や無媒介性という性格を背景として、異なる文化や価値観をもつ人びとが多様に結びつき、ネットワークの領域が広がる。そう考えれば、この地域でみられる社会のネットワーク性とは、イスラムのもつネットワーク性と海民社会のもつネットワーク性が重ね合わされたものだと言えよう。この点については、海域東南アジアと共通性がありそうだ。しかし、私が海域東南アジアで感じた社会のネットワーク性と比べると、西アフリカの海民社会には異なる性格もまた感じられる。

平準化を求める開放系のネットワーク

海域東南アジアのネットワーク性には、商品性とか商業性といった特性が含まれている。商品性とは生産物が商品になりやすい性質であり、商業性とは人より先んじて何かを行うことに価値観をもつような性質をいう。地域の特性としてそれらが語られるとき、その地域に商品となり得る産品が豊富にあったり、多様性に富んでいて、それらを市場へ持ち込む流通網が多様に広がっていると同時に、その活動の主体となる人びとが、積極的に人より先んじて活動を担おうとする進取の気性に富んだ空間というイメージが強い。

西アフリカ海民社会のネットワーク性は、こうした商品性や商業性とは一線を画している。商品の多様性という観点から水産資源をみると、海域東南アジアの多様性に比べ、この地域はさほどでもない。それは、カナリア海流という寒流が流れているせいかもしれない。

たとえば、この地域で水揚げされる魚種を調べてみると、たいていＯＲＳＴＯＭ（海外科学技術調査機関)発行の『熱帯西アフリカの海産魚』[13]に記載された魚種で事足りてしまう。この魚類収攬はページ数こそ四五〇ページあるものの、ポケットサイズの製本で、見開きの右ページに一魚種のイラストがあり、左ページにその説明書きがある。三〇〇種ほどの魚類を集めたものにすぎない。海域東南アジアの海で漁獲された魚やダイビング中に観察した魚の場合は、一ページに何種類もの写真やイラストが掲載された大判の魚類図鑑を調べても、なかなか同じ種名にまで行き着かない。

この地域に住む人びとは、人より先んじて何かをやろうとするよりも、村に住む他者と情報を共有し、横並びで事に当たろうとする性質が強いようだ。それは、第8章4の「平準化メカニズムが求める調整能力」で記したように、養蜂用の巣箱を村のなかでどのように管理するかという場面において、個人に分配するのでなく、村やグループで共同管理するという形で発現する。他の村においても、同じような場面では同様の判断が下されることがほとんどだった。

掛谷誠は内陸アフリカの社会の特性として、「生産されたものは村の中で、あるいは村を越えて平準化していく。物財が偏在することを避けるかのような分配・消費のメカニズムがある」[14]とし、それを「平準化メカニズム」と呼んだ。西アフリカの海民社会においても平準化メカニズムが見られるということは、内陸アフリカの社会の特徴が海岸部にまで及んでいると考えていいだろう。この点が、海域東南アジアで感じた社会のネットワーク性と比べ、私が異なると感じる点だ。

海域東南アジアに暮らす人びとのネットワークは、伝統的な慣習共同体と思われる村でありながら、人の移動が驚くほど頻繁で、ネットワークの結節点をたどることで人びとが外部世界と結びついている。これは移動分散的な開放系のネットワークだと言える。第8章4の「外部情報を得る渉外能力」で記したように、西アフリカの海に生きる人びともまた、外部情報に対する高い価値観をもっており、それゆえに、所属する組織やグループを代表して外部組織と折衝したり、外部の会議に出席して外部情報を組織のメンバーに伝える能力を、リーダーに求める。西アフリカの沿岸社会が外部情報に価値をおく人びとから構成される社会だとすれば、その人びとがつくり出す社会のネットワーク性は、外部世界へ開かれた開放系のネットワークとなる可能性が高いのではないか。

これらの議論から、西アフリカの海民社会の特徴の一断面を切り取るとすれば、それは商品性や商業性を特徴とする海域東南アジア型のネットワークとは異なり、ネットワーク構成員の平準化を求める開放系のネットワークを内にかかえる社会だと表現できる。

2　自然生態からの脅威

沿岸資源への脅威

セネガルで記録された一八八三年から一九八五年までの約一〇〇年間にわたる年間降雨量の平均は三五六ミリである。一九二〇年以降に減少の傾向を示し、七〇年代は平均値の半分程度の年が多く、干ばつが続いた(15)。

図37は農業局フンジュン支局(Secteur Agricole de Foundiougne)が記録した一九六一年から二〇

図37　フンジュンの年間降雨量

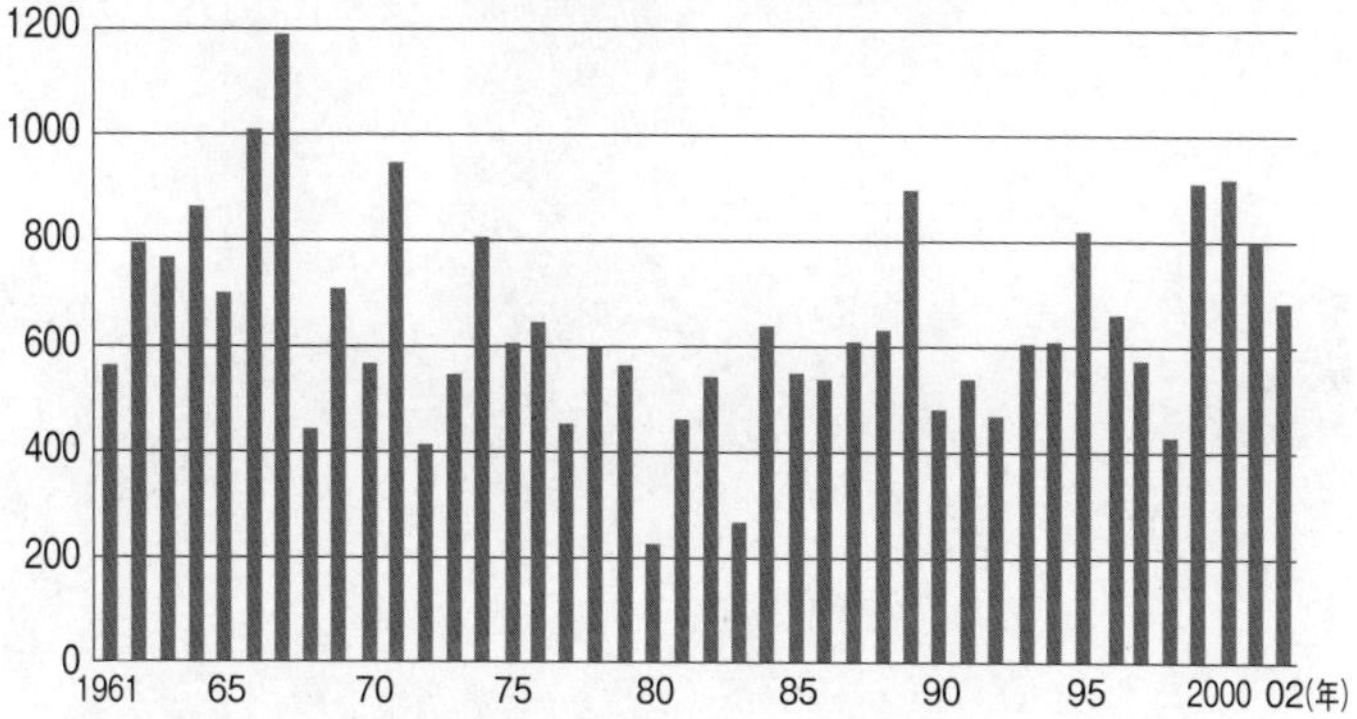

資料：Secteur Agricole de Foundiougne.

〇二年までのフンジュンの年間降雨量である。記録を見ると、降雨があるのは六～一〇月の五カ月間のみであり、なかでも七～九月の三カ月間に集中して雨が降る。サルームデルタの中心都市であるフンジュンにおいて、この四二年間の年間平均降雨量は六四五ミリであり、セネガル全体の平均値の倍近い。それでも、一九七〇年代後半から八〇年代前半にかけて降雨量が落ち込んでいる。とりわけ、一九八〇年(二二九ミリ)と八三年(二六五ミリ)の落ち込みが顕著だ。

この地域の主作物であるトウジンビエの栽培限界は年間降雨量三〇〇ミリ線であり、飢餓前線と呼ばれている[16]。セネガル全体の平均値が三五六ミリだから、年間降雨量の年偏差により、そこに暮らす人びとは一喜一憂することになる。

私たちがサルームデルタに滞在していた二〇〇二年は、過去三年間に比べ、降雨量の少ない年にあたっていた。この年、六月中旬に雨が二回降った。人びとは待望の雨期が

雨期の到来を待って農作業が始まる（2007年6月23日撮影）

きたと考え、一斉にトウジンビエやモロコシの種を播く。七月中旬になり、フンジュンからダカールへ向かう沿道の集落近くの耕作地は、二〇～三〇㎝に伸びた作物の緑のじゅうたんで覆われていた。ところが、その後はぱったりと雨が降らない。このまま雨が降らなければ、秋には飢饉の大地になるかもしれない。

セネガル全土のマラブー（イスラムの導師）による雨乞いの祈りもむなしく、八月中旬にいたるまで十分な雨が降らなかった。マラブーの祈りが効かないのは、彼らがこの年に行われたサッカーのワールドカップでセネガルチームを勝たせるために、すでにエネルギーを使い果たしてしまったからだと、まことしやかにささやかれたものだ。セネガル政府も打つ手がなく、雨を降らせるために、相撲大会や洗礼、結婚式などの行事や祝い事で太鼓をたたくことを禁止した。二〇〇〇年にワッド政権が誕生して以来、最初の重大な社会的危機とさえ言われた[17]。

サヘル地域における一九七〇年代以降の降雨量の減少傾向を背景に、過放牧や過耕作などに起因する植生の破壊により、農業や牧畜業を放棄した人びとが都市やその周辺の沿岸地域へ流入した。セネガルで小規模漁業に従事する漁民の数は、一九八一～八六年に三・七万人前後だったのが、九三～二〇〇二年には五・二万人に膨らんでいる。それにともない、国内の小規模漁業サブセクターの生産量は一五万トンから三〇万トンへ倍増する(九八ページ参照)。

漁村内部では、一九七〇年ころまで大家族漁家による農業と漁業の兼業形態が一般的だったのが、七〇年代後半から八〇年代にかけての干ばつで、多くの漁家が農業を断念し、漁業専業へと転換した。政府による小規模漁業の優遇策がそれを後押しする。こうして、漁業の専業化が進み、それにともなう周年操業化や移動漁業の導入が一般的となった。同一世帯内で食べ物を自給できる体制は崩れ、現金の必要性が増す。それを満たすために、ますます沿岸漁場への漁獲圧力が増すというサイクルが加速した。

社会統合への脅威

雨期になり、サルームデルタ内陸部水路に生息するエビが成長してエビ漁が始まると、地域内外の村々や近隣諸国から人びとがエビを獲るために移動漁民としてやって来る。彼らが村に寄宿し、漁撈活動に従事するのは、前述したとおりだ。移動漁民が村の地先漁場で漁獲したエビや魚は、彼らが自由に売ってよいことになっている。村のグループに販売しなければいけないとか、村に水揚げの一部を貢納するといった取り決めはない。そこには、地先漁場に対する村の権利意識はほとんど認められない。外部からやって来る移動漁民は近年増加傾向にあり、一人あたりの漁獲量は減りつつあると村びとは認識している。それでも、彼らを排除しようという方向に向かわない。理由を問えば、「彼らも困っているのだから」という返事が返ってくる。

テランガ(teranga)という言葉がある。これはウォロフ語で、寛大とか気前がよい(generous)ことを表す言葉であり、正しく公正な態度(fair play)で手厚くもてなす(hospitality)行為や忍耐(patient)という意味まで含んでいるという。かなり広い概念を指す言葉のようだ。たとえば、ある人がある村を訪れ、滞在するとき、その人が必要とするすべてのものを与え、その人が気持ちよく滞在できる雰囲気を提供するような態度や行為をいう。周辺の西アフリカ諸国のなかで、いち早く西欧人を受け入れてきた社会とそこに暮らす人びとが、何百年もかけて培ってきた紛争を回避する知恵だと言えよう。

ところが近年、外部者に対するこうした伝統的な受け入れの姿勢に変化の兆しがある。それは、サルームデルタの村々で広がってきた浜委員会(コミテッドプラージュ)による活動であり、世界規模のNGOである国際自然保護連合が主導してきた。ベテンティやニョジョールなど、サルームデルタの沿海部に位置する村々でとくにその活動は活発であり、二〇〇三年八月当時、ロファンゲ、ファンビン、ガゲシェリフ、ガゲボカールなど、サルームデルタの内陸部に位置する村を含むデルタ内の二四村で結成された(二二七ページ参照)。これは、近年における地域の環境悪化や沿岸資源への漁獲圧力の強化を背景に、村がかかえるマングローブ林や地先水面を村独自で保護し、管理することを目的とする。

浜委員会の活動は、この地域が長い年月をかけて育んできた外部の人びとを暖かく迎え入れるテランガという文化の修正を求めるものだ。沿岸漁場が豊かであるがゆえに、沿岸漁民と外部からの移動漁民のあいだで紛争が繰り返されてきたカヤルでは、地域の漁民による漁業委員会が設立され、漁業管理と関係者間の調整が試みられてきた。人口が増え、資源への採取圧力が増してきた現代は、もはやフロンティア空間というものが駆逐されつつあるのかもしれない。そういう時代であることを認識し、現代的な文脈のなかで新たなテランガの心を築いていくことが、将来に向けた社会統合の維持に求められているのではないだろうか。

3　市場システムからの脅威

沿岸資源への脅威

水産物流通のグローバル化のなかで、漁獲物の生産現場から水産物輸出会社へ向かう流通網が整備され、漁村においてその先兵となる魚商人と漁民のパトロン―クライアント関係が深化する。加速する商品経済の浸透や個人主義の波及など、近代化の潮流は漁村内部にもさまざまな影響をおよぼす。大家族漁家経営から小家族漁家経営への移行はそのひとつだ。複数のピログを運用する大家族漁家におけるピログという生産単位の責任者(船長)と魚商人が一対一の関係で結びつくことで、その生産単位に付随する小家族が大家族から切り離されるようにして分立する。いわば、市場システムが漁村における伝統的な大家族漁家の紐帯を凌駕した結果だといえよう。

第3章で明らかにしたように、ニャニン村の大家族漁家は一隻のピログを地先漁場で運用して日々の生活費を稼ぎだし、他の複数ピログを遠方の有望漁場へ移したり、回遊魚群の移動に応じた移動操業に振り当てることで、多角的な漁家経営を実践している。小家族漁家経営に比べ、将来の漁業投資を可能にする、より多くの経済余剰を生み出していることは明らかだ。魚商人の仕込みを受けて日々の操業を行い、漁獲物をその魚商人に販売しなければならない小家族漁家の操業は、大家族漁家の場合に比べて、村の地先海面とその近隣漁場に制約される。漁村の大家族漁家が分裂し、漁業経営がより小さな単位で行われる結果、アフリカ西岸のそれぞれの地先漁場への漁獲圧力が増し、沿岸資源の持続性を脅かす事態を招くことになる。

水産物流通のグローバル化は、あらゆる種類の水産物が対象になるわけではない。それは、エビやカツオ、マグロなど世界的に需要の多い水産物や、ナマコやフカヒレなど消費者人口の多い華人向け市場などに特化して現れる。一九九〇年代になって輸出向けに生産・出荷の流通網が整えられたサルームデルタのエビ資源は、その一例だ。

このピンク系のクルマエビ(*Penaeus notialis*)は外洋で産卵し、幼生から若エビになるにしたがい、マングローブデルタの内陸部水路を遡上する。雨期に内陸部水路で成長した若エビは、キリと呼ばれる曳網で漁獲される。若エビが成長し、性成熟が始まるにつれて、明確な方向性をもってマングローブ水路を下り、沖合へ向かう。その下りエビを狙って、マングローブ水路にムジャスと呼ばれる張網が仕掛けられる(二二二ページ参照)。その仕掛けをかいくぐって沖合に出たエビも、最終的には底刺網で漁獲される。市場システムがサルームデルタに張りめぐらされることで、エビが成長する生活環境のあらゆる場所に漁獲の罠が仕掛けられる。その結果として、サルームデルタのエビ生産は、二〇〇〇年をピークとして減少の傾向にある。

熱帯の森と海に囲まれた海域東南アジアが多様な資源特性と商業性に支えられ、さまざまな商品が次から次へとブーム化する状況があるのに比べ、西アフリカの豊饒な海とはいえ、前述したように商品となる資源が多様に存在するわけではない。その状況のなかで、外部市場からの需要に応じて、やみくもに資源開発を続ける行為は、地域の人びとがその地の地域資源と長くつきあって暮らしていく選択肢を狭める結果をもたらすのではないだろうか。

文化と価値観への脅威

サルームデルタ島嶼部の村々を訪れるたびに、私たちは村びとからベッドや食事のもてなしを受けた。私たちはそのお礼として、何らかの対価を支払おうとする。私たちが手渡せば、村びとたちは喜んで受け取ってくれる。しかし、そこには何がしか、アマドゥ・ハンパテ・バーが語るアフリカの伝統的なもてなしの心が金銭と等価交換されるような、割り切れなさが常に残ってしまう。そういうことが繰り返されるなかで、徐々に相手側にも金銭的な対価を求める心が芽生えてくる。近代化という呪文とそれに基づく価値観に支えられた私たちという外部者が、この地域の人びとと接触するなかで、アフリカの心に何らかの変容を迫っていく。

ある日、私たちがシウォ村を訪れたとき、ンボデ・ディエンさんに昼食の準備をお願いし、必要なお金を支払おうとした。私たち四人は、フンジュンの町の食堂で食べるときの昼食代から算出して、二〇〇〇CFAフラン程度と考えた。しかし、ンボデさんは一万CFAフランを私たちに要求した。一人二五〇〇CFAフランとは高い昼食代だなと、そのときは思いながら支払った。だが、それは、私たちの市場システムに毒された価値観による評価なのだと思う。

そのとき、ンボデさんはどのように考えたか。本当のところは彼女に聞いてみないとわからないけれど、少なくとも二〇〇〇CFAフランで作って、残りを懐に入れてしまおうと考えたわけではない。いま村では魚が揚がっていないから、ニワトリを一羽つぶさないといけない。ジュースもつけてあげたい。一緒に昼食をとる村人たちの量も確保しないといけない。そうして、客人を最高にもてなしてあげたい。そう思ったンボディさんに必要だったのが一万CFAフランだったのだろう。

こちらが支払うと言わなければ、おそらくンボデさんは自らの才覚で、黙って同じだけの昼食を用意したにちがいない。その後も変わらない、彼女の村をよくしようという情熱に根ざした行動を

サッカーに興じるサルームデルタの子どもたち（2007年12月7日撮影）

見ていると、そうにちがいないと断言できる。

村に暮らす人びとのすべてが、ンボデさんのように強い信念をもっているわけではない。私たちが村を訪れ、申し訳ないと思って対価を支払う行為が、アフリカの伝統に根ざした旅人をもてなす心をわずかでも枯らしているとすれば、それは非常に悲しいことだ。それがお互いの善意を前提としたものゆえに、よりいっそう厄介なものとなる危惧を感じる。

フランス在住の女性作家ファトゥ・ディオムは、一九六八年にサルームデルタのニョジョール村で生まれた。非摘出子として祖父母に育てられ、村社会から差別された彼女が書いた自叙伝的処女小説が『大西洋の海草のように』(18)だ。そのなかで、彼女は貧しい生活から抜け出そうとフランスへの移住を夢見るニョジョール村の若者たちの姿や、フランスに暮らす移民労働者のみじめな境遇を描いた。

私たちが訪れたサルームデルタやプティコートの

村々でも、状況は同じだ。子どもたちはフランスやその他の欧州諸国のプロサッカーチームで活躍するセネガル出身の有名選手にあこがれ、青年たちは何とかフランスやスペインへ潜り込んで仕事を得ようと機会をねらっている。長年スペイン国籍の漁船で、船員として働いてきたジルンダ村出身の男性が休暇で帰ってくると、村では連日の祝宴が開かれ、その幸運のおこぼれの一端を目当てに、多くの人びとが集まって来る。幸運を求めてアフリカ大陸を出航し、欧州へ向かった小舟が大西洋の浪間に消えたという話もあとを絶たない。

ファトゥ・ディオムは歌う。

グローバル化時代のアフリカの世代は
引き寄せられ、フィルターにかけられ、囲いに入れられ、排除され、
悲嘆にくれる
わたしたちは心ならずも旅に出たのだ(19)

4　社会の変化に立ち向かう力

地域資源とうまくつきあう力

西アフリカの海民社会はいま、砂漠化という自然生態からの脅威と、ヒトとモノと情報のグロー

バル化による市場システムからの脅威にさらされている。その二つの脅威がもたらすひとつの帰着点が、沿岸資源への漁獲圧力の強化という危機だ。では、その危機を乗り切るにはどうすればよいのか。第6章でサルームデルタのエビ資源を事例として検証したように、ある資源を管理して持続的に利用する手法には、行政主導の資源管理と住民主導の資源管理があり、それにドナーやNGOの支援活動が絡んでくる。具体的には、行政による禁漁期の設定や漁獲寸法の制限、住民組織による違法操業者への監視活動などが行われる。

資源の持続的な利用にとって、そうした活動はもちろん重要であるにちがいない。しかし、多くの場合、そうした活動は形骸化したり、ドナーやNGOが撤退したときに滞ってしまう。ここで私が強調したいのは、ある特定の資源の持続的な利用を考えるとき、その資源だけを抜き出して土俵の上に乗せるというやり方よりも、その地域全体が保有するさまざまな資源の分布をまず鳥の目で見渡したうえで、そのなかにおける対象資源の位置づけを見極める視点の重要性だ。

西アフリカの海民社会という〈弱い空間〉[20]において資源の管理を考えるとき、どうすれば資源とうまくつきあって、やりくりができるかというふうに、少し柔らかく考えたほうがうまくいくのではないか。現代的文脈のなかで全体の調和を図りながら、その地域が保有するヒトやモノや情報を駆使して、地域経営を進めていくというやり方である。西洋医学の外科的手術というよりも、体全体の運気をみる漢方につながるような考え方だ。

そのうえで、それを実行する行為者の当事者性が重要であることを強調したい。第7章で指摘したように、サルームデルタの地域資源である貝類資源を利用しながら維持する管理主体は、人生の多くの時間を出稼ぎ民として外部で暮らす男性ではなく、デルタで暮らす女性であるべきだ。サルームデルタを生活の場とする女性がメンバーとなるグループを地域資源の管理主体として育成し、そのための権利と義務を付与していく方向性が必要である。

そのいっぽう、男性が出稼ぎ民として出ていくプティコート沿岸の漁村内部では、魚商人による漁民の囲い込みや魚商人と漁民のパトロン―クライアント関係の深化による、大家族漁家から小家族漁家への移行が進行してきた。両者の関係が深化していく帰結が、地先漁場への集中的な漁獲努力の増加につながることはすでに述べた。その対抗基軸として、個々の漁家が力をつけ、漁民魚商人として市場システムの先兵である魚商人と対等に渡り合う交渉力を身につけることが必要だ。そうした自覚的な漁民の集合体が地先漁場と資源の管理主体となることで、将来にわたって地域資源に責任を負う体制が構築できる。

生態系に素直に適応する特徴をみせ、文化様式が伝統として制度化されるような〈弱い空間〉において、政府という機関が一定の枠を設定し、地域をその枠に当てはめようとしても、なかなか思うようにはいかない。むしろ、自然生態基盤と人間の社会集団が不可分に結びついた、いわば社会生態単位としての地域をとらえ、そこに形成される社会集団を政府が背後から支援していくようなパラダイム転換が求められているのではないか。

文化と価値観を昇華する力

社会に何らかの変化が求められるとき、その社会のリーダーが果たす役割は大きい。リーダーは、彼または彼女がもつメッセージ性やカリスマ性ゆえに社会のリーダーとなり得るし、社会がそれを求めるがゆえにリーダーとなり得る。リーダーの出現とその社会は、いわば不可分の関係にあるからだ。第8章で明らかにしたように、かつての王国の王が発した言葉に打楽器の音色を重ね、王の言葉に重厚さと打楽器のリズムがもつ人体の底から突き上げてくるような感動を重ね合わせるようにしてつくり出される昂揚感といった舞台装置が、リーダー個人の才能という輝きをさらに増幅させる。そこでは、社会が是認する文化や価値観を体現する存在としてリーダーがいる。

これまでの伝統的な西アフリカの海民社会が求めるリーダーの資質とは、社会の成員を一定の方向へ導く動員・指揮能力、外部情報を得る渉外能力、社会の平準化メカニズムが求める調整能力の三つであった。平準化を求める開放系のネットワーク型社会に埋め込まれた社会システムが機能するために、こうした能力をもつリーダーを社会が求めたのである。そしていま、この社会に市場システムという〈強い空間〉の価値観が入り込み、従来から保有する文化と価値観に変化が起きはじめている。それを嘆くのではなく、積極的に現実の変化を直視し、現代的な文脈のなかで、地域固有の文化と価値観に基づく社会システムのなかに市場システムを埋め込む作業がいま求められる。

これまでのところ、伝統的な西アフリカの海民社会が容認するリーダーと村で経済活動を営む機能体のリーダーとは分立している。機能体のリーダーが、伝統的社会が容認するリーダーを吸収す

ジルンダ村の女性たち(2007年12月8日撮影)

るのではなく、地域固有の文化と価値観に支えられた社会が容認するリーダーが機能体のリーダーを吸収する形で、ひとつの新たなリーダー像が立ち現れるとき、西アフリカの海民社会は、市場システムに従属されない現代的な文脈における新たな文化と価値観を手に入れることだろう。私はその実現の可能性について悲観はしていない。

現在の西アフリカ海民社会は、ポランニーが「アリストテレスによる経済の発見」のなかで原始の共同体について語ったような、人びとが日々の生活のなかで生じる経済的な利害関係にまったく気づかずに暮らしたり、そうした概念が存在せずとも日常の営みが損なわれることがないような社会では、もはやない。(21) ダカールの雑踏に身を置けば、そこにはさまざまな商品を少しでも多く、高く売ろうとするバナバナ(22)の世界が広がっているし、プティコートの海岸地帯では、魚商人の階段を昇ろうとするラグラグルが、漁場から浜へ帰り着く漁船を虎視眈々と待ちかまえている。そこで繰り広げられるのも市場システムの世界である。

そういう世界が広がるいっぽうで、私が見るかぎり、漁村や沿岸コミュニティのなかに一歩足を踏み入れれば、「人間とその自然環境とのあいだの一連の相互作用にさまざまな意味が含まれ、経済的な依存関係がそのうちの一つにすぎない。より生々しく、より劇的で感情的な別の依存関係が作動しているために、経済的な行動が意味ある全体をなすことができない(23)」世界が、いまなお繰り広げられている。

たとえば、ポアント・サレーン村一番の漁民魚商人は、傘下漁民が不漁にあえぐときは借金の返済を不問に付してしまうンバイ・ジョップさんである。また、私たちがサルームデルタの村々で女性たちの貝類採取・加工・販売の活動を経済分析だけで把握しようとしても、ほとんどの場合、説明できる結果を得ることができない。こうした経験が、それを物語っている。

ムンデ村の女性リーダーであるアワ・ンドンさんは、彼女たちが作った貝類の乾燥品を、商売人が行き交うダカールの市場へ持ち込んで、日々の糧を得るために販売する商人でもある。彼女は商品の需要と供給が連日行き交う市場で、自らの商品を売りさばいて、再びムンデ村へ帰ってくる。アワさんにはダカールの商人とムンデ村の女性リーダーという二つの顔がある。

アワさんのように、市場システムのただ中と村の共同体という二つの異なる世界を日常的に行き来するなかで培った柔軟な価値観をもつリーダーが、その感覚を村で暮らすより多くの仲間たちと分かち合うとき、テンニエスが『ゲマインシャフトとゲゼルシャフト』のなかで理想とした「技術進歩と個人の自由という利点を保持しながら、生の全体性を回復する」[24]より高次の共同体へ進化する道が拓けてくるにちがいない。私は、その日が来ることを願ってやまない。

そのために、いま日本に暮らす私たちに求められているのは、アワさんたちの日常として繰り広げられている世界が、遠い昔の出来事ではなく、いま私たちが息づかいしているまさにこの現在という時間のなかで起こっているのだという、同時代性を感じ取る想像力と感受性を養うことなのではないか。

現在、私自身も関わっている開発援助という枠組みが、今後もしばらくのあいだ続くとすれば、外部からある地域へ開発の支援者として関わる者、なかでも近代化という呪文を背負って対象地域に分け入る開発コンサルタントは、その使命を自らの体内でいかに消化し、地域社会とそこに暮らす人びとにそれを伝えるのか。相対化された価値観と謙虚な姿勢、そして何よりも、その地域とそこに暮らす人びとへの共感を大切にする関わり方の質が求められている。

（1）アマドゥ・ハンパテ・バー著、樋口裕一ほか訳『アフリカのいのち――大地と人間の記憶／あるプール人の自叙伝』新評論、二〇〇二年、二ページ。
（2）秋道智彌『海人の民族学――サンゴ礁を超えて』日本放送出版協会、一九八八年、一三～二七ページ。
（3）日本民俗学では「海の民」という言葉が定着している。たとえば、日本常民文化研究所で漁村民俗、漁業、民具などを研究した河岡武春の論考は、『海の民――漁村の歴史と民俗』として、一九八七年に平凡社から出版されている。

（4）宮本常一『海に生きる人びと』未来社、一九六四年、一八五ページ。三島由紀夫も、実力本位である海の世界を「潮騒」のなかで描いている。

（5）弊著『地域漁業の社会と生態――海域東南アジアの漁民像を求めて』コモンズ、二〇〇〇年、二七二ページ。

（6）このときの出会いに関しては、弊著『熱帯アジアの海を歩く』（成山堂書店、二〇〇一年、一二六～一三二、一六九～一七一ページ）に詳しい。

（7）前掲（1）、三七四～三七五ページ。

（8）前掲（5）、二九七～二九九ページ。

（9）安田雪『ネットワーク分析――何が行為を決定するか』新曜社、一九九七年、六二～六八ページ。

（10）坂本勉『イスラーム巡礼』岩波書店、二〇〇〇年、五～八ページ。

（11）片倉もとこ『イスラームの日常世界』岩波書店、一九九一年、一五五～一六一ページ。

（12）家島彦一『海域から見た歴史――インド洋と地中海を結ぶ交流史』名古屋大学出版会、二〇〇六年、九～一二ページを参照した。

（13）POISSONS DE MER DE L'OUEST AFRICAIN TROPICAL（『熱帯西アフリカの海産魚』）、ORSTOM, Paris, 1997.

（14）掛谷誠「『内陸フロンティア世界』としての内陸アフリカ」高谷好一編著『〈地域間研究〉の試み（上）世界の中で地域をとらえる』京都大学学術出版会、一九九九年、二九三ページ。

（15）「砂漠化とその原因」（http://www.geocities.jp/soil_water_mitchy11/DesertCause.htm）より。

（16）川田順三編『アフリカ入門』新書館、一九九九年、二九ページ。

（17）フランス国際放送RFIのホームページ（二〇〇二年八月一九日）より。
（18）ファトゥ・ディオム著、飛幡祐規訳『大西洋の海草のように』河出書房新社、二〇〇五年。
（19）前掲（18）、二〇七〜二〇八ページ。
（20）〈強い空間〉は、強大な文明を発生させ、広域的な支配と組織化につながる統合のイデオロギーと権力装置をもち、周辺地域を文化的に同化する影響力をもつ。〈弱い空間〉は、社会形成において基本的にはエスニシティの論理にしばられ、生態系に素直に適応する特徴をみせ、文化様式が伝統として制度化されるような空間をいう（坪内良博編著『〈総合的地域研究〉を求めて――東南アジア像を手がかりに』京都大学学術出版会、一九九九年、四一四〜四一五ページ）。ここでは、前者がヒトやモノや情報のグローバリゼーションをもたらす市場システムという空間であり、後者が西アフリカの海民社会を指している。
（21）カール・ポランニー著、玉野井芳郎・平野健一郎編訳『経済の文明史』ちくま学芸文庫、二〇〇三年、二七〇ページ。
（22）街頭で商品を売り歩く小売商。
（23）前掲（21）、二七二ページ。
（24）前掲（21）、二六八、二六九ページ。テンニエス著、杉之原寿一訳『ゲマインシャフトとゲゼルシャフト――純粋社会学の基本概念（下）』岩波書店、一九五七年、一六一〜一七三ページ。

エピローグ　雨の匂いとマングローブ賛歌

本書をとじるにあたり、プロローグで記した設問に答えておきたい。

開発コンサルタントとして、近代化という呪文を背負い「社会の発展を目指して行われる外部からの資本投入」である開発援助に参加するという行為と、「地域に生きる生活者たちが……経済的自立性をふまえて、みずからの政治的・行政的自律性と文化的独自性を追求する」地域主義への想いとの乖離という自己矛盾への自分なりの解答である。

おそらくその乖離を埋める完全な解答はみつけられないだろう。そう思い悩んでいたとき、『朝日新聞』に掲載されたひとつの記事をみつけた。(1)「アフリカの民の力生かす援助を」という題で、勝俣誠さんが書いたものである。そのなかに、「アフリカで今日最も使われていないものは、地域の人びとの専門性と知恵であるということを、しっかり認識することである」とあった。

その言葉を座右の銘として、サルームデルタやプティコートの社会やそこで暮らす人びとと向き合った。そして、自分にできることは、近代化に裏付けられた技術を対象地域の自然生態や社会経済的な事情、技術体系にあわせて改変し、その地域の人びとがもつ専門性や知恵を活用して適用する「適正技術」への仲介者として生きることではないか、と考えた。ただし、その適正技術の適正性が「誰にとっての」あるいは「どういう立場からの」適正性なのか、またそれを「誰が判断するのか」は、常に留意しておかなければならない。(2)

それでもなお、自己矛盾を完全に解決することはできない。その煩悶のなかで、ドナーであり、開発コンサルタントの顧客でもある国際協力機構(JICA)という組織の論理に迎合した仕事ではなく、対象となる地域の事情とそこに住む人びとに寄り添い、その地域の人びとが将来、政治・経済的な自律性を養い、文化的な独自性を保持するために必要なものは何かを自分の目で見て確かめ、実行するための見識を養い、それに基づいて必要となることへ、堅実に結びつけていけるような支援に努める。そういう努力を続けていくことが、開発援助の実務に携わる者としての責務だと考える。それが、本書を書き進めるなかでたどり着いた、私なりの現時点での解答である。

サルームデルタを最後に去ってから、すでに五年あまりの歳月が過ぎた。しかし、いまもなお、私の体はアフリカの毒に侵されている。あれは乾期が終わる六月末、ムンデ村でのことだ。

私はともに働くジュールと、橋の手前の薄暗くなってきたオウギヤシの森を歩いていた。後ろから風が吹き抜けていく。前方の空はどす黒く、雨が降り出しそうだ。長く続いた乾期のあとに、待ちに待った雨期がやって来る。そのときジュールが言った。

「雨の匂いがする……」

草いきれのムッとするあの匂いを、私も一瞬遅れて感じとった。

そして雨期。一雨ごとに、枯れ色の大地が緑のじゅうたんに覆われていく。その美しさに目が覚めるような感動を覚えた。

ムンデ村の女性たちが、ヒョウタンや太鼓をたたきながら恋々とマングローブ賛歌を歌う。

イノニョミンカ／ジャスインニョカ／インダハナ／テナシィンジャー／テピンケー

（私たちニョミンカは、マングローブの恵みで生きている）

彼女たちの歌声が、いまも私の耳に残っている。

（1）『朝日新聞』一九九八年一〇月二九日。

（2）佐藤寛『開発援助の社会学』世界思想社、二〇〇五年、三七〜三八ページ。

あとがき

開発コンサルタントとして、アジアやアフリカの国々で仕事をするようになって、十数年の月日が経過した。本著は、その前半にあたる六年間の西アフリカでの出来事を記したものである。

プロローグに書いたように、そのころの私は開発援助という仕事に対して、自分がどのような立場で関わればよいのかがよくわからなかった。そんな私にとって、インドネシアを中心に東南アジアのさまざまな地をくまなく歩かれ、その地に暮らす人びととの対話をとおして現実を把握され、開発問題を追及された村井吉敬さんの「まなざし」が、ひとつの道標になっていたように思う。その「まなざし」とは、村井さんが東南アジアの海辺を歩き、そこで暮らす人びとに語りかけるときの、あの穏やかな「まなざし」だ。あるいはまた、仲間内で親父ギャグをとばし、まわりの私たちを煙に巻いてニコッと微笑むときの、あの愛すべき「まなざし」である。

水産コンサルタントとしてアジアやアフリカの国々で、その地の人びとと接するとき、自分はいま、あの村井さんのまなざしを忘れてはいないだろうか、と折にふれて自らを戒める。ODAの現場を担う開発コンサルタントとして、人が人とどう関わるのかという関係性がその第一歩だと考えるからである。おそらくそれは、私が村井さんから学んだことだ。その村井さんが今年三月二三日にあの世へ旅立たれた。謹んでご冥福をお祈りするとともに、これまでのご厚誼に対し、お礼を申し上げたい。

本著は、国際協力機構が西アフリカの国々で実施する事業に、私が調査団やプロジェクトチームの一員として参加するなかで得た知見や印象に基づいて記述している。それらの機会を与えていただいた国際協力機構および当事国関係諸機関の方々にお礼を申し上げるとともに、合弁企業として、あるいは元受企業として業務をご一緒させていただいた、一般社団法人 日本森林技術協会とＯＡＦＩＣ(株)のみなさん、私の所属先であるアイ・シー・ネット(株)のご同輩のみなさんに、この場を借りて感謝の気持ちを伝えたい。また、本著の刊行を快く引き受けていただき、編集者として厳しい目で私のつたない文章に目を通していただいたコモンズの大江正章さんに感謝したい。

プティコートの漁村にともに住み込んで調査したアメス・ジョップさんや、サルームデルタの村々をともに歩いたコリー・センさんからは、友人として常に新鮮な刺激を受けた。業務を共にする仲間として、彼らと時間を共有できたのは、私にとってこのうえない幸運だった。サルームデルタやプティコートの村々では、そこに暮らす多くの人びとと行動を共にし、さまざまなお話をうかがった。なかでも、ムンデ村のアワ・ンドンさんやネネ・ンドンさん、シウォ村のンボデ・ディエンさんやファトゥ・サンゴールさん、ジルンダ村のアダマ・ジャメさんやニンマ・ファルさんたちの、自分たちの村をよくしようとする熱意には、いつも頭が下がる思いだった。本著のなかで、そうした多くの人びとの想いを少しでも伝えることができたとすれば、これに勝る喜びはない。

二〇一三年四月一四日

稲穂が実りつつあるマダガスカルのアンバトンドラザカにて

北窓時男

【民族名】

【魚名・漁業種名】

【その他】

【人　名】

索引

【地名・国名】

【執筆者紹介】

北窓時男（きたまど　ときお）

1956 年　兵庫県生まれ。

1997 年　長崎大学大学院海洋生産科学研究科博士後期課程修了、水産学博士取得。

1999 年　地域漁業学会奨励賞受賞。

青年海外協力隊（1979〜82 年、フィリピン）、民間会社（1985〜91 年、インドネシア）で東南アジアの漁業・漁村・漁民の実態を調査。農林水産省国際農林水産業研究センター水産部科学技術特別研究員（1998 〜 2001 年）を経て現職。

現　在　アイ・シー・ネット（株）コンサルティング部シニアコンサルタント（2001 年〜）。大阪経済法科大学アジア太平洋研究センター客員研究員（2012 年〜）。国際開発コンサルタントとして零細漁村振興に関わるかたわら、海域東南アジアや西アフリカの海に生きる人びとを長年、社会と生態の視点からみつめてきた。

専　攻　海洋社会学。

著　書　『地域漁業の社会と生態――海域東南アジアの漁民像を求めて』（コモンズ、2000 年）、『熱帯アジアの海を歩く』（成山堂、2001 年）、『海のアジア③島とひとのダイナミズム』（共著、岩波書店、2001 年）、『カツオとかつお節の同時代史――ヒトは南へ、モノは北へ』（共著、コモンズ、2004 年）。

海民の社会生態誌

二〇一三年七月一日　初版発行

著　者　北窓時男

発行者　大江正章

発行所　コモンズ

東京都新宿区下落合一―五―一〇―一〇〇二

TEL〇三（五三八六）六九七二

FAX〇三（五三八六）六九四五

振替　〇〇一一〇―五―四〇〇一二〇

info@commonsonline.co.jp

http://www.commonsonline.co.jp/

印刷・東京創文社／製本・東京美術紙工

乱丁・落丁はお取り替えいたします。

ISBN 978-4-86187-104-7 C 3025